品饮中国

——茶文化通论

Tea Culture

王旭烽 著

中国农业出版社

明·文徵明　惠山茶会图

茶文化通论
Tea Culture

哥窑　青瓷壶

清·杨彭年　石瓢壶

清·陈鸣远　南瓜壶

一片叶子里的春天

如果野百合也有春天，那么，一片叶子怎么可能没有春天呢？而在春天里，又怎么可能没有它自己的梦想呢？何况这又是一片茶叶，是从中国莽莽苍苍的原始森林中，经历了七八千万年岁月历练后，展现在人类面前的一片茶叶；是从五千年前那引领了农耕和医药文明的部族首领神农冒死后才发现的一片茶叶；是一千多年前大唐那作为弃婴而自学成才的茶圣陆羽从《茶经》中种植出来的一片茶叶；是九百年前那被流放在天涯海角的旷世文人苏东坡坐听荒更自烹自饮的一片茶叶；是九十年前中国上虞丰惠镇当代茶圣吴觉农立志以农立世的一片茶叶……

生命起初，茶已然具备了圣者的所有潜质。

地质年代的中生代，茶被大自然选中，萌生在劳亚古大陆南缘热带和亚热带的原始森林。这里气候炎热，雨量充沛，是热带植物区系的大温床。三千万年前，当喜马拉雅山从海洋深处不可一世的庞然隆起，茶，这片似乎微不足道的叶子，开始不动声色地塑身成形。

茶是淡定的，内敛的它被苍茫群山高峰托起，却仿佛与生俱来地知晓匿迹。它凝聚在生命阴处——无数植物同类的背后。公正的阳光理解它的选择，以漫射的方式照耀着它；水在此时则做了最好的光合——这片叶子，便在云蒸霞蔚中披上薄纱，静卧在造化之间，吸收那日月精华，修炼着不坏之身。

数千万年间，地球历经劫难，天地不仁，万物刍狗，众多生命，纷纷灭绝，茶在其中经历着万千浩劫。何其幸运，位于中国西南的云贵川，冰河灾害较轻，那山岭重叠、河川纵横、气候温湿、地质古老的古巴蜀原始森林，由此成为古热带植物区系的避难所、茶的劫后余生之地。

大自然辟出了最符合天意的茶之原乡，只为这植物世界的幸存者，能穿越时光隧道，终与人类相逢。

茶从最早与人类结合的那一刻起，便蕴藏了深刻的精神性，灵与肉的高度结合，就开始依附体现在茶这一片绿叶之上。岁月酿成了灵魂的味道，灵魂散发出茶的清香，茶又萦绕着岁月绿袖长舞。美，就这样渗入茶，水滴石穿般的，在最日常的春夏秋冬中诞生，在最平凡的饮食起居中呈现。茶就这样，得道成佛羽化成仙。

这是一片灵的叶，深邃的精神能量饱渗茶水，与品饮者交汇感悟，生命的通道，就此源源不绝，一千多年前的中国茶人们，将它命名为茶道。

道，中国文化中形而上精神的终极表达，一切事物的本元，最终极的真理。将茶与道联系在一起，亦就是关于茶的最终极的真理，是关于茶的人文精神及相应的教化规范。精行俭德的君子品格，恰恰是茶之精神性的核心源。

茶文化本是中国传统文化之精华，其内容来自儒、释、道。其中，儒家以"仁"为核心，以"礼"为规范，通过茶寻求人与人、人与社会之间的真理，茶中深刻地浸润了对人世的敬爱；道家视自然为道，以"得道成仙"为修行方式，通过茶寻求人与自然之间的通途，将茶视为灵丹妙药、乐生养生的生命象征；佛教与茶相结合，供茶悟禅，以禅入茶，茶禅互补，通过茶开启人与身心的灵魂之门，呈现出特有的茶禅一味精神：这些由先人积累与沉淀下来的精神遗产，作为文化命脉，不仅滋养着今天的中国人，更成为世界上一切爱茶人的精神支柱。

品饮着茶，看世界在我们的眼前风云际会，感受着一片叶子中的博大精深，就这样，从中国茶道中开源的茶之精神河流，汇集入海，成为全球不同种族、不同文化、不同国家、不同历史、甚或不同信仰的人们的共同迷恋，生活内涵，精神家园。

俨然想起了闻一多先生的那首《祈祷》，诗中有这样的句子：

请告诉我谁是中国人，
启示我，如何把记忆抱紧；
请告诉我这民族的伟大，
轻轻的告诉我，不要喧哗。

一切终将从事物的本原开始，回味茶的一切，品饮祖国的历史，不正是轻轻地不曾喧哗地告诉人们，谁是中国人吗……

著　者
2013年6月

Contents 目录

下卷 茶事像

绪论
品饮的意义

请告诉我谁是中国人，
启示我，如何把记忆抱紧；
请告诉我这民族的伟大，
轻轻的告诉我，不要喧哗。

闻一多 《祈祷》

中国可以品饮吗？品饮的是中国的什么？

中国是可以品饮的，品饮的正是博大精深的中华茶文化。

不辨门径，何窥堂奥，站在馨香袭人的茶文化露院，我们须对其有一个基本的了解。

什么是茶文化？所谓茶文化，简言之：即人类在文明进程中创造的有关茶之物质与精神的综合形态。茶文化囊括了有关茶的社会与精神功能的所有方面。茶文化的基本精神，胎育于中国传统文化的基本精神中，实为中华民族优秀传统精神的组成部分。文化学者张岱年在《论中国文化的基本精神》中说："文化的基本精神是文化发展过程中的精微的内在动力，即是指导民族文化不断前进的基本思想。"中华茶文化精神恰恰就是中国传统文化基本精神中不可或缺的精华所在，主要特质为天人合一，和谐周正，精行俭德，厚德载物，无私奉献，雅致美好。可以说，中国文化的基本人文要素都较为完好地保存在茶文化之中。

在此文化土壤中诞生的茶文化学，是一门研究人类在种植、加工、营销、饮用茶叶过程中所产生的文化现象和社会现象的学科。

中国传统茶学，并未将茶的科学与人文属性分开。8世纪问世的《茶经》开宗明义首句定论："茶者，南方之嘉木也。"此一言，已然提纲挈领，将茶物质与精神水乳相融的复合形态全然点透。在此，茶既可以理解为地理环境下生长在中国南部的植物，亦可以诠释为人文语境中文化土壤中生活在南方的象征君子风范的嘉物。

　　建立在20世纪中叶中国高等教育学科体系框架下的中国当代茶学，由于时代的种种原因，逐渐将茶的自然科学属性扩展为茶学的主要研究内容。当代茶学归口于农学，相当一段时期，中国茶中蕴含的重要人文基因渐趋式微。直至20世纪80年代，茶文化在新一轮文化热中再度崛起，先期在香港、澳门、台湾的民间兴盛，很快波及内地。茶所体现的精行俭德之清廉形象、清新活泼之民俗风味，立刻被主流社会价值观认同，政府的积极介入亦使茶文化事像日益兴旺。水涨船高，高等学府在全社会的茶文化热中与时俱进地关注茶文化，茶文化作为一门正在建设中的人文与科学相结合的复合型新兴学科，由此成为一种可能。

　　这是一次茶文化的重新出发。作为一门正在新兴建设中的学科，茶文化面临如何进行学科归类的重大命题。有将茶文化纳入文化学之范畴的，有将茶文化纳入茶学领域的，有将茶文化纳入历史学的，诸多归口，不再一一表述。因其学科的综合特质，茶文化必然与人文及自然学科领域中的农学、社会学、经济学、历史学、民俗学、文学、艺术学、哲学、宗教学、美学、心理学、传播学、医学等诸多学科相互联系，相互渗透。笔者结合当下教育实践，认同茶文化界部分学者的观点，将茶文化纳入民俗学范畴。民俗学是一门针对信仰、风俗、口传文学、传统文化及思考模式进行研究来阐明这些民俗现象在时空中流变意义的学科，与发生在我们周围的各种生活现象息息相关，包含和传达着重要的文化信息。有关人类茶文化活动的诸多领域，都可作为民俗学的研究对象。当然，随着茶文化研究的日益进展，我们亦期待随着这一学科的日趋完善，茶文化能有其更科学合理的学科归属。新近传来的消息，茶文化将有独立成学科的可能。这无疑是茶文化的绝好消息。

　　茶与文化结合，呈现出茶文化事像。汉语之"文化"，初始本是"人文教化"的简称。汉字甲骨文中的"文"字，就像一个正面站着的人，胸口有一个交错的图案，原意为文身，引申诠释为美好精神的外化，是美德的象征；而甲骨文的"化"字，则为一正一反两人正倒相对，其意义为转化、变化，反映了从个人道德的提高，发展到整体人类道德提高的过程[①]。

《周易》[②]"贲卦"象辞言："刚柔交错，天文也；文明以止，人文也。观乎天文以察时变；观乎人文以化成天下。"这是说，自然界的各种错综复杂的现象，被叫做"天文"，而人类中间的各种言行举止、外表体态，分寸进退，则被称为"人文"。观察自然界的各种现象，才能知道季节变化，便于在生产生活中做出相应的调整；而细察人类的各种美好的风尚和精神，才能用以教化天下人民，也就是用人的美德去影响人，感化人，让人的境界得到提升。因此，在中国，"文化"一词是讨论人类社会的专属语。作为茶文化的发祥地中国，茶文化的实践者们相信人在造化中所起的作用就是赞天地之化育，而茶文化正是这种帮助天地化育、弥补天地化育之不足的不可或缺的文化。

而作为一门当代新兴的学科，西方文化学之概念与方法同样是茶文化不可或缺的研究武器。西方"文化"一词源于农作物的种植，发源于人与自然的关系，"文化"被解释为一个国家或民族的历史、地理、风土人情、传统习俗、生活方式、文学艺术、行为规范、思维方式、价值观念等。

历史上东、西方对文化的不同诠释，必将深刻地影响我们的茶文化研究。东、西方文化理念的融会贯通，是指导当代茶文化得以发展兴盛的最佳途径。

当下，茶文化界有关专家根据文化学层次理论，将茶文化划分为特有的四个结构层次，分别为：物态文化、制度文化、行为文化、心态文化。其中物态文化层是人类物质生产活动方式和产品的总和，是可触知的具有物质实体的文化事物；制度文化层

① 参考朱芳圃《殷周文字释丛》。
② 亦称《易经》，简称《易》，儒家重要经典。"易"，有变易（穷究事物变化）、简易（执简驭繁）、不易（永恒不变）三义，相传系周人所作，故名（见《辞海》上，上海辞书出版社，1999年，第564页）。

是人类在社会实践中组建的各种社会行为规范；行为文化层是人际交往中约定俗成的以礼俗、民俗、风俗等形态表现出来的行为模式；而心态文化层则是人类在社会意识活动中孕育出来的价值观念、审美情趣、思维方式等主观因素，相当于通常所说的精神文化、社会意识等概念，是文化的核心。

茶文化作为一种物质与精神双重存在的综合文化，应该包含制度文化、行为文化与心态文化的全部以及物态文化中的一部分，具体诠释如下。

制度文化　涉及茶生产和流通过程中所形成的生产制度、经济制度，比如茶政、茶榷、纳贡、赋税、茶马交易，包括现代的茶业经济和贸易制度，由茶叶生产与经济制度引发的国家、民族之间的冲突等；

行为文化　包括了各国、各地、各民族之间的饮茶习俗；

心态文化　包括了品饮的历史，以品饮艺术为核心形成的价值观念、审美情趣和文学艺术，茶与宗教、哲学、美学、社会学、茶学史、茶学教育之间形成的关系等；

物态文化　包括了茶叶生产及制作过程中的技艺，饮茶中所涉及的器物和建筑，名茶品牌等。

《品饮中国——茶文化通论》正是在茶文化这一系统的知识体系中，对茶文化这四个层次的形态进行有规律的、有内在联系的、全面而又扼要的论述[①]。

《品饮中国——茶文化通论》语境下的"茶"有三种解读：

一为植物学定义上的茶树。宋代诗人范成大在他的《夔州竹枝歌》中写道："白头老媪簪红花，黑头女娘三髻丫，背上儿眠上山去，采桑已闲当采茶。"这里采的茶，正是古巴蜀漫山遍野生长的植物学意义上的茶。

二为加工后的茶，包括品饮时经水烹、沏的茶饮料，以及再加工之后的茶产品。加工后的干茶，形状、色质、品相各异，煮泡的方式也各有千秋，一样的恰是茶的称谓。还是范成大的诗《田园四时杂兴》："蝴蝶双双入菜花，日长无客到田家。鸡飞过篱犬吠窦，知有行商来买茶。"从中可知，行商来买的当是已经制作好了、便于运输贩卖的干茶。而南宋另一位大诗人陆游则在他的七律《临安春雨初霁》中说："矮纸斜行闲作草，晴窗细乳戏分茶。"这里的茶，本是冲沏时的与水相融的茶，已经特指茶饮料，而一旦组成"分茶"一词，则特指宋代一种茶技艺。至于现代科技手段下，从茶中提炼出来的种种茶产品，包括茶药剂、茶食品、茶生活用品等，自然也是与茶休戚相关，密不可分的。

三为文化符号。茶一旦进入了人们的精神领域，便成为人类的精神饮品，因此，茶在很多时候是作为一种象征精神的物质形态存在的。人们往往撷取宋代大文豪苏东坡的两句诗构成一个审美意境："欲把西湖比西子，从来佳茗似佳人。"这里的佳茗，是作为美好事物的象征，来与佳人这一美好的人性象征互相辉映的。而清代著名书画家郑板桥的《竹枝词》则刻画了一幅活泼的民间风俗画："湓江江口是奴家，郎若闲时来喝茶。黄土筑墙茅盖屋，门前一树紫荆花。"这里的"茶"，完全就已经是爱情这种人类最高妙的精神活动的替代语了。

不管有没有后缀于"文化"二字，茶自身在数千年的历程中，已潜伏了深刻的文化基因，蕴含了茶的精神内涵。因此，同为"茶"，《品饮中国——茶文化通论》里的茶，已然区别于纯自然科学领域里的"茶"了。

"茶文化通论"的学习过程，恰是品饮中国的一次深切体会过程。品饮中国的全部意义或可从以下三个方面总结：其一，可以较为系统地了解中国茶文化的全貌，为茶文化研究和茶文化实践砌筑更为坚实的人文基石；其二，有助于我们品味中华文化中原汁原味的精华部分，较为准确和全面地了解中华民族文化的基本精神；其三，借此以继承中华民族优秀传统精神，塑造具有高素质人文学素养的当代"茶人"，为全人类的和谐未来奉献力量。

作为一部茶文化的通识读物，阅读和学习中，注意茶文化各个不同事像之间的内在关联十分重要，这亦是《品饮中国——茶文化通论》为何形成上、下卷体系的原因。上卷编年，以历史进程为线索，纵向叙述茶文化发生、发展的风貌，并在纵向叙述过程中，着重抓住每一重要历史时期的茶文化特点加以阐述；下卷纪事，对茶文化事像中具有重大和普遍意义的内容，进行横向专章的叙述。如此，上、下卷互相呼应，点、面兼顾，内容能够得以合理安排。

　　而作为这部读物的学习者，我们还必须强调茶文化的人文特质——这正是本书选择了偏于人文气韵之叙述的缘由。茶从大地生长，博大精深，对茶文化的一切感知与认识，都必须自"爱茶"伊始，没有诗意的心灵，是无法真正走向茶的，望爱茶诸君共勉之。

Tea Culture

品饮中国 · **茶文化通论**

上卷

茶历史

第一章
华夏远古的神赐
——从自然进入人文的深远境况

> 茶者，
> 南方之嘉木也，
> 一尺、二尺乃至数十尺，
> 其巴山峡川，
> 有两人合抱者。
>
> 唐·陆羽 《茶经》

中国是茶的故乡，对茶叶文明的追溯，自然从中国开始。

唐代陆羽在其茶学专著《茶经·一之源》首篇中，开宗名义地说："茶者，南方之嘉木也，一尺、二尺乃至数十尺，其巴山峡川，有两人合抱者。"

1000多年前的中国茶圣对茶树自然形态的描述，使我们有可能钩沉于更远的史前时期，从中可知，茶在伴随人类生活的进程中，亦有着其自身从自然进入人文的悠久历史和深远境况。这时间的上限，可推至地质年代的第三纪至第四纪之间，距今6000万～7000万年，而下限，则被公认为距今5000年左右的神农时代，更可延伸至距今3000多年前的周王朝开国时期。

一、茶的自然属性

即便是在茶的纯自然属性中，我们依然可以探窥到最奥妙的人文意趣。

茶，作为木本植物，诞生在中国西南云、贵、川那山岭重叠，河川纵横，气候温湿，地质古老的亚热带、热带原始森林之中。因此，中国西南当为茶树原产地的中心。

　　在植物分类系统中，茶树属于种子植物中的被子植物门，双子叶植物纲，原始花被亚纲，山茶目，山茶科，山茶属。瑞典植物学家林奈[①]在1753年出版的《植物种志》中，将茶树的最初学名定名为 *Thea sinensis* L.，其中 *sinensis* 就是拉丁文"中国"的意思，借此说明茶树是原产中国的一种山茶属植物。1950年，中国植物学家钱崇澍[②]根据国际命名和茶树特性研究，确定茶树学名为 *Camellia sinensis*（L.）O. Kuntze。

　　茶树，按树干来分，有乔木型、半乔木型和灌木型三种类型。其中乔木型的茶树，树形高大，主干明显、粗大，枝部位高，多为野生古茶树。在云南等地发现的野生古茶树，有高达数十米的，堪称茶树中的巨无霸，茶圣陆羽所言的"有两人合抱者"，在野生大茶树面前完全得以证实。半乔木型的茶树虽有明显的主干，主干和分枝也容易分别，但分枝部位离地面较近，我们可以从云南及内地一些茶山的茶树上看到这种形态。而灌木型茶树相对于"巨无霸"，则可称为茶树中的"小矮人"了，其主干矮小，分枝稠密，主干与分枝不易分清，中国人工栽培的茶树多属此类，是人们普遍见到的茶树。

　　中国的野生大茶树是有高度人文内涵的植物，被列入中国文物保护系列，因此，它们已经成为茶文化至关重要的象征物。

　　野生大茶树主要结集在北纬30°以南，其中尤以北纬25°附近居多，并沿着北回归线[③]向两侧扩散，这与山茶属植物的地理分布规律是完全一致的。据不完全统计，中国目前已有10个省区200余处发现有野生大茶树，它们集中分布在4个区域：一是滇南、滇西南；二是滇、桂、黔的毗邻区；三是滇、川、黔的毗邻区；四是粤、赣、湘的毗邻区。

---

① 林奈（Carl von linne）（1707—1778年）：瑞典植物学家、冒险家，首先构想出定义生物属种的原则，并创造出统一的生物命名系统。
② 钱崇澍（1883—1965年）：字雨农，浙江省海宁县人。植物学家，教育家，中国近代植物学的奠基人与开拓者之一，中国植物分类学、植物生理学、地植物学、植物区系学的创始人之一。
③ 北回归线（Tropic of Cancer）：是太阳在北半球能够直射到的离赤道最远的位置，其纬度值为黄赤交角，是一条纬线，大约在北纬23.5°。

图1-1 20世纪80年代　南糯山栽培型大茶树

还有少数散见在福建、台湾和海南省。

在众多古茶树中，云南大茶树是最有代表性的，以往茶史中有三株大茶树尤其典型，它们是西双版纳勐海县南糯山人工栽培800年的南糯山大茶树（图1-1），普洱市澜沧县富东乡邦崴村野生至栽培的过渡型千年邦崴大茶树，生长在西双版纳勐海县巴达乡大黑山原始森林中1 700年树龄的巴达原始大茶树。1961年发现这株大茶树时，树高为32.12米，可谓雄居西南，直入云天了。近年来，大茶树不断被发现，尤其以云南千家寨的大茶树山林最为壮观（图1-2）。

大茶树如高士般隐藏在深山，而云南的六大茶山则正是当地最古老的茶山，也是中国最古老的茶区之一，现属西双版纳傣族自治州。它们分别为攸乐古茶山、革蹬古茶山、倚邦古茶山、莽枝古茶山、蛮砖古茶山、曼撒古茶山。六大茶山的命名传说与诸葛亮有关。清朝道光年间编撰的《普洱府志古迹》中有记载："六茶山遗器俱在城南境，旧传武侯遍历六山，留铜锣于攸乐，置铜鉧于莽枝，埋铁砖于蛮砖，遗木梆于倚邦，埋马蹬于革蹬，置撒袋于曼撒。因以其山名曼撒、革蹬。有茶王树较它山独大，相传为武侯遗种，今夷民犹祀之。"

图1-2 云南镇沅县千家寨的大茶树山林，总面积达28 747亩，树龄千年以上

我们可以从中得知，三国前六大茶山就有古茶树生长，晋时逐渐发展，唐宋已形成茶叶生产基地。1570年，正值明隆庆四年，云南的车里宣尉使刀应勐将其管辖地划为12个版纳[①]，六大茶山为一个版纳，被称为"茶山版纳"。

---

① 版纳：是傣语"一千田"之意，即一个版纳为一个征收赋役的单位。傣语的"版"是个多义词，可译为"千"，也可译为"缠裹"、"联合"、"合并"。"版纳"，不仅可译为"千田"，还可译为"合并田赋"或"合并水田"。古代的西双版纳，是经过合并的12个田赋单位或政权机构。

中国长江中下游及珠江三角洲一带，亦有古茶树的遗存，其中位于四川古蔺县黄荆林场的黄荆大茶树，树高10米以上。而位于广东省台山县大隆洞牛围山的黄龙头大茶树，树高亦达6.5米，它们都是具有代表性的大茶树。

图1-3　贵州发现的7000万年前球茶茶籽化石

国外研究者也曾在中国发现大茶树，并加以记载。19世纪末，英国人威尔逊在中国西南地区考察，在其著作《中国西南部游记》中写道："在四川中北部的山坡间，曾见茶丛普遍高达十英尺①或十英尺以上，极似野生茶。"而1940年日本人亦在北纬36°的胶济铁路附近发现一棵大茶树，粗达三抱，人称茶树爷②。

两项有关茶籽的考古新发现，使这一研究领域有了更为丰富的内涵。1980年，中国茶叶专家刘其志在贵州晴隆县箐口公社营头大队笋家箐茶园地里，发现了茶籽化石，1988年经中国科学院南京地质古生物研究所、中国科学院贵阳地化所、贵州地质研究所、贵州农业厅和贵州茶科所等专家的现场勘查，由中国著名古生物学家郭双兴作出书面意见，初步认为是"距今一百万年的新生代早第三纪四球茶茶籽化石"（图1-3）。而21世纪初，考古学家们在浙江杭州附近的跨湖桥新石器时代遗址，又出土了一颗8 000年前的茶树籽③（图1-4），虽然我们并不能由此得出先民们已经开始饮茶的推论，但至少我们可以推测，很有可能，杭州附近那时候已经生长着野生茶树。两粒化石茶籽，分别来自中国的西南和东南，透露着茶的消息，使人遐想联翩。

图1-4　浙江杭州跨湖桥出土的古茶树籽

二、茶与人类的第一次亲密接触

《茶经·六之饮》中，陆羽说："茶之为饮，发乎神农氏，闻于鲁周公。"历代茶文化研究者，一般均以此为据，证实人与茶的关系是从距今5 000多年前上古时期的

---

① 英尺为非法定计量单位，1英尺=0.304 8米。
② 参考王玲《中国茶文化》，北京：九州出版社，2009。
③ 浙江省文物考古所，跨湖桥，北京：文物出版社，2004。

神农时代开始。

　　传说中的上古部族领袖神农氏（图1-5），因以火得王，亦被称为炎帝，是中华文明历史长河中农耕和医药的发明者。彼时人类已进入新石器的全盛时期，原始的畜牧业和农业已渐趋发达，神农则是这一时期先民的集中代表。《淮南子·修务训》说："神农乃始教民，尝百草之滋味，一日而遇七十毒……"传说有神农在野外觅食中毒，恰有树叶落入口中，服之得救。以神农过去尝百草的经验，判断它是一种药，茶就此而发现。这是有关中国饮茶起源最普遍的说法。久之，便有了"日遇七十二毒，得茶而解之"的演义。另说神农有个水晶肚子，由外观可看得见食物在胃肠中蠕动的情形，当他嚼茶之时，竟发现茶在肚内肠中来回擦抚，把肠胃中的毒素洗涤得干干净净，因此神农称这种植物为"擦"，再转成"茶"字，成为"茶"字发音的起源。这虽然肯定是一个传说，但亦折射了先人们关于茶与人类之间最初那亲和关系的缘起。

　　神农"得茶而解"的传说并未被后来的史料史实科学证实，但原始社会的部族领袖和巫医们，为鉴别可吃食物，亲口尝试，体会百草，发现以茶可解毒，此举既符合当时的生活实践，也有一定的科学根据。茶的诸多济世医人品质，肯定既应急了先民求医之需，在口感上、药性上又可作日常保健养生食物，故在百草中占得重要一席。而在中国文化发展史的叙述之中，人们往往把一切与农业、植物相关的事物起源归结于神农氏。关于神农的神话传说反映了中国原始时代从采集、渔猎进步到农业生产阶段的情况，这也应该说是不争的事实。

　　人与茶之间最初建立的药用关系，证明人类与茶的第一次亲密接触，是以茶对人类的拯救和维护人类生存繁衍的方式开始的。中华文明最初的根从大地原野上生长，中华传统文化基于农耕生产，民族情感的源头也就在这里。生长在大地上的植物——茶，因为它的农耕性，所以为我们的先人所亲爱，这是顺理成章的。

图1-5　神农氏

陆羽在论述茶之为饮发乎神农之后，又追溯于鲁周公①，可知鲁周公亦是茶叶文明史上举足轻重的人物。周公姬旦辅政成王，系统地建立了被后世孔子一生梦想的有秩序的礼乐社会。曹操《短歌行》中曾以"周公吐哺，天下归心"来赞扬他的忠诚与情怀。而说饮茶之事是从鲁周公时代被开始记载传闻的，依据为《尔雅》②中的《释木》篇，此中记载说："槚，苦荼。"据说《尔雅》就是周公旦所著的。

　　唐代以后《尔雅》被列入"十三经"，全书古奥难解，令人望而生畏，历史的烟尘掩盖了这些曾经令人感动的名物，使其中的信息微茫难求。而茶圣陆羽对儒学有一种仿佛与生俱来的崇敬，甚至为此逃出寺庙，想必一定是将《尔雅》作为经典学习、引用的，故仅从"槚，苦荼"这三个字中，陆羽便得出茶之为饮"闻于鲁周公"的论断。

　　其实，恰恰是《茶经》中没有录取的一条史料，可以作为陆羽这一推断的重要佐证。

　　周公助武王灭商，史称武王伐纣，时年为公元前1046年，周武王会合庸、蜀、羌、髳、微、卢、彭、濮等方国部落，渡盟津，进抵牧野，灭商。而正是周公辅助武王的这一重要历史时期，中国史书上第一次正式记录了茶事活动。晋代大学者常璩在其史学著作《华阳国志·巴志》中记载道："周武王伐纣，实得巴蜀之师，著乎《尚书》，……土植五谷，牲具六畜，桑蚕麻纻，鱼盐铜铁，丹漆茶蜜……皆纳贡之。"从中我们可以得知，以上八个小国部落给周武王的贡品列单中是包括了茶的。

　　同样是在《华阳国志·巴志》中，常璩在这张方国献礼的贡单之后，还特别加注了一笔："武王既克殷，以其宗姬于巴，爵之以子，其果实之珍者，树有荔支，蔓有辛蒟，园有芳蒻香茗……"说明西周之初，巴人所上贡的茶，已然不再是深山野岭中的野茶，而是专门人工栽培的了。

　　商周时期，我国西南居住的土著民族，通称濮人，现今居住在云南省南部地区的布朗、佤、德昂等少数民族，就是濮人的后裔。濮人是世界上最早利用、种植茶叶的

---

① 周公旦，汉族（华夏），姓姬，名旦，氏号为周，爵位为公。西周政治家。因采邑在周，称为周公，因谥号为文，又称为周文公。生卒年不详，享年大约60多岁。文王之子，周武王之弟，排行第四，亦称叔旦，史称周公旦。武王死后，其子成王年幼，由他摄政当国。
② 《尔雅》是我国最早的一部解释词义的专著，也是第一部按照词义系统和事物分类来编纂的词典。《尔雅》的意思是接近、符合雅言，即以雅正之言解释古语词、方言词，使之近于规范。

民族之一，至今在普洱市境内的澜沧县景迈山的布朗族山寨，还保留着他们种植的古茶园。

上贡于西周王朝的茶，究竟作何之用，尚值探讨。《周礼》^①之"地官司徒"中说："掌荼，下士二人，府一人，史一人，徒二十人。"此中之"荼"或可解释为茶。24个人掌荼，为什么呢？其后又述："掌荼，掌以时聚荼以供丧事。"茶在这里乃是举行国丧时的祭品。

若从商末周初人工栽培茶园算来，人类栽培茶树距今已有3 000多年。人类为何种植茶树？"园有芳蒻香茗"的园，会不会就是一个药圃？以茶为药，以药入贡，以贡祭祀，不失为一种合理推测。

三、茶树原产地考

茶树原产于中国，本来是一个不争的事实。1823年，英军少校罗伯特·布鲁斯在印度阿萨姆省沙地耶地方发现有野生茶树，于是，国外有人以此为证对中国是茶树原产地提出了异议。从此，在国际学术界展开了一场茶树原产地之争，其中有代表性的论点主要有四个，即：中国说、印度说、多源说和二源说。

持中国说的学者认为茶树原产地在中国，这其中亦包括了印度本国的学者，而美国、俄国、法国等多国的多位学者们也都论证，认为中国是茶树的原产地。尤其是日本茶叶学者志村桥和桥本实，通过对茶树细胞染色体的比较，指出中国种茶树和印度种茶树染色体数目都是相同的，即$2n=30$，表明在细胞遗传学上两者并无差异。桥本实还进一步对中国台湾、海南及泰国、缅甸和印度阿萨姆茶树的形态作了分析比较，1980年后三次深入中国云南、广西、四川、湖南等产茶省（自治区），发现印度茶和中国台湾茶以及缅甸的掸部种茶，形态上全部相似，并不存在中国种茶树与印度种茶树的区别，故得出茶树原产地在中国西南一带的结论。

①《周礼》，儒家经典，周公旦所著，所涉及之内容极为丰富。大至天下九州，天文历象；小至沟洫道路，草木虫鱼。凡邦国建制，政法文教，礼乐兵刑，赋税度支，膳食衣饰，寝庙车马，农商医卜，工艺制作，各种名物、典章、制度，无所不包，堪称为上古文化史之宝库。

持印度说的部分学者认为茶树的原产地在印度。持这一观点的代表人物是英军少校罗伯特·布鲁斯的哥哥C.A.布鲁斯，他继1824年声称发现印度野生茶树后，1838年又印发了一本小册子，列举他在印度阿萨姆发现野生茶树多处，由此断定印度是茶树原产地。1877年英国人贝尔登步布鲁斯后尘，在他写的《阿萨姆之茶叶》中提出茶树原产于印度，持上述观点的还有一些外国学者，以英国人为主。

　　多源说的学者以《茶叶全书》的作者、美国学者威廉·乌克斯为代表，他主张，凡自然条件有利于茶树生长的地区都是原产地。因此在他看来，茶树原产地应包括缅甸东部、泰国北部、越南、中国云南和印度阿萨姆的森林中。因为这个地区的生态条件极适宜于茶树生长繁殖，所以这个地区的野生茶树也比较多。英国学者文登在1958年所著的《茶》一书中也写道："茶树原产依洛瓦底江发源处的某个中心地带，或者更在这个中心地带以北的无名高地。"前者指的是缅甸的江心坡，后者指的是中国的云南和西藏境内，即同时把依洛瓦底江发源处的缅甸江心坡和中国云南、西藏等地区说成是茶树发源地。

　　至于二源说，则是有个别学者认为茶树原产地有两处，代表人物为爪哇茶叶试验场的植物学家科恩斯徒博士。1918年，当他考察中国边境发现有野生茶树后，认为在中国东部和东南部无大叶种茶树的记载。据此，他认为，茶树因形态不同，可分为两大原产地：一为大叶种茶树，原产于中国西藏高原的东南部一带，包括中国的四川、云南，还有缅甸、越南、泰国和印度阿萨姆等地；二为小叶种茶树，原产于中国的东部和东南部。

　　以上四种观点，除主张中国是茶树原产地外，其他三种都是从1824年布鲁斯兄弟在印度发现野生大茶树后才开始的。而1922年，25岁的中国茶人吴觉农在日本留学之际，发现无论欧洲还是亚洲，已经有不少学者不再承认中国是茶的故乡，故此，吴觉农先生撰写发表了论著《茶树原产地考》，第一次正式用著书立说方式，向全世界证实中国是茶的故乡。

　　近几十年来，中国的茶学工作者又从地质变迁和气候变化出发，结合茶树的自然分布与演化，对茶树原产地作了更为深入的分析和论证，进一步证明了中国西南地区是茶树的原产地，其理由如下：

一为物种起源理论支撑。英国自然科学家达尔文的《物种起源》说："同一个种的个体，虽然现在生活在相隔很远的、互相隔离的区域中，必然曾经发生于同一地点的。这一个地点就是它们祖先最初生活的地方。"而前苏联学者乌鲁夫则在《历史植物地理学》中指出："许多属的起源中心在某一个地区的集中，指出了这一植物区系的发源中心。"就是说，某种植物变异最多的地方，就是这种植物起源的中心地。而中国西南恰恰是茶树植物变异最多的地方，那是由当地川滇河谷和云贵高原的地质变迁决定的。近100万年以来，河谷不断下切，而高原则不断上升，之间的绝对高差竟然达至5 000～6 500米，那起伏跌宕的群山和纵横交错的河谷，形成了许许多多的小地貌区和小气候区，将原来生长在这里的茶树逐渐分置到了热带、亚热带和温带气候之中，从而使最初的茶树原种逐渐向两极延伸、分化，最终出现了茶树的种内变异，发展成了热带型和亚热带型的大叶种和中叶种茶树以及温带型的中叶种和小叶种茶树。中国西南由此成为茶树变异最多，资源最丰富的地方，同时也夯实了茶之发源地的地位。就这样，权威们的论述从理论上否定了茶树的二源说。

二为地质学和古植物学的支撑。我们已知，茶树起源于地质年代中的中生代，分布在劳亚古大陆[①]的热带和亚热带地区。而中国的西南地区位于劳亚古大陆的南缘，在地质上的喜马拉雅山运动发生前，这里气候炎热，雨量充沛，是当地热带植物区系的大温床。然而，自地质年代的第三纪以来，地球历经多次冰河期，对茶树造成极大灾难，而中国云南、四川南部和贵州一带，由于受到冰河期灾害较轻，可谓劫后余生，保存下来的野生大茶树也最多，并且既有大叶种、中叶种和小叶种茶树，又有乔木型、小乔木型和灌木型茶树。中国植物分类学家关征镒在1980年出版的《中国植被》一书中专门指出："我国的云南西北部、东南部，金沙江河谷、川东、鄂西和南岭山地，不仅是第三纪古热带植物区系的避难所，也是这些区系成分在古代分化发展的关键地区……这一地区是它们的发源地。"

① 亦称北方古陆，英文Laurasia，为泛大陆的北半球部分，包括现在的北美（除西部）和除现在印度半岛、阿拉伯半岛之外的欧亚大陆。

三为茶树的进化理论支撑。凡是原始型茶树比较集中的地区，当属茶树的原产地所在。茶学工作者的调查研究和观察分析表明，中国西南三省及其毗邻地区的野生大茶树，具有原始型茶树的形态特征和生化特性。这也证明了中国西南地区是茶树原产地的中心地带。

我们已知，中国是野生大茶树发现最早最多的国家，时间之早，树体之大，数量之多，分布之广，性状之异，堪称世界之最。1993年4月，在云南思茅市召开了中国古茶树保护研讨会，来自各国的一百多位专家一致通过了《保护古茶树倡议书》，宣布：中国是茶树的原产地，茶的故乡。中华茶文化传播于全世界。目前，云南、贵州、四川、广西、广东、湖南、江西、福建、海南、台湾等省（自治区）生长着数百年至千年的古茶树。有野生的，也有栽培的，也有过渡型的，其中部分珍稀大茶树为世界所罕见，它们是茶树的活见证，是茶文化的宝贵遗产，是茶叶科学研究的重要资源。古茶树在中国的大量存在，是茶树原产地的有力佐证。

四为字源学和语音学的支撑。从文献记载的"茶"字字源中考证以及"茶"字语音学的源流考证，可知茶在幅员辽阔的中国，历史悠久，传播广泛。古代史料中，茶的名称很多。公元前2世纪，西汉大文豪司马相如所撰的汉代教学童识字的启蒙书《凡将篇》，其中提到的"荈诧"就是茶，西汉末年辞赋大家扬雄的《方言》是中国也是世界上最早的一部方言比较词汇集，其中称茶为"蔎"；南朝文人山谦之的《吴兴记》中茶称为"荈"；唐代陆羽的《茶经·一之源》记载：其名，一曰茶，二曰槚，三曰蔎，四曰茗，五曰荈。

"茶"字在中唐之前一般都写作"荼"字，而"茶"字最早则见之于春秋时期的中国第一部诗歌总集《诗经》，在《诗·邶风·谷风》中记有："谁谓荼苦？其甘如荠"；但对《诗经》中的"荼"，有人认为指的是"茶"，也有人认为指的是"苦菜"，至今难以统一。开始以"荼"字明确表示有"茶"字意义的是《尔雅》，东晋郭璞在《尔雅注》中认为，《尔雅》中所说的苦荼，就是人们常见的普通茶树，它"树小如栀子。冬生叶，可煮作羹饮。今呼早采者为茶，晚取者为茗"。而将"荼"字改写成"茶"字的是谁，《茶经》中已有交代："茶字，其字，或从草，或从木，或草木并。"注中指出："从草，当作茶，其字出《开元文字音义》。"这里明确指出，茶这个字，出自唐玄宗所撰的《开元文字音义》。

新文字的出现就如新事物出现一样，总会有新老交替的时期。"茶"字当道之际，汉代中国就出现了茶字字形，而从读音来看，当时也有将"茶"字读成"茶"字的了。清代学者顾炎武考证后认为，茶字的形、音、义的确立，应在中唐以后，而这恰恰正是陆羽生活的年代。陆羽的一个重大贡献就是在撰写《茶经》时，统一了"茶"字，从此，茶字的字形、字音和字义一直沿用至今。

中国国土辽阔，民族众多，导致了各地区的先民对茶的认识和对茶称呼的不一致性。因方言的原因，同样的茶字，中国人在发音上也有差异。福州人发音为ta，厦门、汕头人发音为de，长江流域及华北各地的人们发音为chai、zhou、cha等，傣族人发音为a，贵州苗族人则发音为chu、a。而世界各国人民对茶的称谓，亦是由中国语音直译过去的。如日语的"チセ"和印度语对茶的读音都与"茶"的原音很接近；俄语的"чай"与中国北方茶叶的发音相近似；英文的"tea"、法文的"he"、德文的"thee"、拉丁文的"hea"都是照中国广东、福建沿海地区的发音转译的。

茶字的演变与确立从一个侧面证实："茶"字的形、音、义，最早是由中国确立的，至今已成了世界各国人民对茶的称谓。这亦从一个角度表明：茶出自中国，源于中国，中国是茶的原产地。那么，如何回答印度阿萨姆发现野茶之事呢？有专家认为，古印度历史上和中国有2 000年的交流，尤其是佛教往来。茶禅一味，很有可能茶是彼时由僧人传播天竺的。1780年，英人已经请华工携中国茶籽赴印，距罗伯特兄弟发现茶已有40多年，这茶也极有可能是当年移植过去的华茶。

综上所述，中国的西南地区，主要是云、贵、川，乃是世界上最早发现、利用和栽培茶树的地方；是世界上最早发现野生茶树和现存野生大茶树最多、最集中的地方；那里的野生大茶树又表现有最原始的特征特性；而从茶树的分布、地质变迁、气候变化等方面的大量资料，也都证实了中国是茶树原产地的结论。

茶树最早为中国人所发现，茶叶最先为中国人药用、食用，直到饮用和品用，茶树最早为中国人由野生变为园栽，茶叶和茶种最早由中国传播至世界各地。茶，就这样从华夏远古的自然进入人文，与中华民族相伴相生，直到今天。

茶为国饮，中国是茶的故乡，上苍旨意要让中国成为茶叶文明的滥觞之地，而创造文明恰是人对其同类的必履之责。数千年历史进程中，炎黄子孙在东亚这块神奇土地上培育了茶的精神花朵，在哺育滋养了世代华夏儿女的同时，又将其送向全世界各地，使茶及茶文化成为人类社会共同拥有的物质与精神乳汁、历史长河中承载优秀传统文化的一叶绿舟、当今世界不可或缺历久弥新的文化遗产。

时光无限，宇宙无垠，为什么中华民族最富饶美丽的一块土地会成为茶的发源地？尽管科学已经向我们解释了一切，我们依然觉得神奇，以为这是大自然赋予我们中华民族的天赐神品。

第二章
滋润心灵的初吻
——春秋至秦汉的浅啜

翼而飞，毛而走，呿而言，

此三者俱生于天地间，

饮啄以活，

饮之时义远矣哉！

唐·陆羽 《茶经》

春秋（公元前770—前476年）战国（公元前475—前221年）至秦汉（公元前221—220年），近千年间，政治制度上中国自奴隶制进入封建制，文化上从春秋的百家争鸣到汉代的独尊儒术，期间几个朝代大开大阖，国家激烈动荡，生民朝不保夕，苟活人间者又有多少精神领域里的突围厮杀。何以解忧，不惟杜康，茶作为一种饮料，悄然开始潜入当时社会。此时，中国茶业初兴，中国茶文化初露端倪，我们可以说，从初品这绿色的植物开始，茶就占据了人类精神的制高点。

一、《诗经》里的"茶"

作为一个文献邦国，茶学研究者首先关注那些被史书记载下来的东西。从药用、食用到饮用，茶的利用本是一个渐进的过程。自商而周及春秋时期的茶事，悠远而模糊，但我们还是可以从《诗经》中寻找到蛛丝马迹。

《诗经》中涉及"茶"字，共有七处：《邶风·谷风》中的"谁谓茶苦，其甘如

荠"；《大雅·绵》中的"周原膴膴，堇荼如饴"；《郑风·出其东门》中的"出其
闉阇，有女如荼"；《豳风·七月》中的"采荼薪樗，食我农夫"；《国风·鸱鸮》
中的"予手拮据，予所捋荼"；《周颂·良耜》中的"其镈斯赵，以薅荼蓼；荼蓼朽
止，黍稷茂止"；《大雅·桑柔》中的"民之贪乱，宁为荼毒"。

根据沈泽宜专著《诗经新解》对以上诗句的翻译，所列如下：

谁谓荼苦，其甘如荠：谁说苦菜的味儿苦涩，比起我来蜜一般甘甜。

周原膴膴，堇荼如饴：周原肥沃，辽阔而舒展，那儿的苦菜也饴糖般甜。

出其闉阇，有女如荼：走到城外，女孩像荼花怒放。

采荼薪樗，食我农夫：挖苦菜填肚，砍臭椿来烧，瓜瓜菜菜是咱们农夫的食料。

予手拮据，予所捋荼：两只爪子已伤痕累累，还得忙着去捋取荼花。

其镈斯赵，以薅荼蓼；荼蓼朽止，黍稷茂止：锄头片儿雪亮，除杂草，间禾苗，草烂
了正好当肥料。

民之贪乱，宁为荼毒：人民忍无可忍才思作乱，宁遭荼毒也痛快甘心。

有人以为，这七首有"荼"字的民歌，意思分别为苦菜、茅花和陆地秽草，与后
来用于饮用的茶并无非常明显的联系。但也有人以为"荼"之古意的确有三，一为苦
菜，一为茅草，一为茶。从"谁谓荼苦，其甘如荠"解读，似可定此荼为茶；而从
"采荼薪樗，食我农夫"的意思解释，似可定为野菜。上古时期的人们，食物来源主
要靠采集树叶、野草和野果之类的植物性食物，以及靠原始的狩猎去获得肉食性食
物。茶树嫩芽在人们不经意的时候成为基本的食物来源，想必是极有可能的。直至今
天，云南基诺族人依旧保留了古老的茶食习俗，他们的凉拌茶至今依然在当菜食用，
可以说是先民食用茶叶的茶文化历史活化石。

如此说来，《诗经》时代的人们，以荼入食，亦是完全有可能的。

二、春秋时期的食用

我们还可以从一则史料中推测，春秋时期的茶，已作为一种象征美德的食物被食
用。记述春秋末期齐国著名政治家晏婴言行的著作《晏子春秋》记载："婴相齐景公

时，食脱粟之饭，炙三弋，五卵，茗菜而已。"这是说晏婴任国相时，力行节俭，吃的是糙米饭，除了三五样荤菜以外，只有"茗菜"而已。茗菜，在此处可以被解释为以茶为原料制作的菜。

晏婴是春秋时期著名的思想家、政治家和外交家。以反对横征暴敛，主张宽政省刑，节俭爱民为主，被人尊称为晏子。司马迁在《史记》中，将他与齐国的另一著名宰相管仲并列在一起，作传为《史记·管晏列传》，并对两人进行了这样不同的评价：晏子俭矣，夷吾（管仲）则奢。

《晏子春秋》中关于晏婴茶事的史录，是中国史籍中关于茶的最早食用记载，也是最早将茶与廉俭精神相结合的记载。茶的这种精神特性无疑得到了茶圣陆羽的高度共鸣，故在《茶经》中一再指出："茶性俭（《茶经·五之煮》）"，"最宜精行俭德之人（《茶经·一之源》）"，并把《晏子春秋》中的这段史料郑重引入了《茶经·七之事》，使其千古流芳，传扬至今。

三、战国末期的饮茶习俗流播

中国茶业与茶文化最初兴起于巴蜀，先秦以前已有巴人贡茶，清朝初年大学者顾炎武在其著作《日知录》[①]中明确提出："槚之苦茶，不见于《诗》、《礼》。而王褒《僮约》称：'武都（阳）买茶'；张载《登成都白菟楼》诗称：'芳茶冠六清'；孙楚诗称：'姜桂茶荈出巴蜀'；是知自秦人取蜀而后，始有茗饮之事。"

顾炎武学识渊博，对国家典故、郡邑掌故、天文地理、经史百家、音韵训诂等研究尤深。这条史料告诉我们两个史实：一是在距今2 400多年前的公元前316年，也就是惠文王后元九年的秦人取蜀前，蜀人已经品饮茶。关于这点还有一条史料旁证。《华阳国志·蜀志》记载说："蜀王曾封其弟葭萌于汉中，号苴侯，名其邑曰葭萌"。葭萌究竟是什么呢？明代杨慎在《郡国外夷考》中考证说："汉志葭萌，蜀郡名，萌音

---

① 《日知录》是明末清初著名学者顾炎武的代表作品之一。书名取之于《论语·子张篇》。子夏曰："日知其所亡，月无忘其所能，可谓好学也已矣。"《日知录》内容宏富，贯通古今。三十二卷本内容大体划为八类，即经义、史学、官方、吏治、财赋、典礼、舆地、艺文。

芒。方言，蜀人谓茶曰葭萌，盖以茶氏郡也。"原来葭萌就是茶，以葭萌命地名，说明蜀王是极其尊崇茶的。顾炎武认为，饮茶之风是秦统一巴蜀之后才开始传播开来的，大学者由此肯定了秦汉以前巴蜀是中国茶业的摇篮，中国和世界的茶叶文化最初由巴蜀发展起来这一重要论断。

而在战国末期屈原所作之《九哥·悲回风》中，诗人吟道："故茶荠不同亩兮，兰芷幽而独芳"，从中可知茶荠因滋味不一而不在一起种植。此处的"茶"，不能排斥有可能就是"茶"。顾炎武考证的另一个史实是说，我们今天的饮茶习俗，起初是通过大规模的战争，由秦人从巴蜀地区传向长江流域的。这真是一条发人深省而又意味深长的途径：和平的饮料，竟然是通过残酷的战争传播的。在冷兵器刀剑相刃的间隙，士兵们于一弯冷月下，在营地里点起篝火，身后是白骨，身上有血污，有什么能够慰藉他们的身心？茶！作为热饮料、并能起到保健药理作用的口感适宜的茶，无疑是此时最合适的心灵鸡汤了。因此，原本使人平和的饮茶习俗通过战争流布，亦是合乎生活之逻辑的。

四、自汉而始的茶之咏叹调

借文人之手记载，我们可知两汉间的茶事越来越趋于丰富。茶叶正是在这个时代成为商品，茶叶种植的第一人也正是被后来的人们记录在这个时代，而历史上有关茶叶的第一个文献，也正是在这个时期诞生。

1. 人类种植茶叶最早年代的记载

南宋地理学家王象之在其地理名著《舆地纪胜》中曾说："西汉有僧从岭表来，以茶实蒙山。"这是后世典籍记载的中国最早的植茶年代，而当地一直就有西汉吴理真结庐四川蒙山，亲植茶树的传说，吴理真成为人类植茶史上最早被记载的种茶人（图2-1）。

《舆地纪胜》成书南宋，岭表即今天的岭南，关于西汉僧人从岭表传来种茶传统，有后人表示疑义，而吴理真其人的真实情况，在他生活的西汉时代史书亦无明确记载。然而，被各类后世史志笔记记载的西汉蒙山产茶，依然还是推理为可信的。我们已知晋代大学者常璩在《华阳国志》里写明武王伐纣时，蜀中小国贡献茶叶，并且周初时，园子里已经有茶叶了。而且，在《晋书》和《唐国史补》当中，也都有本地茶叶的生长纪录，后者还顺带着评价："剑南有蒙顶石花，或小方，或散芽，号为第一。""扬子江心水，蒙山顶上茶"，后世直到今天还流传着有关蒙

图2-1 四川蒙山吴理真石屋

山茶的各种传说，而根据传说，历代所留下的茶事盛迹，亦在蒙山成为重要的茶文化景观。

2. 文人关于茶的记录

文人们在时代风气的形成与演进中，往往会起着记录者、参与者甚至引领者的作用。西汉学者、辞赋家扬雄在其著作《方言》中记载说："蜀西南人谓茶曰蔎。"而东汉文字学家许慎在《说文解字》中专门对茶进行了解释：茶，苦荼也。在中国首部字典中收入了"茶"字，说明了茶在当时生活中的重要。

而茶的药用被权威地记录，则是在西汉辞赋家司马相如的《凡将篇》中。其中记录有20几种药物，包括"乌啄，桔梗，芫华，款冬，贝母，木蘗，蒌，苓草，芍药，桂，漏芦，蜚廉，雚菌，荈诧，白敛，白芷，菖蒲，芒硝，莞椒，茱萸"，其中的"荈诧"就是茶。就因为这两个字，陆羽将司马相如和他的《凡将篇》一起选入《茶经》，由此亦可证明，茶在汉时的药理作用，意义有多么重要。

3. 中国最早的茶叶文献诞生王褒[①]《僮约》

王褒为蜀资中人，文学创作活动主要在汉宣帝时期，是中国历史上著名的辞赋

① 王褒，字子渊，西汉人，文学家。蜀资中（今四川省资阳市雁江区墨池坝）人。其文学创作活动主要在汉宣帝（公元前73—前49年在位）时期，是中国历史上著名的辞赋家，写有《甘泉》、《洞箫》等赋16篇，其《僮约》为中外首篇记载茶事活动的茶文献资料。

家。《僮约》是他的作品中最有特色的文章，记述他在四川时所亲身经历的事。公元前59年，即西汉神爵三年，王褒到渝上，就是今天的四川彭州市一带访友。因住在亡友家中，与寡妇杨惠家奴发生主奴纠纷，他便为这家奴订立了一份契券，明确规定了奴仆必须从事的若干项劳役以及若干项奴仆不准得到的生活待遇。

此文内容摘要如下：

> 舍中有客，提壶行酤，汲水作哺。涤杯整案，园中拔蒜，斫苏切脯。筑肉臛芋，脍鱼炰鳖，烹茶尽具，已而盖藏……牵犬贩鹅，武阳买茶……

从文体上看，《僮约》是一份奴隶主与奴隶之间的契约，实际则是一篇以契约为体例的游戏文学作品。从茶学史上看，这是一篇极其珍贵的历史资料。

《僮约》的价值，可以总结为以下几条：

首先，它是茶学史上最早提及茗饮风尚的文献。文中的"烹茶"即为煮茶，说明了茶的煮制方式已开始形成。它和后来三国时的茗茶[①]形态似并不相同，或可说是后来唐代陆羽煎茶的滥觞。文中我们还可知晓，茶已成为当时社会待人接物的重要礼仪，进入了精神的领域，由此可估量茶在当时社会地位上的重要。

其次，它是茶学史上最早提及茶市场的文献。"武阳买茶"就是说要赶到邻县的武阳去买回茶叶。王褒住四川资中，离他要仆人买茶的四川武阳往返百余里，如此不辞劳苦操舟贸易，非得到指定的地点，说明这个卖茶点，不是茶叶买卖的集散地，就是茶的原产地。对照《华阳国志·蜀志》"南安、武阳皆出名茶"的记载，则可知王褒为什么要去武阳买茶。茶叶能够成为商品上市买卖，说明当时饮茶习俗至少已开始在中产阶层流行。买茶往返需百余里，故此处之茶应该是制作后可以保存的干茶。关于巴蜀茶之贸易、品饮风习的情况，正是从王褒《僮约》才始见诸记载，后来的茶史研究者由这一记载，方知武阳地区就是茶叶主产区和茶叶市场，并由此确立了巴蜀一带在中国早期茶业史上的地位。

最后，从文中推测，汉朝很有可能已经有了专门的饮茶器具。"烹茶尽具，已而

---

① 茗茶：茗茶即茶粥。三国时期源于荆巴之间，将茶末置于容器中，以汤浇覆，再用葱姜杂和为茗羹。

盖藏"，可解释为烹茶的器具必需完备，也有解释为烹茶的器具必需洗涤干净，茶具用完后要专门藏置好。无论如何诠释，都可推测，至少从西汉开始，饮茶已经开始有了固定的器具，客来敬茶的习俗，亦已经从此时开始出现了。

五、巴蜀吹向南国的茶风

中国南方茶叶的历史，从一个地名开始考证特别合适——西汉茶陵的命名。茶陵位于长沙附近，接近江西、广东，是西汉时设的一个县，以其地出茶而名。当地有茶山、茶水等以茶命名的地名，传说中还是发现茶叶的神农所葬之处。《茶经》中曾引《茶陵图经》说："茶陵者，所谓陵谷生茶茗焉。"这恰可表明，至少在西汉时期，茶的生产已传到了湘、粤、赣毗邻地区。

从出土文物中，我们也找到了茶的足迹。长沙马王堆的西汉墓中，考古工作者发现了"楈笥"的竹简文和木牌文，有人考证说这个"楈"字，就是"槚"的异体字，说明随葬品中有茶，数量还不少。以此推测论证，至少在西汉时期，当时的湖南已经有了饮茶习惯和茶叶生产。

不仅如此，根据史料记载，对茶叶种植的技术培训工作，那时候也已经开始了。明代周高起所著的《洞山岕茶系》记载说：相传古有汉王者，栖迟茗岭之阳，课童茶艺。茗岭属今天江苏宜兴，汉时属吴兴郡。课童茶艺，可以理解为兴办茶叶技术培训班，向青少年传授茶技艺，培养事茶从业人员。

这里非常有趣的是培养对象。种植茶树的一般应该是壮夫或者老农才对，为什么这里偏偏提出了茶僮，也就是青少年呢。根据中国传统文化中士大夫一般都养着书僮、茶僮，服侍他们读书品茶，很有可能，这个"课童"不仅仅是为了种植茶树，更是为了学会如何事茶——这包括制茶、煮茶、器具、设席等一系列的过程。而培养者即为汉王，必具有统治者的身份，由高高在上的王侯来直接关注茶艺，也是证明茶之重要性的一个旁证吧。

综上所述，我们可知，春秋至两汉，中国的茶叶种植已经发展起来，秦汉时期，茶业以巴蜀为始点向各地传播，茶的药用被首先普遍肯定，饮用已经开始。西汉末年，茶已为商品被长途贩卖，茶市亦同时出现，此时的茶，犹如一叶轻舟，从长江上中游起航，正飞快地向下游驶去，浩瀚的大海，很快就要出现在眼前了。

第三章
轻身换骨的灵丹
——魏晋南北朝的茶事品相

灵山唯岳，奇产所钟。

厥生荈草，弥谷被岗。

晋·杜育 《荈赋》

三国（220—280年）两晋（265—420年）南北朝（420—589年），近400年间，中国版图从秦汉的大一统分裂为众多板块，但政治、经济、文化的向心力使这一单元成为中华民族再次大融合的历史节点。茶便也水涨船高，借此历史机遇，从巴蜀地区进发长江中下游流域，终于在中国东南方占据新的制高点，逐渐与上游的巴蜀呈抗衡之势。

西晋《荆州土地记》记载说"武陵七县通出茶，最好"，说明中游荆汉地区茶业的明显发展。三国时期，孙吴的半壁江山中，栽种茶树的规模和范围在中国版图中已成主要区域之一。而西晋在进入东晋之际的永嘉南渡①之后，北方豪门过江侨居，建康（南京）成为中国南方的政治中心。上流社会崇茶之风开始盛行。上行下效，饮茶风气怡然风行，促进茶业进一步向东南、闽赣、岭南推进，长江下游宜兴一带的茶业亦盛兴起来，巴蜀独冠天下的格局，此时似已不复存在。至南朝，中国南方已普遍饮茶，并开始形成特有的制茶与饮茶方式。

---

① 永嘉南渡：永嘉（307—313年）晋怀帝司马炽年号。永嘉之前，中原地区曾发生过长达16年的八王之乱，直接招致了永嘉时期的民族冲突。永嘉四年（310年），匈奴首领刘曜攻陷洛阳，纵兵大肆屠杀焚掠，洛阳化为灰烬。西晋官民大量南逃，史称"永嘉南渡"。

饮茶习俗在南方的时尚化传播，也流传到了北朝高门豪族，又由士大夫阶层携引，登堂入室于庙宇间，从精神层面上与人心相濡以沫。经过毁誉参半的较量之后，饮茶之风终于获胜。茶的药理作用被人们进一步认识，茶不但作为一种普遍的保健饮料、也作为一种高度的精神象征，渗入士兵、僧人和普通百姓的生活，进而向边疆发散流布，并以润物细无声的低调姿态，毅然走向广阔世界。

结合那个时代的精神思潮，中国茶文化开始从儒、释、道的精神土壤里破土而出，呈现出了其三位一体的茶文化初相。由此，茶从人的生理药用、食用、饮用和象征性的礼祭之品，开始全面向中国人的日常生活和精神领域渗入。

一、从自然利用到人工栽培

此一历史阶段已经出现了可与天下各类名贵物产相提并论的名茶。三国时曹丕即位后成为侍中尚书的大文人傅巽，在他的《七诲》一文中说："蒲桃宛奈、齐柿燕栗、峘阳黄梨、巫山朱橘、南中茶子、西极石蜜。"将茶与东西南北的众多物产放在一起表述，直追"武王伐纣"时期的巴人上贡。

西晋有郭义恭所著《广志》，是一部记载各地物产，包括动、植、矿物的书，其中专门指出说："茶丛生，真煮饮为真茗茶。"这里讲到了茶树的生长状态，也讲到了如何制作品饮。

有两则当时流传的神怪传说涉及茶。相传为汉代东方朔所作的《神异记》记载说："余姚人虞洪入山采茗，遇一道士，牵三青牛，引洪至瀑布山。曰：'吾丹丘子也。闻子善具饮，常思见惠。山中有大茗可以相给，祈子他日有瓯牺之余，乞相遗也。'因立奠祀。后常令家人入山，获大茗焉。"据传为陶渊明所作的《续搜神记》记载了这样一个故事："晋武帝时，宣城人秦精，常入武昌山采茗，遇一毛人，长丈余，引精至山下，示以丛茗而去。俄而复还，乃探怀中橘以遗精。精怖，负茗而归。"

从中我们可以得知，在长江流域中下游地区，山中不但有野茶可供人采摘，而且还有大茗，也就是野生大茶树。茶与仙怪结合在一起，似是要说明茶是一种有别于凡间饮料的仙浆琼露。

图3-1 天台山归云洞葛仙茗圃

从这些记载中还不能看到茶的人工栽培情况。但人类总是在顺应自然和改造自然中生存的，浙江天台山归云洞下方的小山丘上植有一片茶园，据传已经历1 700多年，至今依旧生机勃勃，被称为葛仙茗圃（图3-1）。当地人说，三国吴赤乌年间，葛玄①曾在此劈园植茶，以茶修禅养神。世称"茶祖"。

我们可以说，此时的长江中下游地区，都已经出现了人工栽培的茶树。成书于秦汉间的《桐君采药录》记载："武昌、庐江、晋陵好茗，而不及桐庐。"

茶的最早功能是以药效进入人类生活的，因此，《桐君采药录》对茶的记录有着合乎逻辑的药理基础。我们至少可以说，至汉末三国时期，今天的江浙一带已经生长着优质的茶叶。

巴蜀之茶顺着长江水系到了中下游各省，经广西顺西江水系到了广东。秦朝时广州是南海郡的郡治所在，汕头则历来就是粤东和闽西南的门户。吴觉农在《茶经述评》里认为，茶很有可能就是从这两个港口经海路，到达今天福建泉州的。福建南安莲花峰今尚有石刻，曰："莲花茶襟，太元丙子"，太元丙子正是东晋时期376年，有人由此以为，最迟福建在晋代已经产茶。

二、制茶与饮茶方式的形成

茶的食用与饮用在同时代并行，而食用多以羹饮的方式。我们已经从郭璞的《尔

① 葛玄（164—244年）：三国吴道士，字孝先，又称葛天师。汉族，丹阳句容（今属江苏）人。葛洪之从祖父。《抱朴子·金丹篇》称曾从左慈学道，受《太清》、《九鼎》、《金液》等丹经，于阁皂山（今江西清江县境内）修道。道教尊为葛仙翁，又称太极仙翁。

雅注》中得知，茶的叶子可以用来羹饮，此处的所谓羹饮，可视为茶粥。

三国时张揖著《广雅》，其文曰："荆巴间采叶作饼，叶老者，饼成以米膏出之。欲煮茗饮，先炙令赤色，捣末置瓷器中，以汤浇覆之，用葱、姜、橘子芼之，其饮醒酒，令人不眠。"芼茶即茶粥，源于荆巴之间，制作方法是将茶末置于容器中，以汤浇覆，再用葱、姜杂和，以为芼羹。

实际成书于汉初的《尔雅》中关于茶只有3个字，而在《广雅》中有40多字，《尔雅注》则有20余字，从中亦可管中窥豹，了解到西汉初到三国400多年间茶事的扩展与变迁。从张揖的记载中，我们可以得知，当时的荆巴间，人们将茶与别的食物掺杂在一起食用。

关于羹饮，还有一则故事可以佐证：西晋司隶教尉傅咸说："闻南市有蜀妪作茶粥卖，为廉事打破其器具。后又卖饼于市，而禁茶粥以困蜀姥，何哉！"司隶校尉傅咸在教示中说："我听说南市有个四川老妇作茶粥出卖，被警官打破了她的器具，后来她又在集市上卖饼，为什么要作难四川老妇，禁止她卖茶粥呢！"我们从中可知，茶粥这种食品在当时还是颇受人们欢迎的，否则何以成为商品进入市场呢？

三国时，茶在南方已普遍作为饮料。《吴志·韦曜传》说："孙皓每飨宴，坐席无不率以七升为限。虽不尽入口，皆浇灌取尽，曜饮酒不过二升，皓初礼异，密赐茶荈以代酒。"说的是吴帝孙皓每次设宴坐席，座客至少饮酒七升，哪怕没有喝进肚里，也要亮杯显示喝了。其臣下韦曜饮酒不过二升，孙皓悄悄地赐了茶水以代酒。

南朝山谦之在《吴兴记》里写道："乌程县西二十里，有温山，出御荈。"孙皓曾经当过乌程侯，乌程是他的封地，他必定在这茶的土地上熟悉了品饮之道。去南京当了吴帝之后，乌程就开始给他进贡茶。给韦曜以茶代酒换的茶，很可能正是从乌程来的浙江茶。因此，我们可以推论，三国时期，浙江已经有了御茶园。

以茶代酒说明，当时浙江吴兴的饮茶习俗，已经在吴国宫廷里流行了。从中我们亦可以得知，茶汤从外观上看已可以假乱真，作为液体而取代酒。而以茶代酒的意义，已经超越了茶自身的物理功能，完全进入了文化层面。

三、茶事的"世说新语"

那个跌宕起伏的时代，茶事也随之呈现出各种不同景象，它们自上而下，构成那个时代的茶文化初相。有关上流社会的茶事，我们可从皇家说起。

南朝宋《江氏家传》记载，江统任晋愍怀太子洗马之职时，曾经上疏规劝说：现在您在西园卖醋、面、篮子、菜和茶叶等类东西，实在是败坏国家的体统。愍怀太子在太子宫中游戏，玩尽花招，最后干脆在后花园里开起店来，其中买卖的货物中，就包括了茶。可知当时茶已进入皇亲贵族之家，在宫中普遍饮用。

南北朝时期，贵族阶层、尤其是南方的贵族们，构成了饮茶的生力军，一封感谢信也透露了那个时代的茶消息。梁朝时的刘孝绰感谢晋安王饷米，写信说："传诏李孟孙宣教旨，垂赐米、酒、瓜、笋、菹、脯、酢、茗八种。……茗同食粲，酢颜望柑……免千里宿舂，省三月粮聚。小人怀惠，大懿难忘。"在给军队的粮饷中，有米、酒、瓜、笋、腌菜、鱼脯、醋、茶等八种食品，其中竟然还有茶，可见茶已经成为非常普遍的日常食品了。

《宋录》作为一部著录南朝史实的著作，记录了一段很有意思的话，说："新安王子鸾，豫章王子尚诣昙济道人于八公山，道人设茶茗。子尚味之曰：'此甘露也，何言茶茗！'"子鸾、子尚这两兄弟都是皇帝的儿子，天下美味皆入口中，喝了昙济道人的茶，依然赞叹说：我们喝的怎么是茶呢，简直就是天降的甘露啊！可见茶的滋味有多好。

士大夫与文人的饮茶也颇有意思。南朝宋时期（420—581年），临川王刘义庆组织一批文人编写《世说新语》，记述魏晋人物言谈轶事。其中提到一个不得志的人，用的是茶的例子，说："任瞻，字育长，少时有令名。自过江失志。既下饮，问人云：'此为茶？为茗？'觉人有怪色，乃自申明云：'向问饮为热为冷。'"任瞻少年得志，自过江以后就很不得志了，有一次别人请他喝茶，他竟然少见多怪地问：这是茶还是茗？一直发现别人脸上有了怪色，才自我解嘲说：我不过是问这茶是热还是冷的罢了。

王濛与"水厄"也是《世说新语》中的一个著名的段子："王濛好饮茶，人至辄命饮之，士大夫皆患之，每欲往候，必云'今日有水厄'"。此处说的是晋人司徒长史王濛，他特别喜欢茶，不仅自己一日数次地喝茶，而且有客人来，便一定要与客同饮。当时士大夫中还多不习惯于饮茶，因此，去王濛家时大家总有些害怕，每次临行前，就戏称"今天又要遭水难了"。

王肃茗饮也是饮茶史上的著名范例。《后魏录》记载说："琅琊王肃仕南朝，好茗饮、莼羹。及还北地，又好羊肉、酪浆。人或问之：'茗何如酪？'肃曰：'茗不堪与酪为奴。'"王肃在南朝做官的时候，喜欢饮茶喝莼菜，后来到了北地，又喜欢羊肉、奶酪，有人问他：茶与奶酪相比怎么样？王肃说：茶不能居于奶酪之下的。

关于这个故事，还有另外一个版本。北魏人杨衒之所著《洛阳伽蓝记》，记载王肃向北魏称降，刚来时，不习惯北方吃羊肉、酪浆的饮食，常以鲫鱼羹为饭，渴则饮茗汁，一饮便是一斗，北魏首都洛阳的人均称王肃为"漏厄"，就是永远装不满的容器。几年后，北魏高祖皇帝设宴，宴席上王肃食羊肉，酪浆甚多，高祖便问王肃："你觉得羊肉比起鲫鱼羹来如何？"王肃回答道："鱼虽不能和羊肉比美，但正是春兰秋菊各有好处。只是茗汤（因为煮得不精致）不中喝，只好给酪浆作奴仆了。"这个典故一传开，茗汁因此便有了"茗奴"这样一个贬义的别名。虽然如此，北朝还是有人羡慕王肃的风采，有个叫刘镐的官员就专门学习品茶。这段史料说明茗饮曾是南人时尚，北人起初并不接受茗饮，煮制方式也很粗放，可以升盛斗量，当属牛饮，与后来细酌慢品的饮茶大异其趣。但后来人们还是接受了品茶，使其成为中华各民族都热爱的饮品。

四、诗情画意写香茗

仿佛是历史的余数，却构成了历史的不可或缺的一面。因那个历史时期离当代遥远，茶事较为稀罕，文人茶事在这一历史时期，尤显珍贵。

三国两晋南北朝，那是一个文人辈出的时代，众多诗赋中，少不了对茶的歌唱。隋唐之前发现的有关茶的诗歌，目前共有4首，其中最有代表性的，当属西晋文学家张载的《登成都楼》诗。此诗在茶文化文献中有着重要的意义，诗曰："披林采秋橘，临江钓春鱼。黑子过龙醢，果馔逾蟹蝑。芳茶冠六清，溢味播九区。人生苟安乐，兹土聊可娱。"其中有两句对茶做了高度评价:"芳茶冠六清,溢味播九区。"对茶的地位,对茶的香型、味道以及茶的传播影响作了以往从未有过的赞美评定。

而大名鼎鼎曾使洛阳纸贵的西晋大文学家左思的《娇女诗》则以人入茶,尤其是将美少女与茶相匹,堪称"从来佳茗似佳人"的西晋版,读来颇有趣味。"吾家有娇女,皎皎颇白皙;小字为纨素,口齿自清历。其姊字惠芳,眉目灿如画;驰骛翔园林,果下皆生摘。贪华风雨中,倏忽数百适;心为茶荈剧,吹嘘对鼎䥶。"活泼的姑娘们对火炉煮茶一点也不陌生,欢喜地围着茶炉吹火,诗人声情并茂地描画出了1 000多年前那幅形象的茶事图。

西晋诗人孙楚的《出歌》也极有特色:"茱萸出芳树颠,鲤鱼出洛水泉。白盐出河东,美豉出鲁渊。姜、桂、茶荈出巴蜀,椒、橘、木兰出高山。蓼、苏出沟渠,精、稗出中田。"这是一首介绍山川风物的诗歌,其中专门介绍了茶的原产地巴蜀,也是很珍贵的茶史料。

而南朝宋王微的《杂诗》以"闺怨"为题材,描写了一个独饮茶者的形象,属于闺怨之诗:"寂寂掩高阁,寥寥空广厦;待君竟不归,收颜今就槚。"说的是待君不归的少妇只得独自喝茶解忧。这些诗文不但具备了文学自身的魅力,更因其在那个时代茶叶文献资料不足的情况下,真实地记录了茶叶的足迹,使后人对那个时代的茶事有了基本判断,从而愈显出其重要性。

在这些飘散着茶香的字里行间,有一篇特殊的散文,它便是杜育①的《荈赋》。

杜育写过许多文学作品,但真正使他万古流芳的则是这一曲《荈赋》。《荈赋》是中国也是世界历史上第一次以茶为主题以美文歌颂的茶文学作品,我们在其中可以较为集中地领略到当时的茶文化初相。全文如下:

> 灵山惟岳,奇产所钟,瞻彼卷阿,实曰夕阳。
> 厥生荈草,弥谷被岗。

---

① 杜育,西晋人,字方叔,襄城邓陵人,杜袭之孙。生年不详,卒于晋怀帝永嘉五年,即311年。幼便号为神童。及长,美风姿,有才藻,时人号曰杜圣。累迁国子祭酒。洛阳将陷,为敌兵所杀。著有文集二卷(《隋书》、《唐书·经籍志》)传于世。其所作《荈赋》为中外历史上首篇茶文学作品。

> 承丰壤之滋润，受甘灵之霄降。
>
> 月惟初秋，农功少休。结偶同旅，是采是求。
>
> 水则岷方之注①，挹彼清流；器择陶拣，出自东隅②；
>
> 酌之以匏③，式取"公刘"④。
>
> 惟兹初成，沫沈华浮，焕如积雪，晔若春敷⑤。
>
> 若乃淳染真辰，色□青霜。
>
> □□□□，白黄若虚⑥。
>
> 调神和内，倦解慵除。

赋中所涉及的范围已包括茶叶自生长至饮用的全部过程。由"灵山惟岳"到"受甘霖之霄降"是写茶叶的生长环境、态势以及条件，自"月惟初秋"至"是采是求"描写了尽管在初秋季节，茶农也不辞辛劳地结伴采茶的情景。接着写到烹茶所用之水当为"清流"，所用茶具，无论精粗，都采用"东隅"所产的陶瓷。一切准备就绪，美妙的烹茶开始，烹出的茶汤"焕如积雪，晔若春敷"，品饮它的人们自然领略到了无比的美感，沉浸在妙不可言的精神享受之中。而茶之功效，也在最后的文句中得以体现。

那漫山遍野的茶树，可不是靠野生就能够连成片的，《荈赋》第一次写到"弥谷被岗"的植茶规模，第一次写到茶叶采摘的茶农状态，第一次写到器皿与茶汤的相应关系，第一次写到"沫沉华浮"的茶汤特点。这四个第一，使《荈赋》在中国茶文化史上，具有了不可或缺的举足轻重的地位，其描写风物的生动形象和精致细微，其茶事环节的面面俱到，其文字的精确优美，都堪称当世一流。

---

① 水则岷方之注：择水则使用岷山的涌流。岷山，绵延与四川、甘肃两省边境，是长江与黄河的分水岭，《尚书》说"名山导江，东别为沱"，岷山为长江的源头。

② 出自东隅：择器则用出自东方之器（也有东瓯一说，东瓯则是指今浙江温州）。

③ 酌之以匏：饮茶用具是用葫芦剖开做的饮具。此引自诗经《大雅·公刘》章节的"酌之用匏"。

④ 公刘：公刘，古代周部落首领，周文王的祖先，华夏农耕文化的开拓者。

⑤ 春敷：花木春天开放、繁荣。

⑥ 参考关剑平《茶与中国文化》，北京：人民出版社，2001。

五、进入信仰层面的精神品饮

自汉而起的饮茶习俗，至三国、两晋、南北朝，此时玄学兴起，儒学家、道学家、清谈家相洽相融，各取所需。儒生品茶而精行俭德，文士品茶而清淡玄学，道人饮茶而视为仙露，僧侣吃茶以静心修行。就这样，茶进入了人们的信仰领域，呈现出了更为深刻的茶文化精神内涵。

1. 儒家茶礼

继汉代在文化思想上提出独尊儒家，这一文化特征在以后的时代中被统治阶级强化而成主流文化，在茶事上便有了标志性的鲜明体现。儒家文化的教化精神实践、礼仪程式设置与内心道德诉求，已在魏晋南北朝这一历史阶段的茶事中开始呈现，客来敬茶，以茶养廉，以茶祭祀，展示了时代中人们的政治理想、生命体验与茶之间的关系。

（1）客来敬茶　以茶为敬意，已成为那个时代的时尚。两晋时期有个名叫弘君举的人写过一篇名称《食檄》的茶餐食单，其中明确记载："寒温既毕，应下霜华之茗，三爵而终，应下诸蔗、木瓜、元李、杨梅、五味、橄榄、悬豹、葵羹各一杯。"意思是说：客来寒暄之后，应该用鲜美的茶来敬客，三杯以后，就应该敬以蔗、木瓜、元李、杨梅、五味、橄榄、悬豹、葵羹所做的美羹各一杯。茶在诸多饮品中，是以敬物率先登场的。另外，我们从以上"水厄"的掌故中也可以知晓，当时贵族中那些狂热的茶痴是如何把客来敬茶的礼仪推至登峰造极之地步的。

（2）以茶祭祀　古代中国人把死后的世界看作一个人间生活的翻版，以为人间一切所需皆在冥间再现。所以下葬时会把模拟的谷仓、牛羊，甚至房子和场院都一并带走。茶亦成为他们不可或缺的洁物。

如果说，以茶祭祀之礼从周代已经开始，那么，茶到此一时代已经成为公认的祭品。493年，南齐永明十一年农历7月，南齐世祖武皇帝萧赜崩，遗诏说："我灵床上慎勿以牲为祭，但设饼果、茶饮、干饭、酒脯而已。天下贵贱，咸同此制。"与其说这是皇帝的节俭，不如说是奉行佛教的皇帝认为，茶是高洁的饮料，配得上他死后享用，所以特别要嘱咐灵床上不能少了茶饮。而且他推己及人，以至高无上的天子的名义，要求天底下所有的人都得如此祭祀。

（3）**以茶养廉**　两晋时期的豪门贵族，有以奢侈为时尚的风气，而此一时期的儒家学说践行者们，则承继晏子的茶性俭精神，以茶养廉，以对抗同时期的侈靡之风。典型的例子当推陆纳[①]杖侄。《晋中兴书》记载："陆纳为吴兴太守时，卫将军谢安常欲诣纳，纳兄子俶怪纳无所备，不敢问之，乃私蓄十数人馔。安既至，所设唯茶果而已。俶遂陈盛馔，珍羞必具。及安去，纳杖俶四十，云：'汝既不能光益叔父，奈何秽吾素业。'"此处说的是陆纳内心清高绝俗，将自己的为人处世称之为素业，一种素王成就的大业。没想到侄儿不理解，以俗气秽污了他的清名，故以四十大杖惩罚之。

同时期还有一个著名的历史人物桓温，《晋书》记载他说："桓温为扬州牧，性俭，每宴饮唯下七奠拌茶果而已。"说的是扬州太守桓温性情俭朴，每次宴饮客人，只设七个盘子的茶食。桓温曾离帝位一步之遥，终究未篡。性俭之人，以茶养廉，培养克制自己的能力。在欲望翻腾冲动之时，这一步终究没有迈出去，也算是品茶人中的一个典型人物吧。

2. 佛教与茶

西汉末年，佛教传入中国以后，茶很快就与佛教结下了不解的缘分。佛教的重要活动是僧人坐禅修行，需要有既符合佛教规诫、又能消除坐禅带来的疲劳和补充营养的饮品。而茶能清心、陶情、去杂、生精，具备三德，一是坐禅通夜不眠；二是腹胀时能帮助消化，轻神气；三是"不发"，能抑制性欲。而中国禅宗的坐禅，很注重五调，即调食、调睡眠、调身、调息、调心。所以，饮茶是最符合佛教的生活方式和道德观念的。久而久之，茶叶便成了佛教的"神物"，促成了佛教与茶文化相结合，形成了"茶禅一味"的精神品相，茶就此从药用深化为精神饮品，成为一种灵与肉相重的复合型饮料。

据说东汉时，中国便出现了一些居士，离开家住在外面，饮茶修行，入晋后此风渐开。《晋书·艺术·单道开传》记载说："敦煌人单道开，不畏寒暑，常服小石子，所服药有松、桂、蜜之气，所饮茶苏而已。"所谓"茶苏"，是一种用茶叶与果

① 陆纳，字祖言，东晋人，少有清操，贞厉绝俗。初辟镇军大将军、武陵王掾，州举秀才。太原王述雅敬重之，引为建威长史。累迁黄门侍郎、本州别驾、尚书吏部郎，出为吴兴太守。

汁、香料配合制成的饮料。此处说的是单道开在后赵都城邺城（今河南临漳）昭德寺修行时，室内坐禅，昼夜不眠，"不畏寒暑"，诵经四十余万言，经常用饮茶来提神防睡。

图3-2 菩提达摩像

东晋的高僧怀信在《释门自镜录》中说："跣定清谈，祖胸谐谑，居不愁寒暑，食不择甘旨，使唤童仆，要水要茶。"这个和尚做得很是潇洒，而且他要水要茶时可以使唤童仆，可见那时佛门也已经有了专门的事茶僧童。而释道悦的《续名僧传》曾记录说："宋释法瑶，姓杨氏，河东人。……年垂悬车[①]，饭所饮茶。……年七十九。"从这些史料可知，茶与佛教文化之间的结合，当此时期形成，茶禅一味的和尚家风，亦已养成。

说到茶与禅的关系，人们往往上推之禅宗始祖菩提达摩。这位南北朝时期的外国传教士，乃南天竺婆罗门人，据说曾在嵩山少林寺面壁九年，世传其口嚼茶叶以驱困意，盖由于坐禅中闭目静思，极易睡着，所以坐禅中唯许饮茶。也有传说，以为他打坐时每每欲昏昏睡去，一怒之下，割下眼皮掷之于地，竟然生出两株茶树，达摩口嚼茶叶，终于茶禅一味，修道入禅成功（图3-2）。

《增一阿含经》的序中所说："诸恶莫作，众善奉行，自净其意，是诸佛教。"佛教的这一精神是和茶的精神相当一致的，茶作为一种极为亲和也极为向善的饮料，与这样一种信仰互为渗透，构成了茶禅一味的初相，应当说是相当投契完满的结合了。

3. 道家与茶

道家对生命的热爱，对永恒的追求，都深深地渗透在其自然观中。在道家看来，人是自然的一部分，天人合一，人的生存必须顺其自然地利用物的自然属性。受这个

---

① 悬车：借指70岁。

图3-3 道观茶园

时期的文化影响，人们与茶建立了亲密的关系（图3-3）。

　　道家与饮茶习俗形成的关系，深刻地影响了茶文化的发展。汉末三国两晋之际，是中国道家文化蓬勃发展的时期。道家尤其注重游仙养生隐居山林，而茶作为一剂调理身心的良药，恰恰符合了其教义的宗旨。茶能避疫疠之气，能消食、醒酒、治病、健身，对人既能振奋精神又能清晰思路，茶的养生药用功能与道家的吐故纳新、养气延年的思想相当契合，特别为有精神与信仰的诉求者所依赖。道得以与茶结缘，以茶养生，以茶助修行，故被视为轻身换骨的灵丹妙药。

　　东汉末年至三国时代的医学家华佗在《食论》中提出了"苦茶久食，益意思"的论断，这是中国历史上茶叶药理功效的第一次记述。《神农食经》记载说："茶茗久服，令人有力，悦志。"壶居士《食忌》记载说："苦茶久食，羽化，与韭同食，令人体重。"陶弘景在其《杂录》中说："苦茶轻身换骨，昔丹丘子、黄山君服之。"

　　所有这些轻身换骨的记载都少不了茶的神奇妙用。而从两晋时期史料中我们更可以看到当时的人们对茶的身心的渴求。如刘琨《与兄子南兖州刺史演书》云："前得安州干姜一斤、桂一斤、黄芩一斤，皆所须也，吾体中溃闷，常仰真茶，汝可置之。"此时，茶与人之间的药用关系已兼有了精神饮品的性质，在道家看来，茶是一种神品，故余姚道士山的大茶树是道家仙人丹丘子专门指点给当地人的，后人便世代为他立祀。今天浙江磐安县玉山古茶场的遗址，就是以茶与道教的结合来呈现文化形态的，这个地区的茶农奉晋代道教人物许逊为茶神，还为他建了茶神庙，并形成了上千年历史之久的迎送茶神文化。

　　道教中那些有关神仙鬼怪的丰富想象，此时也切入了茶的故事，在《广陵耆老传》中，记载了这样一位神奇的老姥，说："晋元帝时有老姥，每旦独提一器茗，往市鬻之，市人竞买，自旦至夕，其器不减。所得钱散路旁孤贫乞人，人或异之。州法曹縶之狱中，至夜，老姥执所鬻茗器，从狱牖中飞出。"茶在这里的神奇、鬻茶人的法力，被赋予了最仁慈善良的功效。东晋干宝所著的中国古代首部志怪小说集《搜神记》记载了另一个故事："夏侯恺因疾死，宗人子苟奴，察见鬼神，见恺来收马，并病其妻，著平上帻，单衣，入坐生时西壁大床，就人觅茶饮。"在这则故事里，人间之茶已经穿越阴阳，进入阴间鬼世界。无独有偶，浙江磐安玉山古茶场是以两晋道人许逊为茶神的，这里流传着这样的民间传说，由于鬼亦好茶，每到市茶时节，夜半鬼亦来买茶，手里拿着冥钞，卖茶人为了辨别人鬼，只得不停地敲锣，当遇到鬼来买茶时，锣便无声哑然，鬼见之便遁然而亡。这些有趣的怪力乱神之说，多少也从一个侧面印证了那个时代道与茶之间的关系。

综上所述，这是一个精神激烈动荡的时代，也是中国历史上少有的思想勇猛精进的时代。人们以各种不同的途径狂热地追求生命的真谛，饮茶习俗渗入了更丰富的精神内涵。儒学家以茶养廉，以个人修养为基调，向全社会推行道德准则，以茶对抗贵族的奢靡之风；文学家、词赋家则以茶激发文思，感悟茶性浅吟低唱，进入茶之审美；道学家以茶升清降浊，实践茶从养生进入仙风道骨的修炼；清谈家以玄学清谈，进入极为玄妙的人类思维网络；佛家以茶禅定入静，明心见性，茶禅一味关系在此一历史阶段形成。可以说，在中国饮茶史中，此一阶段的人与茶之间的精神关系，是最为深邃而玄妙的。

第四章
法相初具的唐煮
——鼎盛年华的茶文化兴起

人自怀挟，到处煮茶，从此转相仿效，遂成风俗。……渐至京邑，城市多开店铺，煮茶卖之，不问道俗，投钱取饮。

唐·封演 《封氏闻见记》

唐朝（618—907年），中国历史上一个散发出阵阵茶香的王朝，十数个世纪的酝酿，茶这朵芬芳的文化奇葩，终于在中华大地上盛开。茶越来越被公认为一种深刻而又可以被普及的精神饮品，茶饮开始呈现国饮所应具备的内在品质与外在形态。

一、大唐的茶事盛况

茶兴于唐。此时，长江中下游地区已经成为中国茶叶生产和技术中心，茶成为国家经济的重要资源。茶税、榷茶等国家的茶政方针在这个朝代确立，茶政从此时发端，绵延至今。诗人们开始如吟唱酒歌一般地吟唱茶歌，而中国周遭国家与地区也更为接受唐帝国强大的茶之感染力。

1. 饮茶习俗的广泛普及

我们已知，六朝时期的中国，北方曾称南方茶为"酪奴"，可知唐以前茶在北方地位一度是不高的。隋唐统一中国，盛世催发茶事，长江黄河，流风所至，终于在唐朝开元年间（713—741年）完成了饮茶习俗的北移。

自从陆羽生人间，人间相学事新茶，而此一前提，首先要有产生茶圣的土壤。陆羽生活的时代，恰恰是茶事大盛的年代。唐代杨晔的《膳夫经手录》是一部中国烹饪古籍，专门提到茶事，说："今关西、山东，闾阎村落皆吃之，累日不食犹得，不得一日无茶也。"陆羽《茶经》"茶之饮"则称："滂时浸俗，盛于国朝。两都并荆渝间，以为比屋之饮。"陆羽从荆楚间一路行至江南茶区，细细考察茶事，认为当时的饮茶之风扩散到民间，以东都洛阳和西都长安及湖北、山东一带最为盛行，都把茶当作家常饮料，这是非常可靠的信史。

而唐天宝年间的士人封演则在他的《封氏闻见记》卷六"饮茶"一文中留下经典描述："南人好饮茶，北人初不多饮。开元中，泰山灵岩寺有降魔师，大兴禅教，学禅务于不寐，又不夕食，皆许其饮茶。人自怀挟，到处煮饮，从此转相仿效，遂成风俗。自邹（今山东费、邹、滕、济宁、金乡一带）、齐（今山东淄博市一带）、沧（今河北沧州、天津一带）、棣（今山东惠民一带），渐至京邑（今陕西西安），城市多开店铺，煮茶卖之，不问道俗，投钱取饮。"这段话记录了茶禅茶风是如何影响着世俗饮食，那流布的过程，也让我们看到了更多的茶文化事像。

从饮茶地域上看，此时的中原和西北少数民族地区，都已嗜茶成俗，饮茶的地域性局限已然消失。大中华东西南北中处处皆饮茶，这岂非饮茶作为国饮开始出现的重要标志。

从饮茶人身份看，饮茶亦已没有了身份地位的象征，成为一切人的嗜好。魏晋南北朝时期建立在士大夫阶层之上的象牙塔般精深的、贵族化的茶文化精神需求，已经在大唐盛世下降，成为塔的底盘，一种普世风尚。这种风尚与中国民间世俗传统中降妖镇魔的法力联想结合，具有更为现世的实际意义。那满山遍野的煮茶人，无论在精神还是在生理上，都有着一种强烈地、希望神迹立刻降临的愿望。举凡王公朝士、三教九流、士农工商，不问道俗，投钱取饮，饮茶在各个阶层的群体中都到达几近狂热的状态。

从饮茶作用来看，茶已被看作生活的必需品，《旧唐书·李珏传》如是说："茶为食物，无异米盐，于人所资，远近同俗。既怯竭乏，难舍斯须，田间之间，嗜好尤甚。"此言实际上就是"柴米油盐酱醋茶"的唐朝版解读。我们可以断言说，恰是从唐之后，中华各民族，从此将茶作为须臾不可分离的生命的组成部分。

2. 众多名茶的涌现

中国地形分布，丘陵地区主要在长江以南，这些地方气候温暖湿润，阳崖阴林，最适宜种茶。陆羽把唐代的茶叶产地分为八大茶区，分别是：山南茶区，淮南茶区，浙西茶区，浙东茶区，剑南茶区，黔中茶区，江南茶区，岭南茶区。这些茶区的名茶，除了江苏、浙江、江西、安徽和四川等省在唐以前就有出产之外，其余绝大多数的好茶，都是从唐朝开始生产的。

据《茶经》和李肇《国史补》等历史资料记载，唐代名茶计有50余种，大部分都是蒸青①团饼茶，少量是散茶。在山南茶区，最负盛名的有峡州（今湖北宜昌）名茶，包括"碧涧、明月、芳蕊、茱萸"这些有着美丽名称的芳茶，时人以为这些茶可以和吴兴顾渚紫笋、寿州霍山黄芽平起平坐。而荆州的名茶"仙人掌茶"则出于大诗人李白的歌唱。

淮南地区的茶中魁首非霍山黄芽莫属，霍山也就是大名鼎鼎的天柱山。浙西茶区的名茶第一品牌当然是唐朝绝品贡茶紫笋茶，而浙东茶区，最有名的应该是越州会稽岭的日铸茶了。剑南茶区名茶众多，茶中故旧是蒙山，蒙顶茶是唐代剑南道唯一的贡茶。黔中茶区，让人想起播州那夜郎国的好茶，据《桐梓县志》记载说："夜郎箐顶，重云积雾，爰有晚茗，离离可数，泡以沸汤，须臾揭顾，白气幂缸，蒸蒸腾散，益人意思，珍比蒙山矣。"

江南茶区好茶亦不少，其中有记载说，鄂州武昌山早在晋代就有野生大茶树；袁州（今江西宜春）的界桥茶非常有名，毛文锡的《茶谱》提到它时专门说它"烹之有绿脚垂下……"，想来是很美丽的景象。而我们最后要说的一个茶区则为岭南茶区，那里生长着大名鼎鼎的建茶。它是晚唐异峰突起的好茶，在以后的宋代取顾渚贡茶之地位而代之。与建茶齐名的还有武夷茶，时人有"武夷春暖月初圆"之说。

名茶荟萃，花团锦簇，中国盛产茶叶的基本格局已经形成。

---

① 中国历史上创制的一种采用蒸汽杀青加工绿茶的方法。具有三绿特色，即干茶深绿色，茶汤黄绿色，叶底青绿色。

3. 茶叶贸易的兴旺

"嫁得瞿塘贾，朝朝误妾期；早知潮有信，嫁与弄潮儿。"唐代李益乐府体诗《江南曲》中提到的瞿塘贾，实以茶商为多，茶叶商人妻子的离愁别绪便成了诗人们的描写对象，可见茶叶贸易在那个时代的兴盛。白居易的名诗《琵琶行》，集中描写了一位嫁给茶商的歌女的别离之怨："商人重利轻别离，前月浮梁买茶去……"这个故事的发生地"浔阳江头"，就是现在的九江，是唐朝重要的茶叶贸易集散地。

茶为商品，单位价值高，便于长途贩运，一旦有了广大的市场，贸易必然兴盛。当时，茶叶的主要产地仍然集中在今天的四川地区，商人大多到巴蜀之地批发茶叶，经由长江三峡运销到下游地区，再经长江的支流比如汉江、赣江，以及大运河转运到全国各地。郭沫若在《李白与杜甫》一书中考证，以为李白之所以能够纵横天下，游遍全国，主要就是他那做茶叶生意的家族的资助。《封氏闻见记》对当时的茶叶经营情况，也有着非常形象生动地描写，说："其茶自江淮而来，舟车相继，所在山积，色额甚多，穷日尽夜，殆成风俗。始于中地，流于塞外。"

唐王敷所撰的《茶酒论》说到茶叶贸易的兴盛，那是扬扬洒洒，下笔有神："……浮梁歙州，万国来求。蜀川蒙顶，骑山蓦岭。舒城太湖，买婢买奴。越郡余杭，金帛为囊。素紫天子，人间亦少。商客来求，舡车塞绍……"说到茶商则夸耀："我三十成名，束带巾栉，蓦海骑江，来朝今室，将到市廛，安排未毕，人来买之，钱财盈溢，言下便得富饶，不在明朝后日……。"那种因茶暴富、腰缠万贯、财大气粗的神情，跃然纸上。

茶叶贸易的兴盛，托起了唐代茶文化的兴盛。

4. 事茶技术与品茶规则的确立

陆羽在《茶经·一之源》中详细讲解了茶树的人工栽培法，它是茶树栽培法的第一个记载者，唐代也由此成为茶树栽培始见诸记载的朝代。陆羽说，"其地，上者生烂石，中者生砾壤，下者生黄土。"那是说，植茶的土壤以酸性土腐植质多，土壤疏松者为优；其次，排水良好的沙壤土以及丘陵地区的红土、黄土都可以种茶。它的记载今天依然有指导意义。茶树由茶籽播种繁殖，每年农历霜降节前后，采摘已成熟的茶籽，阴干去壳贮藏，以便适时播种。如何下种，陆羽提示说："凡艺而不实，植而罕茂，法如种瓜，三岁可采。"此处的"实"，有人理解为茶籽，是说种茶必须用茶籽的方式繁殖；也有人理解为培土要实，无论哪一种解释，都与种植直接有关。

什么是好茶叶，陆羽是有明确标准的，他说："野者上，园者次；……紫者上，绿者次；笋者上，芽者次；叶卷上，叶舒次。"

关于采茶，陆羽说："凡采茶在二月、三月、四月之间……始抽凌露采焉。"陆羽还特意交代说："阴山坡谷者，不堪采掇，性凝滞，结瘕疾。"他还详细记载了当时采茶所有的工具。

唐人很重视摘下嫩茶后的炒和焙，自唐后朝以至于宋，一般都以碧绿色茶为贵。唐朝的制茶和饮茶工艺已经成熟，无论制茶、煮茶、饮茶，都有了系统化的专门工具和程序技术。严格规定的制作茶汤与饮茶程序，正是从唐代开始的。而最初将饮茶方法系统化并记录下来的，则是茶圣陆羽和他的《茶经》。对此时人就有评价，《封氏闻见记》说："楚人陆鸿渐为茶论，说茶之功效，并煎煮炙茶之法，造茶具二十四事，以都统笼贮之，远近倾慕，好事者家藏一副。"

唐代之茶，以"煮饮"或"煎茶"为法。所谓唐煮，自然说明唐代之茶是煮出来的。如何煮，如何喝，都是茶之技艺。制作好的茶，堪称琼浆玉露，如何完美地品饮，是一件非常重要的事情。故陆羽《茶经·六之饮》中说："夫珍鲜馥烈者，其碗数三。次之者，碗数五。若坐客数至五，行三碗；至七，行五碗；若六人以下，不约碗数，但阙一人而已，其隽永补所阙人。"

从中我们可以发现，唐代茶虽已普及，但对茶的敬仰使人们不敢轻慢，品茶的过程讲究、合乎礼仪，饮茶更多地强调在精神层面上展开，显示出茶文化精神背景的博大精深与典范隽永。

5. 出现包括茶学专著在内的一大批茶文献、茶文学作品

唐代以前也有茶文献、茶文学的出现，但往往很分散、零碎，既不成系统，也谈不上繁荣，直至唐代终于蓄势而发，涌现了一批茶学专著。以茶圣陆羽的《茶经》作为标志，加以裴汶的《茶述》、张又新的《煎茶水记》、苏廙的《十六汤品》、温庭筠的

《采茶录》、王敷的《茶酒论》等。《茶经》的问世，标志着茶学和茶道的形成，也标志着茶文化的确立，在中国乃至世界茶文化史上占有的崇高地位古今无人相匹。

风雅时尚的精神品饮，大大激活了文人墨客创作欲望，茶文化显示出其强大的美感，标志之一，就是茶与文学艺术的珠联璧合。唐朝茶学家、诗人、文学家、画家、史学家、文学家、语言学家们，纷纷用自己饱含茶情的笔，作下了大量茶诗茶书画作品。其中，唐代著名画家阎立本的《萧翼赚兰亭图》是世界上最早的茶画；唐朝大诗人李白的《答族侄僧中孚赠玉泉仙人掌茶》为唐代第一首专写茶的诗篇；而茶圣陆羽本人就是一位卓越的诗人，他的《茶经》问世之后，唐代茶诗便从之前的几十首，发展为数百首。由于这个领域的内容非常丰富，将在下卷专题介绍讨论。

二、中华茶文化的确立

中国文化中有许多重大的领域，均奠基于唐朝，茶文化亦无例外。唐代茶文化的最高层面，即精神内核，是以陆羽为首的唐代茶人创立的茶道。茶道，即关于茶的人文精神及相应的教化规范。建立在儒释道三位一体精神事像之上的中国茶道，确立了其独有的人文精神与教化规范，是茶文化的核心所在。

茶文化形成原因，有以下几个方面：

1. 自从陆羽生人间

宋代大诗人梅尧臣曾在著名的茶诗《次韵和永叔尝新茶杂言》中吟道："自从陆羽生人间，人间相学事春茶。当时采摘未甚盛，或有高士烧竹煮泉为世夸……"此诗精确地解说了茶圣和那个饮茶时代之间的关系（图4-1）。

每个时代都会有象征这个时代的人物，陆羽①一生嗜茶，精于茶道，工于诗词，善于书法，终因著述了世界第一部茶学专著《茶经》②而闻名于世，流芳千古。以陆羽为

---

① 陆羽（703—804年）：字鸿渐，一名疾，字季疵，唐复州竟陵（今湖北天门）人，一生嗜茶，精于茶道，以著世界第一部茶叶专著——《茶经》闻名于世，对中国茶业和世界茶业发展作出了卓越贡献，被誉为"茶圣"。
②《茶经》，陆羽所著，中国乃至世界现存最早、最完整、最全面介绍茶的第一部专著，是一部关于茶叶生产的历史、源流、现状、生产技术以及饮茶技艺、茶道原理的综合性论著，被誉为"茶叶百科全书"，极大地推动了中国茶文化的发展。

代表的唐代茶人，为中国茶文化的确立做出了伟大的贡献，是古代茶文化的灵魂人物和集大成者，是唐朝的代表性茶人，也是中国茶人第一人，中国人心目中由圣而神的伟人。唐代茶文化的确立，是和陆羽的横空出世分不开的。

图4-1　陆羽煎茶

2. 佛教大发展，尤其是禅宗的大发展

唐代禅宗大兴，是世界佛教史尤其是中国佛教史上的一次重大改革。佛家以为饮茶一可克睡修行，二可养胃调心，三可节制欲望；而禅宗尤强调心性的运用，以明心见性为宗旨。修炼过程中，茶作为饮料不但在生理上，更在精神上强有力地支持了修行。唐代高僧怀海的《百丈清规》①更是提出农禅思想，规定了茶在佛礼中的思想和实践，由此得到广大僧人寺庙的认可与接纳，并迅速地由文人广泛传播，深刻地影响到了唐代世俗社会。

3. 科举制度让人们更倾向于有约束和控制力的饮料茶

科举是中国古代读书人所参加的人才选拔考试，是历代封建王朝通过考试选拔官吏的一种制度，由于采用分科取士的办法，被称为科举。科举制从隋代开始实行，到清光绪二十七年举行最后一科进士考试为止，经历了1300多年。

唐代，考试的科目分常科和制科两类，每年分期举行的称常科，由皇帝下诏临时举行的考试称制科。科举考试使考者节制于酒而依赖于茶，这是完全可以理解的。酒在给人带来狂欢精神的同时，确实也给人带来灾难。常言说酒能乱性，酒能醉人，而在最应该清醒理智地去考取功名的时候，酒就是祸水了。唐代，能够提神的烟叶与咖啡都未传入中国，因此，读书人的广泛饮茶，使茶确实成为不可或缺的饮料。而文人

---

① 《百丈清规》：中国禅宗六祖慧能三世徒百丈怀海制定的清规。因怀海有"百丈禅师"之称，所以他制定的清规被称为《百丈清规》。《百丈清规》的"清规"有清净规约的意思，是禅宗的丛林制度。怀海所定的"丛林制度"，也就是禅宗寺院组织的程序和寺众（清众）日常行事的章程准则。

与茶建立的这样一种唇齿相依的关系，又势必使茶更为深刻地浸透文化内涵，这亦是茶文化得以在唐代形成的重要原因。

4. 圣唐文化的丰富使人们接近风雅的茶

唐朝，其国力之强盛，经济之繁荣，思想之兼容，为文化的发展营造了一个极有利的外部环境，盛唐海纳百川的人文格局也造就了当时文人的广博心胸和进取开拓的精神。而中唐那前所未有的灾难性战祸安史之乱，并未将国家推向灭亡，唐朝中兴并继续坚持一百余年才告别了历史舞台。这种历经了大繁荣和大灾难的朝代，注定了其社会生活之多样性，也使得唐朝文人，既看到过繁荣昌盛的盛唐气象，亦目睹过盛极而衰中的杀戮破坏，颠沛流离，所有这些，都为文人们的创作提供了丰富的题材。辽阔的视野，多面的见识，深沉的社会底蕴，给予他们充沛的阅历和感受去歌哭吟诵。

可以说，在这些丰富的文化事像中，深深飘逸着的茶的清香，亦促成了茶文化的确立。

三、贡茶、茶税和榷茶

茶政是茶叶行政管理的政策和措施，其中唐代贡茶的兴起、茶税征收和榷茶制度的建立，是茶叶经济从此作为国民经济重要组成部分的关键。

唐代初期，贡茶还是与征收各地名产同时进行的，开元以后，随着皇室需量的增加和对品质要求的增高，再加上一些地方官员为加官晋爵极力推荐本地的优良茶叶，终于促使了贡焙制度的产生。

所谓贡焙，就是由官营督造专门生产贡茶的贡茶院。唐朝最著名的贡茶院设在湖州长兴（图4-2）与常州义兴（现宜兴）交界的顾渚山，每年役

图4-2 湖州长兴贡茶院博物馆陆羽阁

工数万人，采制贡茶"顾渚紫笋"。据《长兴县志》载，顾渚贡茶院存世于唐代宗大历五年（770年）至明朝洪武八年（1375年），兴盛之期历时长达600余年。唐朝茶叶贡焙的产制规模之大可谓惊人，其中役工三万人，工匠千余人，制茶工场三十间，烘焙工场百余所，每岁朝廷花千金之费生产万串以上（每串1斤）贡茶，专供皇室王公权贵享用。彼时景象，可从唐代吴兴太守张文规的《湖州焙贡新茶》一诗中见到："凤辇寻春半醉回，仙娥进水御帘开，牡丹花笑金钿动，传奏吴兴紫笋来。"其意境画面，所刺之事，恰与当过湖州刺史杜牧的"一骑红尘妃子笑"相呼应。

唐代除设贡焙外，还规定在若干特定茶叶产地征收贡茶。据《新唐书·地理志》记载，当时的贡茶地区，计有十六个郡，包括今湖北、四川、陕西、江苏、浙江、福建、江西、湖南、安徽、河南十个省的很多县。

安史之乱后，唐朝廷财政极其困难。唐德宗建中三年（783年），唐王朝正式开征"茶税"，全年的定额是40万缗，和人们的生活必需品盐税相当，这也恰好可以从一个侧面说明茶叶消费的普及。

茶税仍然不能满足朝廷的财政需求，834年，唐朝廷开始策划"榷茶"，实行政府专卖制度，垄断茶叶贸易的利润。茶叶专卖法引起民间的激烈反抗，不到一年，即835年，推行者宰相王涯就在宫廷争权夺利的"甘露之变"①中被太监杀死。

中唐以后的税酒制度从另一个角度补充了茶政。安史之乱结束后，唐政府为了应付军费开支和养活皇室及官僚，征收苛捐杂税，税酒制被提出，对酿酒户和卖酒户进行登记，并对其生产经营规模划分等级，给予这些人从事酒业的特权，未经特许的则无资格从事酒业。大历六年（772年）的做法是：酒税一般由地方征收，地方向朝廷进奉，如所谓的"充布绢进奉"，是说地方上可用酒税钱抵充进奉的布绢之数。

这种税酒制的实施，减少了以酿酒为生者，客观上起到了抑酒仰茶的作用。

---

① "甘露之变"是唐文宗大和九年（835年）谋诛宦官而失败的一次事变。唐文宗想铲除宦官势力，重振当年祖上的荣光，发动甘露之变，但和李训、郑注策划的杀宦官的计谋失败，事变后受株连被杀的有1000多人。

四、兄弟共饮此盏茶

唐代饮茶习俗已在中华各民族之间广泛传播，尤其具有代表性的便是茶入吐蕃①和茶入回纥②。

茶入吐蕃的最早记载就在唐代。唐王朝对吐蕃与汉族政权间的关系一直非常重视，因与吐蕃的关系，直接影响到中华民族的团结与融洽；华夏版图的边疆国土安全，也直接影响了丝绸之路的正常贸易，因为从长安到西域的路线及由四川到云南直至境外的路线和区域都在吐蕃的控制和影响之下。

641年，唐文成公主进藏，将当时先进的中原物质文明带到了那片苍茫的高原（图4-3）。文成公主嫁妆中就有茶叶和茶种，汉族的饮茶习俗也因此在吐蕃中得到推广和发展。而中唐以后，茶马交易使吐蕃与中原的关系更为密切，并开启了后世茶马古道的漫长茶路。此后，不产茶的青藏高原，藏民饮茶成为习俗和传统，藏民们不可一日无茶。唐李肇《国史补》记载说："常鲁公使西蕃，烹茶帐中，赞普问曰：'此为何物？'鲁公曰：'涤烦疗渴，所谓茶也。'赞普曰：'我此亦有。'遂命出之。以指曰：'此寿州者，此舒州者，此顾渚者，此蕲门者，此昌明者，此邕湖者。'"从赞普对茶的熟稔和茶叶的品种繁多中，我们可知，茶在当时西蕃上流社会中已经具备的地位。

回纥是唐代西北地区的一个游牧少数民

图4-3 文成公主

① 吐蕃，7~9世纪时古代藏族建立的政权，是一个位于青藏高原的古代王国，由松赞干布到达磨延续，两百多年，是西藏历史上创立的第一个政权。
② 回纥，中国古代北方及西北民族，唐德宗时改称回鹘。回纥是维吾尔族的先民。从646年回纥汗国建立，到840年汗国灭亡的近200年里，助唐平定安史之乱、抵御吐蕃对西域的进攻，和唐王朝保持着相当密切的政治、经济和文化往来，促进了唐代的中外文化交流。

族，唐时，回纥的商业活动能力很强，长期在长安的就有上千人。回纥与唐的关系一直就较为平和友善，唐宪宗把女儿太和公主嫁到回纥，玄宗又封裴罗为怀仁可汗。《新唐书·陆羽传》中载："羽嗜茶，著经三篇，言茶之源、之法、之具尤备，天下益知饮茶矣……其后尚茶成风，时回纥入朝始驱马市茶。"据说，回纥用马匹换来的茶叶，除了饮用外，还与土耳其等阿拉伯国家进行交易，从中获取可观的利润。

五、扶桑之国初闻茶香

今天的茶文化，是世界各国人民与茶之间互动的精神活动，其中包括日本茶道。日本茶道已经成为日本精神的重要呈现方式，而日本茶道的滥觞，当推之于唐，正是从大唐盛世始，日本僧人在中国开始接触茶。

图4-4 日本滋贺县日吉神社的茶园

805年，日本高僧最澄，在天台山学佛后回国，把天台山和四明山的茶带回日本，种在日本滋贺县的日吉神社旁边，此为日本最早的茶园（图4-4）。另有空海大师往返日本中国，在五台山建寺阁，带回饮茶和茶籽，此二人都是日本栽种茶树的先驱者。

814年闰7月28日，空海给嵯峨天皇上了《空海奉献表》，其中说道："茶汤坐来，乍阅振旦之书"，此为日本最早的饮茶记录。当时的茶与日本的贵族和高僧联系在一起，民众远未到登场之际。而伴随着茶之意象的，则是一幅幅奇幽的画面，深峰、高僧、残雪、绿茗，正是这些画面，形成了弘仁茶风[1]，也为日本茶道的确立提供了前提。

---

[1] 弘仁茶风：平安时期，以嵯峨天皇、永忠、最澄、空海为主体，接受、输入中国的茶文化，以弘仁年间（810—824年）为中心而展开，这一时期构成了日本古代茶文化的黄金时代，学术界称之为"弘仁茶风"。

　　唐时一位名叫永忠的日本高僧，曾在中国生活了30年，与中国的茶圣陆羽是同时代人。其人在中国寺院中大品其茶时，中国文人刚刚开始他们那手释《茶经》坐以论道的茶的黄金时代。永忠回国之后，在自己的寺院中接待了嵯峨天皇，他双手捧上的，便是一碗东土而来的煎茶。自此，平安朝的茶烟，便开始弥漫起高玄神秘的唐文化神韵。

　　综上所述，我们可知，正是那法相初具的唐代茶事，标志着茶文化鼎盛年华的兴起；也正是唐代的茶文化，深刻影响和界定了今天的中国乃至世界茶文化格局。唐代创立了世界许多的文化现象，其中最为灿烂的华章之一，就是中华茶文化的确立。唐代茶文化那高度的完整性、系统性和可操作性，凡俗的饮茶活动深化为精妙的人类精神活动，是物质与精神的完美结合，对后世产生了深刻影响（图4-5）。

图4-5 唐·宫乐图（现藏台北故宫博物院）

第五章
形神俱备的宋点
——横看宋、辽、金、西夏的时代茶岭

夫茶之为民用，

等于米盐，

不可一日以无。

宋·王安石《临川集·议茶法》

宋代（960—1279年），华茶处在其发展轨迹的精尖顶端，而这样的历史位置往往正是事物分野的开始，拐点即将到来。

从社会政治制度来看，2 000多年的中国封建王朝，在宋代可算是拦腰一折，从盛唐呈现的鼎盛气象开始下滑，中国封建社会从此进入大转折期。两宋的茶文化，因此呈现出了以下几个特点：一是华夏各民族大交融带来的品饮习俗大传播；二是人们精神层面上的承上启下，大唐气势中的张扬外扩，渐被宋代理学①观念导致的内省方式取代，而这样的沉思的品格，也渗透到了茗饮的生活中去；三是茶的制作技艺开始分化，一面是由精美而进入奢侈终于导致紧压茶的逐渐没落，另一面则是民间那生机勃勃的散茶充满野气地在山林间自生自长，自得其乐，而它出山的日子，也已经指日可待了；四是茶礼茶仪纵深向皇家茶与民间茶两端发展，市民茶文化活动亦不可遏制地

①理学：宋元明清时期的哲学思潮，又称道学。它产生于北宋，盛行于南宋与元、明时代，清中期以后逐渐衰落，但其影响一直延续到近代。广义的理学，泛指以讨论天道性命问题为中心的整个哲学思潮，包括各种不同学派；狭义的理学，专指以程颢、程颐、朱熹为代表的，以理为最高范畴的学说，即程朱理学。

澎湃兴起；五是承继唐代文士的浪漫情怀，茶与各相关艺术门类有了更为深入更为全面的结合。

一、支柱产业的茶叶经济

1. 茶叶产地及生产情况

宋朝的茶区，基本上已与现代茶区范围相符。相比唐代，茶区更往南方扩展，这是与当时的气候环境变化分不开的。从五代和宋朝初年起，全国气候由暖转寒，太湖冬季结冰严重，春季明显推迟，贡茶无法在清明之前到达京城，致使茶业重心由东向南移，中国南方南部的茶业，较北部更加迅速发展了起来，并逐渐取代长江中下游茶区，成为茶业的重心。这主要表现在贡茶的主角从顾渚紫笋改为福建建安茶。作为贡茶，建安茶的采制，精益求精，名声远播，成为中国团茶、饼茶制作的主要技术中心。唐时还不曾形成大气候的闽南和岭南一带的茶业，在其带动下明显地活跃和发展起来。

夹在唐宋两个朝代之间的五代十国（907—960年），与宋代以后的茶叶经济发展状况，有着密不可分的重大关系。此一历史时期的茶叶经济情况，在《五代十国时期商业贸易的特点及其局限性》[①]一文中脉络梳理的非常清晰。

以茶产地为例，唐代产茶州为43个，而五代十国时期已经增加到61个州府。唐朝规定对茶叶"论斤量税"，税率为茶价的1/10。唐朝茶税最多的一年为大中六年（852年），全年共得80余万贯，按10∶1的税率计，这一年的总茶价为800余万贯。北宋统一全国后实行买茶法，每年在江淮、岭南的买茶额总计为2366万斤，而江淮各路的折茶税每年为665万斤，再加上四川2914万斤的茶叶产量，总数为6085万斤，大体相当于宋初全国的茶叶总产量。由于此时北宋建国不久，故这些数据实际上反映的是五代十国时期茶叶生产发展的情况。再根据《宋史·食货志》记载的宋初各地茶叶官价，可以推算出宋初每年茶叶总价约为1600余万贯，比唐代增加了一倍。

① 杜文玉，周加胜．《五代十国时期商业贸易的特点及其局限性》，渭南师范学院学报，2006。

此一阶段的吴越国建州茶的生产，给中国茶叶生产的提升带来很大的作用。

唐代末年，王潮、王审知建立闽国。由于采取了保境安民的立国方针，使建安地区的茶叶生产大规模地上升，为以后宋代北苑茶的生产打下基础。北苑本是南唐的一处宫苑，后在此制造贡茶。944年，吴越国打下了福州，北苑茶园自然也就归于吴越。入宋以后，建安凤凰山一带也被称之为"北苑"，其中品质最好的茶产在壑源一带，叫作"壑源茶"。南宋赵汝砺《北苑别录》记载其规模说，北苑共有御茶园46所，占地30余里，在当时是相当大的。

2. 茶叶经济贸易情况

唐宋以来，茶叶作为商品在国内广泛流通，至迟自宋代开始，已成为出口商品，在国际市场上长期享有盛名。此一历史阶段，少数民族对茶叶需求也开始增大。唐代就已流行于社会上层人士的饮茶风习，到五代十国时期，逐渐向社会下层普及，遂使其所需茶货数额有了较大的增长。唐代，中原王朝与少数民族之间的贸易，主要是绢马贸易，进入五代时期则逐渐向茶马贸易过渡，至宋代茶马交易则发展成为内地与周边民族贸易的最主要形式。

五代十国，茶产量与产地均比唐代有了较大幅度提高，饮茶风习普及，茶叶消费增长。茶叶产量与产地便水涨船高，由此也满足了北方因为饮茶风习普及而需求的茶货，促进了南北茶叶贸易增长。与此同时，因为南北政治对峙，北方所需的茶货常常只能通过贸易获得，茶叶成了南方向北方输出的大宗商品。南北茶叶贸易除了官、私长途贩运的形式外，朝贡贸易也是当时流行的一种贸易形式，如吴越国，每次动辄贡茶数万斤。

此一历史阶段的茶叶国际贸易进行的非常热烈，10世纪，茶叶已经成为中国最大的经济产业之一，"摘山煮海"给中国、尤其是给中国东部沿海的吴越国带来了巨大财富。

中国东南的吴越国是国际经济精英的聚集地，孕育了一些世界上最有活力的商业群落，吴越和北方的契丹族是这种国际茶叶贸易的起始者，是他们首先开创了从江南通向塞北的茶叶之路。这条中国茶叶往北走向蒙古和俄罗斯的茶叶之路，吴越国起着至关重要的作用，并从中获得了巨大利益。吴越是中国南部第一个和契丹建立正式关系的独立的王国，而茶叶在双方的外交关系中是起着直接作用的。正是这些由吴越和契丹君王之间签订的茶叶贸易协议，为后来茶叶之路的扩进奠定了基础。10世纪时，蒙古商队来华从事贸易时，将砖茶从中国经西伯利亚带至中亚以远。彼时的中国茶叶已输出到东南亚一带，而通过温州、泉州、杭州等港输出到新罗、日本的茶叶也为数不少。

虽然当时的茶叶消费已经普及到社会各阶层，但茶利收入还是远不及盐利，甚至还少于酒利，在财政的收入比例中，也并不是很大。然而，它依然有着其他商品难以拥有的优势。其基本原因，一是茶便于种植销售，二是无论贵贱都可饮茶，三是各民族都喜欢喝茶。所以，在专卖的领域里，茶叶可以说是后来者居上，战胜了传统的大宗专卖盐铁，与盐构成了一个新的税收组合——茶盐。

二、上得庙堂下得厨房

此时的华茶，已俨然成为国饮，中原茶文化通过国家行为向周边民族和国家交流传授，奠定以后千年中国北方民族的饮茶习俗，甚至成为中原控制边地的基本"国策"。故当时北宋时期杰出的政治家、思想家、文学家王安石曾说："夫茶之为民用，等于米盐，不可一日以无。"而出生于宋末的著名农学家王祯则在元代经典著作《农书》中赞曰："夫茶，灵草也，种之则利博，饮之则神清。上而王公贵人之所尚，下而小夫贱隶之所不可阙。诚民生日用之所资，国家课利之一助也。"宋代大诗人梅尧臣写过许多有关茶的诗篇，他用排比的句子对茶作了如是评价："华夷蛮貊，固日饮而无厌；富贵贫贱，亦时啜而不宁。"而北宋大思想家李觏提及茶时则指出："君子小人靡不嗜也，富贵贫贱糜不用也。"最有意思的是一句关于茶的经典格言，亦诞生于那个时代，南宋吴自牧所著的《梦粱录》中专门记载说："盖人家每日不可阙者，柴米油盐酱醋茶。"

1. 茶叶制作翻新招

继经典的"唐煮"之后，人们迎来了"宋点"的时代。因为品饮的方式不同，制作的方式亦不同，出现了三种品类的茶。

第一种品类的茶，叫团饼茶。团饼茶从北苑茶发展而来。唐代末年，王潮、王审知建立闽国，由于采取了保境安民的立国方针，使建安地区的茶叶生产大规模地上升，为以后宋代北苑茶的生产打下基础。团饼茶表面有花纹，尤以龙凤纹饰为尊，所以称作"龙团凤饼"。进贡皇室的龙团凤饼记载有40多种，如万寿龙芽、龙团胜雪、御苑玉芽、龙凤英华、启沃承恩、无比寿芽、万春银叶、玉叶长春、瑞云翔龙、太平嘉瑞、龙苑报春等。团饼茶把中国制造艺术推送到了登峰造极的地步（图5-1）。

图5-1 北苑贡茶

第二种茶叫散茶（叶茶）。此茶的特点是蒸而不碎，碎而不拍，是直接烘干的茶叶。散茶的出现经过几个世纪的发展，最终在明代成为茶叶制作的主流。

第三种茶叫花茶。南宋时有记载，花类很多，根据茶叶多少，摘花为伴。花有多种，包括茉莉、蔷薇、木香、梅花等。花茶的出现，在茶叶生产史上，可以说是一个非常重要的创造。

图5-2 后人仿制的宋代茶碾

2. 饮茶方式大变化

从煮茶进入点茶，新的茶之品饮审美方式出现。宋朝流行点茶法。点茶，就是将茶末置于茶盏、并以沸水点冲、茶筅击拂而成茶汤的一种技艺。第一步是制作"茶末"，先将茶饼碾碎成粉末，再用茶箩筛过，使其精细至极（图5-2）。然后是"候汤"，唐代人煮茶讲究"三沸"，宋代虽与唐代的煮茶法颇为不同，但同样注意掌握水沸的程度。在点茶前，还要用沸水冲洗杯盏，预热饮具。正式点茶时，先将适量茶

粉放入杯盏，用特别的茶注子点泡一些沸水，将茶粉调和成膏，再添加沸水，边添边用茶匙（茶筅）击拂，最终成茶汤。这是一种极其讲究的品茶生活技艺，并催生了斗茶的兴起，成为品评茶高下的重要方式。

图5-3 宋·刘松年 茗园赌市图

3. 饮茶习俗大传播

宋承唐代饮茶之风，的确到了登峰造极之地步（图5-3、图5-4）。从唐代的高僧士子名臣饮茶，沿袭至宋，又化开两翼，一翼横扫民间，一翼征服宫廷。宋徽宗赵佶不但自己日益迷恋品茗艺术，还在他的《大观茶论》[①]序中对他治下国土的饮茶之风做了生动的叙述："缙绅之士，韦布之流，沐浴膏泽，熏陶德化，咸以高雅相从事茗饮。故近岁以来，采择之精，制作之工，品第之胜，烹点之妙，莫不咸造其极。"

饮茶习俗的传播，有以下几个特点：

茶习俗传播，一是从中心到边疆，更多地向四周辐射。后唐和契丹，吴越和高丽、新罗都有很多茶事往来，入宋之后这种茶习俗的辐射更加深入。其中，茶入西夏（1038—1227年），可说是茶的西征。西夏王国建立于宋初，后成为西北地区一支强大的势力。西夏国的少数民族主要是由羌族的一支发展而成的党项族。宋朝与西夏党项族进行马

图5-4 北宋吕氏家族的茶渣斗

①《大观茶论》是宋代皇帝赵佶关于茶的专论，成书于大观元年（1107年）。全书共二十篇，对北宋时期蒸青团茶的产地、采制、烹试、品质、斗茶风尚等均有详细记述。其中"点茶"一篇，见解精辟，论述深刻。从一个侧面反映了北宋以来我国茶业的发达程度和制茶技术的发展状况，也为我们认识宋代茶道留下了珍贵的文献资料。

图5-5 辽·宣化墓壁画　点茶图

的交易，初始并未使用茶，而是以铜钱支付，直至983年，也就是宋太平兴国八年，宋朝开始以茶叶等物品与之以物易物。史书记载，1043年的宋仁宗庆历三年，宋封元昊为西夏国王，赏"银七万两，绢十五万匹，茶叶三万斤"。以后宋赠夏的茶也越来越多，甚至有达到数十万斤之多的。

北宋时期，赵宋王朝在与西夏周旋的同时，还要应付东北的契丹国的侵犯。916年，契丹国夺得幽云十六州，改国号"辽"（907—1125年）。1044年，宋、辽"澶渊之盟"[①]议和，此后双方在边境地区开展贸易，宋朝用丝织品、稻米、茶叶等换取辽的羊、马、骆驼等。辽通过使者把茶带往北方，茶文化习俗随之而入，宋使入辽，都要行茶，行汤，行饼茶，行单茶等茶礼仪（图5-5）。

宋朝与金（1115—1234年）之间也有着频繁的茶叶交往关系。1115年，女真族完颜阿骨打称帝，国号大金。金朝在以武力不断胁迫宋朝的同时，也不断地从宋人那里输入饮茶之法，而且，饮茶之风日甚一日，茶饮地位不断提高。比如女真人在婚姻嫁娶过程中进行的"下茶礼"，便是一种受中原茶文化影响的求婚仪式。当年宋使洪皓出使北国，曾羁旅于燕京、西北以及东北一带十数年之久，最后写成了《松漠记闻》一书。松漠代表漠北，主要指黑龙江和今北京地区。文中记载说，女真人婚嫁时，酒宴之后主人会捧茗遍示众人，请贵客品啜。同时，汉族饮茶文化在金朝文人中的影响也很深，从他们的诗词文学作品中可以看出，他们对茶文化的意境是情有独钟的（图5-6）。

茶习俗传播，二是从文人雅士的特殊嗜好扩散至宫廷，进入最高统治者的宫廷生活。宋代，从唐代的文人、隐士、僧人领导的茶文化时代，进入皇帝亲自领导的时代，而皇亲国戚的热衷参与，背后依旧有着文士高人的引领推动（图5-7）。宋徽宗著

---

① 指1004年北宋与契丹（辽朝）之间经过多次战争后所缔结的一次盟约。宋澶州在今河南濮阳，澶州亦名澶渊郡，因而称"澶渊之盟"。

作《大观茶论》，是那个时代茶叶文献的经典代表作。而贡茶中的龙凤团茶，则是历代贡茶中的绝品。

图5-6 金人点茶图

茶习俗传播，三是市民茶俗大兴。茶以文化象征物与生活必需品的双重身份出现，进入人们的日常生活和精神世界。宋代，大量的集市涌现，都城镇乡不再规定商品交易的特殊场地，到处可买东西，而歌栏瓦肆的出现，更是促进茶坊如雨后春笋般出现，真正意义上的茶馆在这个时代兴起。南宋吴自牧的《梦粱录》，是一部描写南宋都城临安城市景观和市井风物的著作，其卷十六"茶肆"记说：

图5-7 宋·赵佶 文会图（局部）

"今之茶肆，列花架，安顿奇杉异桧等物於其上，装饰店面，敲打响盏歌卖，止用瓷盏漆托供卖，则无银盂物也。夜市于大街有车担设浮铺，点茶汤，以便游观之人。大凡茶楼，多有富室子弟、诸司下直等人会聚，习学乐器，上教曲赚之类，谓之'挂牌儿'。人情茶肆，本非以点茶汤为业，但将此为由，多觅茶金耳。又有茶肆，专是五奴打聚处，亦有诸行借工卖伎人会聚行老，谓之'市头'。大街有三五家开茶肆，楼上专安着妓女，名曰'花茶坊'……非君子驻足之地也。更有张卖面店隔壁黄尖嘴蹴球茶坊，又中瓦内王妈妈家茶肆，名一窟鬼茶坊，大街车儿茶肆、蒋检阅茶肆，皆士大夫期朋约友会聚之处。巷陌街坊，自有提茶瓶沿门点茶，或朔望日，如遇吉凶二事，点送邻里茶水，倩其往来传语。又一等街司衙兵百司人，以茶水点送门面铺席，乞觅钱物，谓之'龊茶'。僧道头陀道者，欲行题注，先以茶水沿门点送，以为进身之阶。"

此一大段鲜活具体的陈述，已然把千年前的国都临安（今杭州）之茶楼、茶事、茶俗、茶风栩栩如生地跃然于纸上了。

三、纳入边关政务的茶政

我们已知，茶政是国家对茶种植、加工、储运、经销、进贡等各项管理上制定的政策和法规。宋代的茶政有其鲜明特色，可分以下几个方面：

1. 宋代的贡茶概况

宋太平兴国二年（977年），宋代贡焙重心由浙江移往福建后，除保留宜兴和长兴的顾渚山贡茶院之外，在福建建安（即今福建省建瓯县）凤凰山麓正式设置官焙，到宣和年间，北苑贡茶中的龙凤茶盛极一时，规模之大、动员役工之浩繁，远远超过顾渚，在品质和数量上有了更大的发展，宋代贡焙中的名品，其品质在团饼茶类上，达到了前所未有的水平。同时，贡茶对民间的茶叶生产与影响也更大。

《宋史》记载：宋代贡茶地区达30余个州郡，约占全国产茶70个州的一半。岁出30余万斤，在北宋160多年间，北苑贡茶的名品达到四五十种。

2. 宋代榷茶（榷法）

中国历史上的宋王朝，是一个极其矛盾的王朝，从茶事上我们也可以看出。一方面，宋代是中国茶叶生产飞跃发展时期，茶的种植面积和区域有所扩大，产量大有增加，测算年产量有5 300多万斤，较唐代增长两倍多。特别是南宋，茶已成为极其重要的经济作物。另一方面，宋代又是中国历史上著名的"积贫积弱"时代，与契丹（辽）、西夏（党项）、女真（金）烽火不息。战争使中央政府财政困难，战马短缺亦是重大难题。故入宋以后，赵宋王朝倍加重视榷茶制度。由于当时已经形成了后人所谓"夷人不可一日无茶以生"[1]的状况，茶成了换取边马的必需物资。此时，茶的政治属性已远远超过了商品属性，故入宋后，皇帝、大臣、经济学家都直接参与茶法的制定和修订。

宋代榷茶专卖制度的设立极有特点，布局是整个国家计有13个山场，来作为茶的管理机构，包括管理园户，管理买卖茶货；又有6个榷货务，为茶叶销区管理机构，

---

[1] [明] 王圻撰《续文献通考（卷22）·征榷》，北京：现代出版社，1991。

管茶叶运输和贩卖。他们各个机构之间都有着互相钳制的关系，以备流通领域中出现漏洞。

3. 宋代——茶马互市和边茶贸易

茶马交易是中国历史上国家以官茶换取青海、甘肃、四川、西藏等地少数民族马匹的政策和贸易制度。宋代由于国家加强战备，渴求战马，而强化茶的禁榷，开展茶马贸易，成为边陲要政。

宋朝初年，内地向边疆少数民族购买马匹，主要还是用铜钱。983年的太平兴国八年，宋廷正式禁止以铜钱买马，改用布帛、茶叶、药材等来进行物物交换。为了使边贸有序进行，还专门设立了茶马司①，茶马司的职责包括了制定政策、法令、法规，组建下属机构，统一管理茶的征榷、运输、销售、易马事宜。

茶马互市贸易自中唐开始出现，并逐渐形成茶马古道，到宋代已发展成为国家一项重要的经济政策而被彻底制度化。考量那个时代的茶政，我们得出的结论是：宋代茶马贸易在政治上有利于民族团结和多民族国家的形成与统一，对增强民族团结和多民族国家的形成，对宋王朝的巩固和发展都具有重要的政治意义。

四、茶所滋润的精神世界

这个历史时期的茶，可以说越来越具备复合的特质，无论在广度还是深度上，时代的思想都越来越深刻地与茶共生，无论人们的精神生活，还是世俗生活，都深深地渗入了茶汤的印记。

1. 茶与儒家学说结合的更紧

如果说，宋以前茶与儒、释、道的精神事象尚属共振共鸣，那么相比而言，宋代茶与儒家学说的结合更加紧密，其表现方式是茶与宋代理学思想的结合。理学是宋代

① 茶马司为官署名。宋有都大提举茶马司，掌以川茶与西北少数民族交换马匹。明初于洮（治今甘肃临潭）、秦（治今甘肃天水）、河（治今甘肃临夏）、雅（四川雅安）等州，清于陕西、甘肃皆置茶马司，有大使、副使等官，其职掌与前代同。清初又曾于陕、甘二省置御史专管其事，通称茶马御史。

哲学的主流，是儒家哲学的特殊形式，又可称为道学。宋代儒家文化，认识世界的方法是格物致知，要从具象中抽象，从一滴水中见大千世界，代表人物是大理学家朱熹。朱熹半生居住在茶的核心地带武夷山，与茶相伴，讲学布道，在山中书下"茶灶"二字，还写下众多茶诗。《朱子语类》记载朱熹曾点拨品茶先苦后甜的道理，说："如始于忧勤，终于逸乐，理而后和。盖礼本天下之至严，行之各得其分，则至和。"将茶理与天理、人礼结合在一起。在这里，理学思想下解释的茶文化精神，更被比喻为行天道、修心性的高洁之心。

2. 茶与文学艺术更为亲密接触

这个时代，茶与文学艺术有着更为直接和密切的接触。宋代本是中国历史上书法艺术的高峰时期，书法史上论及宋代书法，素有"苏、黄、米、蔡"四大书法家的说法。从书法与茶的关系看，茶为主旨展现的书法艺术令人叹为观止，经典人物当以蔡襄为代表。作为专事皇家贡茶的政府高级官员，蔡襄不但督造出了精美的建茶，以茶论述《茶录》闻名茶界，更以其书法的浑厚端庄与淳淡婉美而自成一体。此一时期，茶的美术作品亦极为生动高妙，其中以刘松年《斗茶图》为代表的宋代茶画，是茶文化的瑰宝。

宋代的茶器也越来越鲜明地体现出了其审美的意趣，饮茶多用盏，因茶汤白，茶盏尚黑，以利斗茶之需。又因形似斗笠，称"斗笠碗"，分黑釉、酱釉、青釉、青白釉四种，独"黑釉"最为流行。建阳水吉窑所产之黑釉茶盏作为"供御"的贡品，釉面之纹呈结晶状，变化万千，兔纹、油滴、鹧鸪、曜变等都是最经典的茶器之纹，至今日本茶人尚把从径山寺传过去的宋代黑釉盏称为"天目碗"，尊为茶道的至宝（图5-8）。

而茶与文学之间的关系，在宋词蓬勃的时代，更呈现出万紫千红的局面。前期以范仲淹、梅尧臣、欧阳修为代表，后期以苏东坡、黄庭坚、陆游等人为代表。这个时代的茶与文艺，本书将在下卷中专题论述。

图5-8 宋代 曜变盏

五、宋代茶风与日本茶道

日本历史上的平安中期（9世纪末），日本废除了遣唐使，"团茶"也因之而在日本渐渐消失，随着宋朝与日本间往来的恢复，扶桑国代之而起的是从宋代"点茶"而转换盛行的"抹茶"。"抹茶"的制作方法是把精制的茶叶用茶臼捣成粉末状，喝的时候往茶粉内注入水，用茶筅搅匀后饮用。

图5-9 荣西禅师

南宋绍熙二年（1191年）日本僧人荣西将茶种从中国带回日本，从此日本开始遍种茶叶，荣西撰著了《吃茶养生记》，极力宣扬饮茶益寿延年，推动了日本饮茶的普及，其人在日本被尊为"茶祖"，是日本茶道文化的开拓者（图5-9）。

日本茶道中人把中国浙江的径山寺视为日本茶道的祖庭，其文化承传的历史，正是从宋代开始的。径山寺坐落在今浙江省余杭、临安两地的交界处，唐时，即以僧法钦所创建的径山禅寺而闻名于世，蔚为江南禅林之冠，历代都有日本僧人留学于此。因地处江南茶区，历代多产佳茗，尤以凌霄峰所产为最。相传法钦曾手植茶树数株，采以供佛，逾年蔓延山谷，其味鲜芳，特异他产。历代以来，径山寺饮茶之风颇盛，常以本寺所产名茶待客，久而久之，便形成一套以茶待客的礼仪，后人称之为"茶宴"。

宋时日本禅师慕名而来，大名鼎鼎的有丹尔圣一、南浦昭明、明惠上人等高僧。当其时，寺院里僧客团团围坐，边品茶，边谈道论德，边议事叙景，边对各种优质茶叶鉴评的"斗茶"竞争游戏。其中，丹尔圣一于1235年到径山寺，1242年回国时带了径山茶种子和径山茶的"研究"传统制法。南宋末期的1259年，日本南浦昭明禅师抵中国浙江余杭径山寺求学取经，学习该寺院的茶宴程式，首次将径山寺的茶宴理规及程序引进日本，成为中国茶礼在日本的最早传播者。日本《类聚名物考》[①]对此有明确

① 日本18世纪百科全书《类聚名物考》，由18世纪日本江户时代中期国学大师山冈俊明编纂。

记载："茶宴之起，正元年中，驻前国崇福寺开山南浦绍明，入唐时宋世也，到径山寺谒虚堂，而传其法而皈。"这一史料明确记载了日本茶道源于中国径山茶宴，日本《本朝高僧传》记载，南浦昭明由宋归国，把茶台子、茶道具一式带到崇福寺。

"茶兴于唐而盛于宋"，宋代茶文化的内涵技艺，堪称是中世纪人类品茶艺术登峰造极的标志，其精妙繁复的程序所呈现的艺术品相，是后世直到今天也未曾能够企及的。在人类茶文化发展史上，宋代茶文化起着极其重要的承上启下的作用，对这一茶文化资源的深入挖掘，依旧是后世茶文化工作者的历史使命。

第六章
精彩纷呈的冲沏
——元、明、清的世俗茶风

茶之为物，
可以助诗兴而云山顿色，
可以伏睡魔而天地忘形，
可以倍清谈而万象惊寒。

明·朱权 《茶谱》

茶文化自两晋萌芽，唐成格局，宋以拓展，自元以降，风貌辽阔而芜杂，从历史冲浪进入百舸争流的江流海洋。

一、元、明、清茶事概况

元（1271—1368年）、明（1368—1644年）、清（1644—1911年)三个朝代，时间长达700年左右，之所以将这三个朝代放在一个历史阶段陈述，主要在于这一历史时期饮茶方式的趋同一致。其中，元代为紧压茶走向散茶的过渡时期，明代始，则进入以散茶冲饮为主要饮茶方式的时代。这种饮茶史上的革命性的方式，带来了与茶相关的诸多方面的重大改变，给时代留下了深刻印记。

集中总结一下，元、明、清的茶事大约可以列出以下几点：

一是制茶技术的革命。一方面是贵为皇家贡品的团茶让位于散茶，另一方面是茶类制作的百花齐放——花茶在这一时期制作技艺完善成熟，红茶、乌龙茶都在这个历史时期诞生并迅速风行；二是品饮艺术的跟进，繁复的点茶演进为简约的冲沏，饮茶成为人人可行的风雅之事；三是中华民族以茶交融，边茶贸易更趋频繁；四是茶向海外的冲击扩展，中国向世界输出中国茶与中华茶文化。

随着经济的变化进程，茶文化也呈现出相应的风貌，相对于元、明、清这三个朝代，茶文化的审美意绪也总体进入三个阶段。

第一阶段为元至明初的简约真朴。作为马上民族的元人并不欣赏南宋遗风，驰骋于草原的部落英雄们，无法理解赵宋王朝皇亲贵族精细奢侈的品茶之风。而汉人（南人）在元代则是"劣等"民族，是继蒙古、色目、北人之后的第四等人，在文化上也完全处于弱势。丧失话语权的民族，哪里还有条件聚众喝茶。况且明初之时，国家甫经改朝换代，血流成河杀人如麻的记忆尚未褪去，个人的意绪已经替代为家国大事，风流倜傥是不时尚的，士人崇尚的是坚毅沉着之举。何况从明初开始，农民出身的开国皇帝朱元璋对知识分子的控制就很严，朱元璋是不信任文化人的，文人对朝廷也充满警惕，如魏晋时代文士饮酒品茶聚众清谈的传统已然丧失，文人以慎独为修身养性的规诫，风雅之举难再。

第二阶段为明中期至清中期，社会财富又得以重新聚集，人们精神生活也得以逐渐丰富，市民阶层发展壮大，茶事亦随之渐入繁琐精细。此时中国2 000多年的封建社会已经开始走向末期，意识形态也不免呈现出强弩之末的疲态，茶文化中的精神事像自然也少了发现真理的严肃精进，更多了闲适雅兴的玩物之趣。文士官员们更多地把茶与人之间的关系定位在精神颓丧时的聊以自慰，饮茶之风在技艺、器物和环境的越发精美之时，渐渐褪去了前朝所蕴含的家国情怀，更注重个人生活中的德行操守和趣味雅兴。另一方面，市民阶层与茶建立起了更加全面的关系，在诸多生活细节里都更为直接地渗透了茶的文化内涵。

第三阶段为清代中、后期，触角一直后延至民国初年。此时的茶文化事像呈现出前所未有的分裂，一方面茶文化继续着由明一代传承的奢靡繁复，另一方面，国门的大开，国家性质的改变，中国沦入半殖民地、半封建社会的现状，西方经济文化对中国茶文化的影响也在所难免。而农民起义，政局动乱，中国大地劳苦大众普遍的流离失所，又使象征着安居乐业的饮茶习俗渐失光华，甚至有所失传。

此一历史时期城市的茶事像，茶道趋向大众化、平民化，城市的茶馆更偏于向中下层市民开放服务，茶馆的复合性功能更加突出，与说唱和舞台艺术的关系更为密切，饮茶方式更加接近平民百姓。从《清稗类钞》①的记载中，我们可以看到京城那种更加平民化的饮茶方式："京师茶馆，列长案，茶叶与水之资，须分计之；有提壶以注者，可自备茶叶，出钱买水而已。汉人少涉足，八旗人士，虽官至三四品，亦厕身其间，并提鸟笼，曳长裙，就广坐，作茗憩，与困人走卒杂坐谈话，不以为忤也。然亦绝无权要中人之踪迹。"

而在中国南方，都市的茶习俗也日益与日常生活紧密结合，典型的例子就是广东早茶样式的出现。所谓"早茶"，实际上就是早点，"一盅二件"，一盏茶，几款小点心，其中茶食起着主要作用，茶水在此起着佐食之意。茶就是以这样的方式，低调、普遍而直接地进入了一日三餐，并迅速地被中国大多数城市的市民们接受，成为茶文化中一个独特而又重要的方式。

二、茶叶制作的百花齐放

我们已知，从三国开始到元、明之交，1 000年来的制茶方式，一直是以紧压茶作为制茶主旋律来遵循的。然而，在把茶蒸煮紧压烘干的同时，始终还有着一种若隐若现的散茶品饮法。此茶在唐代就有记录，唐代诗人刘禹锡的《西山兰若试茶歌》中说："山僧后檐茶数丛，春来映竹抽新茸。宛然为客振衣起，自傍芳丛摘鹰觜。斯须炒成满室香，便酌沏下金沙水……"描述的正是从采摘到品饮的全部过程。

经过宋代至元代，散茶煮饮这种方式渐渐被人们接受。这种茶的饮法与近代泡茶喝法很接近，先采嫩芽，去青气，然后煮饮，有人认为要连叶子一起吃进去，所以叶子要嫩。另有一种散茶的饮法，这种茶叫末子茶，采茶后先焙干，然后磨细，有点儿

---

① 《清稗类钞》由清末民初徐珂编撰，汇辑野史和当时新闻报刊中关于清朝的朝野遗闻以及社会经济、学术、文化的事迹，时间上至顺治下至宣统，间有上溯天命、天聪、崇德者。对研究清代历史的学者有重要参考价值。

像日本现在的末茶。茗茶这种古老的吃茶方式也在民间流行，它类似于茶粥，三国时期便有，在茶中加入各种食物，米、姜、橘子皮、胡桃、松实、芝麻、杏、栗等物共煮，连饮带嚼，颇受民间喜爱。

元代人也喝从宋代承传下来的腊茶，即团茶，但数量减少，主要以宫廷为主，且品饮时那种精致豪华的贵族性依然不减。然而，时代进入明初，中国茶史上一件重要大事发生，洪武二十四年（1391年），朱元璋下令正式废除进贡团茶。罢进团茶，改进散茶，自此开始。有史家认为，朱元璋之所以罢团茶而进散茶，就是因为看到团茶的奢侈给中国农民带来的灾难性生活，欲以简便的散茶方式减轻农民负担。但我们也由此看到技术的进步带来饮茶方式的改变，炒青制茶方式带来饮茶史上的革命性巨变。朝廷的风尚必然引领社会，上行下效，茶叶炒青技术自此普及全国，成为中国沿袭至今制作绿茶的主要方式。

花茶制作的技术亦是在这个时代开始成熟出现的。这种从宋代就被人开始实验的茶，历经数百年之后，终于在清代得以普遍地铺开品饮。北方人管花茶叫香片，以为它不但香气袭人，口感韵致，还有着很好的药理功能。其中，茉莉花茶得到了广泛的认可，以为此茶有理气开郁、辟秽和中之功效，对痢疾、腹痛、结膜炎及疮毒等，都具有很好的消炎解毒作用。

与此同时，红茶、乌龙茶也相继诞生，现代六大茶类，至此全部形成——其中绿茶为不发酵茶，黄茶为轻发酵茶，黑茶为后发酵茶，白茶为微发酵茶，青茶（乌龙茶）为半发酵茶，红茶为全发酵茶。各类名优茶有数百种之多，如碧螺春，黄山毛峰，武夷岩茶，龙井茶，君山银针，普洱茶，白毫银针，铁观音，祁门红茶等……在此介绍部分创制于元、明、清三代的中国名茶：

西湖龙井：据说乾隆二十七年（1762年），乾隆第三次南巡杭州，在龙井狮峰采摘品尝了胡公庙前茶树上所采制的龙井茶，感到香、味特佳，遂将庙前18棵茶树封为御茶。从此，龙井茶声誉鹊起，每年贡数剧增，对全国的影响越来越大。其茶以色郁、香浓、形美、味甘四绝而取胜。外形挺直削尖、扁平俊秀、光滑匀齐、色泽绿中显黄。冲泡后，香气清高持久，香馥若兰；汤色杏绿，清澈明亮，叶底嫩绿，匀齐成朵，芽芽直立，栩栩如生。品饮茶汤，沁人心脾，齿间流芳，回味无穷。

洞庭碧螺春：产于江苏省吴县太湖洞庭山。碧螺春茶条索纤细，卷曲成螺，满披茸毛，色泽碧绿。冲泡后，味鲜生津，清香芬芳，汤绿水澈，叶底细匀嫩。民间有这样的说法：铜丝条，螺旋形，浑身毛，一嫩（指芽叶）三鲜（指色、香、味）自古少。据说，清康熙皇帝在康熙三十八年（1699年)南巡江苏太湖时，巡抚宋荦购到品质最好的"吓杀人香"茶进贡，康熙饮后，认为茶极好，但名字欠雅，因而赐名为"碧螺春"。自此，"碧螺春"名震四方，作为贡品，年年进朝。

太平黄山毛峰：产于安徽省太平县以南，歙县以北黄山，分布在云谷寺、松谷庵、吊桥庵、慈光阁以及海拔1 200米的半山寺周围，茶树天天沉浸在云蒸霞蔚之中，因此，茶芽格外肥壮，柔软细嫩，叶片肥厚，经久耐泡，香气馥郁，滋味醇甜，成为茶中的上品。品质特征是：外形细扁稍卷曲，状如雀舌披银毫，汤色清澈带杏黄，香气持久似白兰。

安溪铁观音：属青茶类，中国著名乌龙茶之一，产于福建省安溪县，历史悠久，素有茶王之称。据载，安溪铁观音茶起源于清雍正年间（1725—1735年），安溪县境内多山，气候温暖，雨量充足，茶树生长茂盛，茶树品种繁多，姹紫嫣红，冠绝全国。安溪铁观音茶，一年可采四期茶，分春茶、夏茶、暑茶、秋茶。制茶品质以春茶为最佳。品质优异的安溪铁观音茶条索肥壮紧结，质重如铁，芙蓉沙绿明显，青蒂绿，红点明，甜花香高，甜醇厚鲜爽，具有独特的品味，回味香甜浓郁，冲泡7次仍有余香。汤色金黄，叶底肥厚柔软，艳亮均匀，叶缘红点，青心红镶边。

君山银针：属黄茶类，始于唐代，清代纳入贡茶。君山为湖南岳阳县洞庭湖中岛屿。君山茶分为"尖茶"、"茸茶"两种。"尖茶"如茶剑，白毛茸然，纳为贡茶，素称"贡尖"。君山银针茶香气清高，味醇甘爽，汤黄澄高，芽壮多毫，条真匀齐，着淡黄色茸毫。冲泡后，芽竖悬汤中冲升水面，徐徐下沉，再升再沉，三起三落，蔚成趣观。

普洱茶：属黑茶类，亦称滇青茶，因原运销集散地在云南普洱县，故此而得名，距今已有1 700多年的历史，有散茶与型茶两种。普洱茶芽叶极其肥壮而茸毫茂密，具有良好的持嫩性，芽叶品质优异。其制作方法经杀青、初揉、初堆发酵、复揉、再堆发酵、初干、再揉、烘干8道工序。其品质特点：香气高锐持久，带有云南大叶茶种特性的独特香型，滋味浓强富于刺激性，耐泡，经五六次冲泡仍持有香味，汤橙黄浓厚，芽壮叶厚，叶色黄绿间有红斑红茎叶，条形粗壮结实，白毫密布。

庐山云雾：中国著名绿茶之一。始于晋朝，宋时即列为"贡茶"。庐山云雾茶色泽翠绿，香如幽兰，味浓醇鲜爽，芽叶肥嫩显白亮。此茶不仅具有理想的生长环境以及优良的茶树品种，还具有精湛的采制技术。采回茶片后，薄摊于阴凉通风处，保持鲜叶纯净，经过杀青、抖散、揉捻等九道工序才制成成品。

冻顶乌龙：属青茶类，被誉为台湾茶中之圣，产于台湾省南投鹿谷乡。冻顶为山名，乌龙为品种名，属轻度半发酵茶。冻顶茶品质优异，在台湾茶市场上居于领先地位，其上选品外观色泽呈墨绿鲜艳，并带有青蛙皮般的灰白点，条索紧结弯曲，干茶具有强烈的芳香。冲泡后，汤色略呈柳橙黄色，有明显清香，近似桂花香，汤味醇厚甘润，喉韵回甘强。

祁红：祁红是祁门红茶的简称，为红茶中的珍品。红茶中祁红独树一帜，百年不衰，以其高香形秀著称，并蕴藏有兰花香，清高而长，被国内外茶师称为砂糖香或苹果香，国际市场上称之为"祁门香"。

茉莉花茶：以苏州茉莉花茶为最，约于清代雍正年间开始发展。据史料记载，苏州在宋代时已栽种茉莉花，并以它作为制茶的原料。19世纪中叶，苏州茉莉花茶已盛销于东北、华北一带。苏州茉莉花茶以所用茶胚、配花量、窨次、产花季节的不同而有浓淡之分，其香气依花期有别，主要茶胚为烘青，也有以龙井、碧螺春、毛峰窨制的高级花茶。与同类花茶相比属清香类型，香气清芬鲜灵，茶味醇和含香，汤色黄绿澄明。

三、从烹茶、点茶到瀹茶

元人有其马上民族特有的品饮方式，特点是茶中加盐、加奶，他们这种在大自然怀抱中形成的具有游牧民族风俗的饮茶生活，构成一幅在天苍苍野茫茫的篝火旁围坐共饮奶茶的豪迈画图。各少数民族的混饮方式在这样的景象中成熟大兴。而在其统治下的从前的宋人百姓，在保持着原有品饮习俗的前提下，也开始转型于散茶品饮，点茶的方式就此逐渐消亡，建立在点茶方式上的"斗茶"、"茶丹青"等茶的高难度冲泡技艺，也就此退出历史舞台。

明人冲饮法是以散茶冲泡，将制作好的茶叶放在茶壶或茶杯里冲进开水后直接饮用，"旋瀹旋啜"，称之为瀹茶法。其冲泡的形成和品饮，与文人超凡脱俗生活及闲散雅致的情趣是吻合的。在茶饮方面的最大成就是"功夫茶艺"的完善，这是一种原来流行于中国东南福建、广东等地的品饮茶方式，是一种融精神、礼仪、沏泡技艺、巡茶艺术、评品质量为一体的完整的茶文化形式，发展至今，成为中国人品茶的重要方式之一。

四、简约与繁华的复调茶韵

元明清时期的茶与文艺，在漫长的700年间各自呈现着各自的面貌。元代异族统治，时间不长，但在文学中留下了元曲的文学样式，这种样式也体现在了茶的文学上。比如散曲作家张可久，写有50多首有关茶的《小令》，这些诗令短而有意蕴，其中《清江引·湖上避暑》就很有代表性："好山尽将图画写，诗会白云社。桃笙卷浪花，茶乳翻冰叶，荷香月明人散也。"

明代社会矛盾激烈，文人不满政治，茶与僧道、隐逸的关系更为密切，留下的许多诗文体现的都是这样一种隐逸之心，挖掘茶自身的美学品质亦非常到位。如陈继儒的《试茶》便很有代表性："绮阴攒盖，灵草试旗。竹炉幽讨，松火怒飞。水交以淡，茗战而肥。绿香满路，永日忘归。"

清代茶事多，乾隆写过许多诗，虽无太多艺术价值，但对茶事活动有了真实的史料记载，有的评价也非常到位，尤其是《龙井八咏》。当年他六下江南，四次都来龙井品茶游览，为龙井作了32首诗，《龙井八咏》由此而来。所以乾隆对茶文化还是很有贡献的。

说到元明清的茶与艺术，亦是极有特点的。元代是文人画的集大成时代，元明清画家更注意茶画的思想内涵，其中比较典型的有赵孟頫的《斗茶图》；文徵明的《陆羽烹茶图》、《品茶图》、《惠山茶会图》；唐寅的《琴士图》、《品茶图》，明代丁云鹏的《煮茶图》，陈洪绶的《品茗图》等（图6-1）。

图6-1 明·陈洪绶 品茗图

明清之际在茶器领域里的最大艺术呈现，则是紫砂壶艺术的诞生。紫砂是一种水云母—石英—高岭石类黏土，属澄泥陶土，因颜色绛紫，成品称作"紫砂器"，其中宜兴紫砂壶最负盛名。紫砂壶，是用陶土制作用以泡茶品茶的器具，因自身品质与制作的艺术性而具有很高的审美价值（图6-2）。

紫砂壶和茶有一个本质上的共性，就是平易近人与深不可测的完美结合。这种艺术成于明，盛于清。史传明代中期阳羡金沙寺有个老僧，闲静有致，会制陶器，文人吴颐山带家僮供春在寺内读书，供春便跟着金沙寺僧学习制陶，并留下了世界上最珍贵的供春壶数把。以后明清两代制壶大师高手们，都留下了极为精美的紫砂茶壶，他们师承继代，扬名于壶，存世至今的亦有不少，将中国茶文化的审美功能推向了又一个艺术高峰。

图6-2 明·供春 供春壶

五、穿越六百年王朝的茶政

元代统治者的民族性、生活习惯乃至茶类的变化等诸多原因，使元明清三代的贡茶，无论在数量、质量乃及贡茶制度上，都不再具备唐宋之际的强劲势头。元朝贡焙中保留着部分宋朝的遗址，其中包括御茶园和官焙。元大德六年（1302年），朝廷在武夷山创建茶场，称"御茶园"，专制贡茶。明代初期，贡焙仍因袭元制，直至明太祖洪武二十四年九月，朱元璋有感于茶农的不堪重负和团饼贡茶的制作、品饮的繁琐，诏曰："诏建宁岁贡上供茶……上以重劳民力，罢造龙团，惟采茶芽以进。其品有四：探春、先春、次春、紫笋。"

虽如此，明代贡茶征收中，各地官吏层层加码，数量依旧大大超过预额，根据《明史·食货志》载，明太祖时（1368—1398年），建宁贡茶1600余斤，到隆庆（1567—1572年）初，已经增到了2300斤。

明代朝廷继续与边疆少数民族进行着茶马交易，这一政策也成了明代重要的民族政策，而明王朝的夭亡，也和这一政策的破坏有关。1573年的万历元年，明王朝下诏关闭北方的清河关这一重要的边境商贸关口，本意是为了查处私茶贸易及官方腐败，但引起蒙古与女真族人的强烈反弹，因彼时的草原民族已一日不可无茶，最终引发的茶叶战争，把明王朝拖向崩溃边缘。进入清代，总体上说，茶政较之于前朝执行上要松弛，私茶趋多，交易中则费茶多而获马少。到雍正十三年（1735年），官营的茶马交易制度终于停止，实施了将近700年的茶马交易，终于在清朝寿终正寝。

与唐宋时期相比，明清之际的茶政有它自己的特点，一是征贡区域宽，什么地方都可以进贡茶；二是新产品多；三是随机性强。彼时贡茶的概念，已经发生了一些变化，茶已不再单纯作为皇室饮品的特供物品，它增加了一项重要功能，具有了一种很强的政府向地方征收的实物税的性质。

元明清之茶事，用600余年完成了一个重要的更新与转型，凝聚着复杂多变的社会动荡与更替元素，因此带来的时代意绪，包括新生与消亡、兴奋与悲凉、收获与失去、振作与无奈，在小小一片茶叶上呈现，是一个内涵丰富，令人感慨万千的茶之大单元。

第七章
憧憬海外的绿舟
——近代的环球茶叶远航

感谢上帝，没有茶，世界将暗淡无光，毫无生气。

[英] 斯蒂尼·史密斯　[美] 威廉·乌克斯《茶叶全书》

中国茶叶大规模向全世界出口，严格地说来，是从17世纪开始的。直至19世纪中期，中国几乎可以说是世界各国进口茶叶的唯一供应者，销区遍及欧洲、美洲、亚洲、非洲和大洋洲。

中国茶叶的对外贸易史，追溯起来还要更远，长达1 000余年。其中17世纪前的华茶出口外销，基本是以物易茶为主要特征，17世纪开始的明清之际，茶叶出口开始逐渐大盛。从某种意义上说，此一阶段的华茶深刻地改变了世界，在世界茶文化史上，具有极为重大的历史和现实意义。

一、中国茶叶的五个贸易时期

第一时期在5世纪至7世纪。有人以为甚至可以推至更早，理由是著名的丝绸之路早就在西汉之际开通，唐代初年时的长安又成了国际大都市，当时中原及西北地区的各兄弟民族已经有了饮茶习俗，西域人往来中土，生意之间，出入闹市酒楼茶铺，是再顺理成章不过的事情。而归国时带去中国的茶叶作为商品销售，也是完全可能的。因此，虽然目前还没有找到确凿的书籍记录，但以为茶在7世纪时已经传至中亚、西亚和西南亚一带，也是可信的。

华茶贸易的第二时期当在唐、宋之际。早在8世纪，唐代中国就设立了"市舶司"①来管理对外贸易。华茶依此通道，通过海、陆间的"丝绸之路"，一路输往西亚和中东地区，另一路输往朝鲜和日本。

而在唐、宋之间的五代十国中，出现了一些影响周围国家与地区经济的神经中枢地带，盛产茶叶的吴越国就是当时国际经济精英们的聚集地。无论北方的契丹，还是朝鲜与日本，吴越国都与他们有着密切的经济交往。吴越地区当时就已经孕育了一些世界上最活跃的商业群落，拥有和北方进行联络的主要干线，而向南通过水路则和广州相连。915年，钱镠派遣使者向契丹进贡，这是两个王国之间的第一次商业接触。从915—943年，吴越国和契丹王国共有17次互访，有13次是从吴越到北方，有4次是从契丹到南方。就这样，两国间的贸易协定把南北的经济体系结成了一个统一的整体。可以说，五代十国时期的茶，在茶叶贸易史上起着重要的作用，并深刻地影响了两宋间的华茶贸易。

在唐、宋期间中国茶叶文明已向日韩等国交流，宋朝与辽、夏、金之间也进行着广泛的贸易往来。

第三时期为明代，是中国古典茶叶向近代多种茶类发展的开始时期，为清初大规模地开展茶叶国际贸易提供了商品基础。17世纪初，第一批欧洲商船到中国。17世纪50年代欧洲人开始注意到中国茶，而西面的波斯国亦有人记录下了中国的神奇树叶。16世纪中叶，威尼斯作者拉姆西奥奇在其《航海旅行记》②一书中记录了一位名叫哈奇·穆罕默德的商人的叙述，该人说道："大秦国有一种植物，仅有叶片可以供饮，人人都叫它中国茶，中国茶被看作是非常珍贵的食品。"这一历史记载，亦被一些茶史研究者们认定是茶叶对西域的远征。

第四时期为近现代17世纪和18世纪，工业革命给世界带来了一种新饮料，那就是中国古老的茶。它从中国的东南前往欧洲。前期华茶外销一枝独秀，在极盛的明清时

---

① 市舶司：市舶司是中国在唐、宋、元及明初在各海港设立的管理海上对外贸易的官府，相当于现在的海关。
② 转引于 [美] 威廉·乌克斯的《茶叶全书》。东方出版社，2011。

代，出口茶叶量最高为1886年，约达13.4万吨，一度垄断国际市场。当时，世界茶叶的80%以上都由中国提供。而从1887年开始，中国茶叶外销量骤然下降，从高峰跌入低谷，开始了从未有过的艰难历程（图7-1）。

图7-1 清代茶叶出口图

第五时期为当代，20世纪中期到现在，是中国茶叶重新振兴的历史阶段。

二、17世纪的世界茶叶地图

我们已知，从17世纪到19世纪后期，中国茶叶销区遍及欧洲、美洲、亚洲、非洲及澳大利亚和大洋洲，而现在，让我们把目光重新聚焦到那个时代的世界茶叶地图上来，按照时间和国别的秩序，排列一下中国茶与世界之间发生的关系。

1. 荷兰

荷兰是最早从中国将茶叶转贩欧洲的国家，其历史从17世纪初的1605年就开始了，这也是中国与欧洲茶叶贸易的开始。1607年，荷兰从澳门运送茶叶到爪哇，利用来往于中国和东南亚的中国帆船，构成中国—巴达维亚（荷印属雅加达）—荷兰的间接贸易关系。起初船只很少，17世纪20～30年代，平均每年到达巴达维亚的中国帆船只有5艘。1683年，清政府解除海禁，中国帆船到达东南亚的数量明显增加，1690—1718年，平均每年有14艘中国帆船到达巴达维亚，主要运载陶瓷、丝绸、茶叶等物品，交换胡椒、香料等土产。荷兰人向中国商人购买了大量的中国茶叶，茶叶的主要品种有武夷茶、松萝茶和珠茶等。1727年，荷兰东印度公司董事会决定派两艘船直接到中国买茶，中荷贸易由原来的中国—巴达维亚—荷兰的间接贸易形式变成了荷兰—中国的直接贸易形式。1734年，荷兰输入华茶达885 567磅；1750年，荷兰又从广州运走9 422担[①]的茶叶；而到了1784年，荷兰输入华茶达到350万磅。

茶叶在欧洲的初始形态是药，荷兰人将其放在药店里销售。1666年，阿姆斯特丹的

---

① 担为非法定计量单位，1担=50千克。

每磅茶叶售价是3先令4便士，而在伦敦则高达2英镑18先令4便士。即使是到了1684年，每磅茶叶的价格在阿姆斯特丹居然高达80荷盾，所以一般人是消费不起的（图7-2）。

作为药物的中国茶，一度在荷兰成为万灵之水。有一位被人们称之为庞德尔博士的

图7-2 荷兰贵夫人沙龙品茶图

荷兰医生，建议人们每天喝茶，他说："我建议我们国家的所有的人都饮茶！每个男人、每个女人每天都喝茶，如果有条件最好每小时喝，最初可以喝10杯，然后逐渐增加，以胃的承受力为限。有人病了，建议从50杯到200杯。"①

荷兰人意识到茶叶对国民生活的重要性，他们开始自己试验生产茶叶。1728年，荷属东印度公司在其殖民地印尼植茶，没有成功，成功的却是他们参与了茶在品饮方面的创新。据说，奶茶品饮法的发明与荷兰人有关。1655年，中国清廷官吏在广州宴请荷兰使节之时，发现了茶与牛奶混饮的奶茶饮法，从此，奶茶风靡欧美世界。

2. 葡萄牙

葡萄牙与中国茶的关系，有赖于天主教的传播。1556年，葡萄牙神甫加斯博·克鲁兹来华传教，4年后回国，据说，正是他将中国茶和品饮方式传入葡萄牙国。他在介绍中国人喝茶时说：凡上等人家习惯于献茶敬茶。此物味略苦，呈红色，可以治病，作为一种药草煎成液汁。另一位神甫迭戈·潘托亚在谈到中国饮茶习俗时也说：主客见面，即敬献一种沸水冲泡之草汁，名之曰茶，颇为名贵。1610年，葡萄牙人即在印尼及日本设有基地，借以直接和东方贸易。1637年，基地公司的总裁写信给当时驻印尼的总督，说：由于已经有一些人开始使用茶叶，所以我们期待每一艘船上都能载运一些中

---

① [美]汤姆·斯丹迪奇，《六个瓶子里的历史》，北京：中信出版社，2006。

国的茶罐以及日本的茶叶。事后，他们获得了所要求的。几年之后，中国茶已经成为当时葡萄牙上流社会颇为流行的时髦饮品。17世纪中叶，著名的凯瑟琳公主正是作为葡萄牙公主嫁入英国，成为茶叶文明史上功勋卓著的茶叶皇后。

3. 俄国

中国茶叶最早传入俄国，据传是在6世纪时，由回族人运销至中亚细亚，五代时又由蒙古人辗转运茶至俄国。元代蒙古人远征俄国，中国文明随之传入。至明朝，中国茶叶开始大量进入俄国。1638年，莫斯科使臣瓦西里·斯达尔可夫带回由蒙古可汗赠送沙皇的礼物——中国茶叶，约4普特。1689年，中俄签订《尼布楚条约》，自此，中国茶叶自张家口经蒙古输往俄国。1727年，俄国女皇派使臣到北京，申请通商，中俄签订互市条约。继而，俄国在中俄边境一个小村落规划设计并出资兴建了一个贸易圈——这就是大名鼎鼎的恰克图。恰克图是蒙语，意思是"有茶的地方"。

时隔不久，边境中国一侧，由民间盖起了与其规模相当的贸易区，与此同时，一条通过欧亚草原的中俄草原茶路被俄国方面重新勘测开辟，它的基本路线是：恰克图—贝加尔湖边的俄罗斯重镇伊尔库斯克（在恰克图西北200多公里处）—（往西）托博尔斯克—秋明—叶卡捷琳堡—（过喀山）莫斯科。中俄两国以恰克图为中心开展陆路通商贸易，恰克图成为中俄茶叶贸易的主要市场，其输出方式是将茶叶用马驮到天津，然后再用骆驼运到恰克图，从北京到莫斯科因此缩短了1 000多公里路程。

茶路的出现带动了沿线城镇的发展。当时中国这边，多伦、阿拉善、包头、集宁、乌里雅苏台、科布多、海拉尔、齐齐哈尔等城市，都因茶路上人流物流的增长而扩大了规模，而有些城镇又随着茶路的消失而消失。

中俄通商后，中国对俄国的茶叶输出成倍增长。1819年，由恰克图输往俄国的茶叶价值500万～600万卢布，1839年达到800万卢布。恰克图迅速变成远近闻名的农业区，产出的小麦直接从恰克图卖给中国商人，换取茶叶。一些西伯利亚人依据地理优势成了大财主，构成俄国历史上有名的"西伯利亚新贵族"。

和英国在其殖民地顽强地试植华茶一样，俄国人顽强地在自己的国土上移植来自中国的茶（图7-3）。1847年，俄国外高加索开始试种茶树。1861年，俄国人在汉口设

图7-3 格鲁吉亚采茶女

立了第一家砖茶制造厂。1884年，一位名叫索洛沃佐夫的俄国商人从汉口运去茶苗12 000株和成箱的茶籽，在查瓦克—巴统附近开辟一小茶园，从事茶树栽培和制茶。1888年，俄国人波波夫来华，访问中国宁波一家茶厂，回国时，聘去了以广东人刘峻周为首的茶叶技工数十名，同时购买了不少茶籽和茶苗。1893年，刘峻周等人在高加索历经3年，种植了80公顷茶树，并建立了一座小型茶厂。1896年，刘峻周等人合同期满，回国前波波夫拜托刘峻周再招聘技工，并购买中国的茶苗茶籽。1897年，刘峻周又带领12名技工携带家眷前往俄国，1990年在阿札里亚种植茶树150公顷，并建立了茶叶加工厂（图7-4）。

图7-4 刘峻周1911年前后在格鲁吉亚他种的茶园中

刘峻周于1893年应聘赴俄，到1924年返回家乡，30年时间，对俄罗斯茶叶事业的发展作出了很大贡献。1909年，沙皇政府授予他"斯达尼斯拉夫"三等勋章；俄国革命以后，前苏联政府授予其"劳动红旗"勋章，刘峻周也被后世尊称为"茶叶刘"。

4. 英国

英国并非欧洲最早接触华茶的国家，但最后却成为全世界头号饮茶大国，这是和1600年英国成立的东印度公司[①]分不开的。初期，英国人所饮茶叶均经过荷兰人之手

----

① 17~19世纪英国政府特许设立的经营对印度及远东地区垄断贸易和从事殖民活动的机构，拥有军队和舰队。18世纪中叶，英国通过战争排挤法、荷势力，在印度建立起统治地位，并以印度为基地向邻近的一些国家扩张。公司大量种植鸦片，输入中国。它所掠夺的巨额财富是英国原始资本积累的重要来源。

图7-5 晚清洋人在华喝茶

转运到英伦，1637年，英国商人驾驶4艘帆船，首次抵达广州珠江。英国东印度公司第一次从中国运载112磅中国茶回国，此为英国直接从广州采购、贩运茶叶之始。直至1644年，英国东印度公司在中国福建厦门设立贸易办事处，从此与中国建立外贸关系。1651年英国通过航海法，与荷兰争夺海上贸易权，第二年英荷战争爆发，英国获胜，从此开始了英人大规模需要茶叶的历史（图7-5）。

1657年，英国商人托马斯将其在伦敦街头原有的托马斯·加威咖啡店置换门庭，增加了茶销售，并贴出了全英国第一个茶叶广告，也可以说，它是世界茶叶史上的第一个茶叶广告：可治百病的特效药——茶！是头痛、结石、水肿、瞌睡的万灵药！

而5年之后的1662年，则是英国饮茶史上具有划时代意义的一年，正是那一年，英王查理二世与葡萄牙凯瑟琳公主结婚，这位茶叶皇后把饮茶习俗成功带到了英国（图7-6）。

又过两年，1664年，英国东印度公司献中国茶叶2磅给英皇查理二世，此举颇得英皇及皇后欢心。1669年，英国正式规定英国东印度公司专营茶叶，在福建收购武夷山茶，称为武夷茶。

1690年，东印度公司进口的茶叶只占进口额的1.4%，而到1760年时，进口额已增长到39.5%，成为仅次于棉丝产品（42.9%）的大宗进口物资。

1715年，英国东印度公司在广州设立商馆，茶叶开始大批量运往英国。1717年，一家伦敦咖啡馆老板将其咖啡馆改建成金狮茶室，从此妇女也可以光临茶室。1718年，

图7-6 凯瑟琳公主

茶叶取代丝绸成为英国从中国进口的支柱商品。1721年，英国输入茶叶首次超过100万磅。为使东印度公司独占茶叶市场，英国下令禁止其他国家茶叶输入本土。1732年，英国第一个茶园沃克斯豪尔在伦敦开园。1771年，英国爱丁堡发行的《不列颠百科全书》第一版"茶"条下有这样的记载："经营茶的商人根据茶的颜色、香味、叶子大小的不同把茶分成若干种类。一般分为普通绿茶、优质绿茶和武夷茶3种。"

18世纪初，英国人几乎不喝茶；18世纪末，人人喝茶。1699年，茶叶进口是6吨；一个世纪后，进口量升至11 000吨，价钱则降到一百年前的1/20。英国牧师斯蒂尼·史密斯甚至这样赞美茶："感谢上帝，没有茶，世界将暗淡无光，毫无生气。"

至1834年，中国茶叶已经成为英国的主要输入品；而至1840年，中英第一次鸦片战争爆发之时，英国下午茶的习俗完全形成（图7-7）。

事实上，正是因为中英两国的华茶贸易往来造成这样一种经济格局，即英国每年要花数千万两白银去买中国的茶叶，而英国的洋货却不能改变中国人的消费习惯，最终，英国才采取卑鄙手段，向中国大量运售鸦片。东、西方两大帝国的较量，事实上就这样从两种植物的较量上开始。茶向英伦三岛而去之时，罂粟向东方疯狂奔来，最终导致了1840年中英鸦片战争爆发，彻底改变了中国历史和世界格局。

5. 美国

17世纪中叶，荷兰人贩运茶叶，最早进入北美市场，这种来自东方的饮料很快也得到了美洲人的喜欢。1690年，中国茶叶输至美洲波士顿。由于来到新

图7-7 电影《福尔摩斯》中的喝茶场景

大陆的大多是欧洲的英国人，他们已经对茶这种饮料产生深深的依赖，因此，在一段时间里，北美大陆上的人们和当时的英伦三岛人一样喜欢喝茶。他们的茶叶基本上都是通过英国从中国进口，再转销美洲的。此时的茶叶贸易，在英国，已经在其国民经济中构成一项重要的收入。出任过英国大臣的罗斯托曾这样说："国家不可缺乏的粮食、盐或茶，如果由一国独揽供应权，就会成为维持其政治势力的有力砝码。"

英国对茶叶贸易政策实际上实施着双重标准，一方面对华茶贸易采取改变一国独揽的局面，另一方面对美洲大陆又实行茶叶贸易的经济控制权。1773年，英国国会通过《茶叶税法》，同意英国东印度公司从中国向北美殖民地直接进口茶叶，只需征收轻微的3便士茶税。东印度公司因此垄断了北美殖民地的茶叶运销，并切断了当时已经极为普遍的从荷兰走私的茶叶之路。此事引起北美殖民地人民的极大愤怒，因为当时北美人饮用的走私茶已占消费量的9/10。当年12月，费城出现一张传单，上写："东印度公司的背后有一个腐败专横、阴险狡诈的政府撑腰，他只要踏上这块乐土，就想成为你们的主人……"纽约、费城、查尔斯顿人民拒绝卸运茶叶，而在波士顿，一批青年则组成了波士顿茶党。

1773年12月16日，波士顿8 000群众集会，要求停泊在那里的东印度公司茶船开出港口，遭到殖民当局的拒绝。当晚，抗议者化装成印第安人闯入船舶，高喊着"将茶叶和海水相融合"，将东印度公司3艘船上的342箱茶叶（价值1.8万英镑）全部倒入大海。此事引起英国政府的强烈不满。1774年，英国政府先后颁布了一系列法令，包括封锁波士顿港口，取消马萨诸塞州的自治，在殖民地自由驻军等。凡此种种，更激起殖民地人民的强烈反抗，英国政府与北美殖民地人民之间的矛盾愈发尖锐，公开冲突日益扩大，波士顿倾茶事件最终成为美国独立战争的导火索。

美国独立之后，开始了与中国直接的茶叶贸易。1784年2月，美国参议员罗伯特等人装备的"中国皇后号"装载了大约40吨人参和其他货物从纽约出发，8月28日到达广州，在购进88万磅的茶叶和其他中国货后，于1785年5月回到纽约。随后，在美国马萨诸塞州纽柏利港，一种印刷传单上出现了有关中国茶的广告，原文如下："本店新到上等贡熙、小种及武夷茶，品质极佳。纽柏利港，廉售。主人Greenough启。"

"中国皇后号"这次航行的纯利润为37 727美元，是投资金额的25%左右，"中国皇后号"对华贸易的成功在美国引起了轰动。紧随着又有"智慧女神号"载回价值5万美元的茶叶，获利颇丰。华茶输美的数额迅速增长，华茶在美国进口货物中的比重也在不断上升，如1822年，茶叶占36%，到1828年茶叶就占到45%，而到1832年，竟占到52%，最高年份曾高达81%。同时，茶叶的品级也在不断提高。

科技革命是美国立国之本，快剪船在美国的诞生，为全世界的茶叶贸易也带来了革命性的变化。1832年，美国商人艾斯·麦克姆制造了一艘装备完善的三桅船用于对华贸易。这艘命名为"安·迈金"号的船只，揭开了快剪船的历史，其速度提高一倍以上，令人惊讶。

美国华茶输入的早期多为最低级的武夷红茶，后来是较高级的小种红茶。19世纪后，品类高的绿茶，如熙春、雨前、贡熙等开始增加，1850年，红、绿茶进口量几乎相等。

中美茶叶贸易的迅速发展给美国带来了极大的利益，中美茶叶贸易得到了美国政府的鼓励，美国政府制定了有利于茶叶输美的税收政策。1789年，美国开征茶税，红茶每磅15美分，珠茶22美分，贡熙、雨前茶每磅55美分。1832年，美国巴尔的摩商人麦克金首建巨型快艇，专供载运中国茶叶。1858年，美国政府派专人来中国采集茶籽，以备分种于南部各州。1883年，美议会通过首部《茶业法》。

6. 欧洲

在很长一段时间里，荷兰在欧洲引领了饮茶的风尚，17世纪30年代，茶叶从荷兰传入法国，1650年茶由荷兰人贩运到北美。1644年，英国人在厦门设立商务机构，开始贩茶；瑞典、丹麦、法国、西班牙、德国等国的商人也相继从中国贩茶，并转卖到欧美各国，其中瑞典东印度公司商船"哥德堡"号，在对中国茶叶的远销上起到了重要作用。

1731年，瑞典成立东印度公司，开辟了亚洲航线，致力于对华贸易。从1731年至1806年的75年中，瑞典东印度公司进行了130个航次的航行，其中127个航次都是驶达中国广州，购买主要商品——茶叶。"东印度人—哥德堡号"是东印度公司船队中最大的船，1738年下水，1745年1月11日，哥德堡号装载700吨货物（其中茶叶约370吨，瓷器约100吨）返程，1745年9月12日，在抵达故乡哥德堡不到1公里的地方触礁沉没。之后的数百年间，人们从沉船中打捞起大量的茶叶和饮茶用的精美瓷器，有茶文化学者撰文写道："谁能想象，被海水与泥埋淹近250年的沉船又见天日。更惊奇的是，分装在船舱内的370吨茶叶，一直没被氧化，其中一部分还能饮用。笔者亲泡一小杯，轻啜几口，虽茶味淡寡，似有木屑香气，口味却是悠长的。"[①]据记载，沉船中的中国茶叶，数量最多的是安徽休宁地区的松萝茶和福建武夷茶（图7-8）。

7. 亚洲国家

亚洲国家中，韩国与日本早在10世纪前就已经从中国引进茶种种植，17世纪的亚洲国家中，殖民地国家与华茶之间，发生了千丝万缕的联系，主要有以下几个国家。

（1）**英国殖民地印度**　东印度公司在与中国进行茶叶贸易的同时，产生一个思路，将华茶移植到英国殖民地——印度，以改变那种要喝茶找华茶的依赖情状。1780年首次引种中国茶籽。1792年9月8日公司对作为英国使团团长出使中国的马嘎尔尼[②]信中说："由中国经常输入的或公司最为熟知的物品是茶叶、棉织品、丝织品，其中，以第一项最为重要，茶的数量和价值都非常之大，倘能在印度公司领土内栽植这种茶叶，那是最好不过的了……。"而马嘎尔尼在离开北京南下的返国途中，陆路经浙江、江西及广东至广州。正是在这次的远征中，他们在浙江与江西的交界处，得到了茶树的标本。马嘎尔尼在广州向东印度公司报告说："我也和公司的想法一致，即如果能在我们的领土之内的某些地方种植这种植物而不是求助于中国境内，而且还能种得枝叶茂盛，这才能符合我们的愿望。"

1794年2月，马嘎尔尼又给当时的印度西孟加拉邦总督素尔去信说："……有精通农业者认为兰普尔地区的土壤适宜于种茶。"中国浙赣交界处的中国茶种就这样来到了南亚次大陆恒河流域的加尔各答，落户生根。而后，加尔各答植物园又向印度所有的苗圃送去了使团挖来的中国茶苗的后代。

---

① 卢祺义，《乾隆时期的出口古茶》，农业考古，1993（04）。
② 乔治·马嘎尔尼（1737—1806年）：英国政治家、外交家。1793年（清乾隆五十八年）访问中国。

图7-8 哥德堡号沉船茶叶

1834年，印度茶叶委员会派秘书戈登来中国，招募茶工，收集茶籽，并考察中国茶叶产制方法。1835—1836年，印度茶业科学委员会通过移植中国茶树，以生长于加尔各答的中国茶树数万株分植上阿萨姆、古门、苏末尔及南印度。1838年，印度阿萨姆首次外销茶叶8箱至伦敦。1840年，印度吉大港（现属孟加拉国）开始植茶。1856年，印度堪察尔与大吉岭开始植茶。

（2）英属殖民地锡兰，今天的斯里兰卡　17世纪开始锡兰从中国传入茶籽试种，1780年试种，1802年试种茶树失败。1824年以后又多次引入中国、印度茶种扩种和聘请技术人员。1854年锡兰茶农协会成立，1873年锡兰首次输出茶叶至英国计23磅。1875年锡兰咖啡农场毁于病虫害，种茶业开始大发展，所产红茶质量优异，为世界茶创汇大国。

（3）印度尼西亚　印度尼西亚于1684年开始传入中国茶籽试种，以后又引入中国、日本茶种及阿萨姆种试种。历经坎坷，直至19世纪后叶开始有明显成效。1827年，爪哇政府派雅各逊来中国学习茶树栽培与茶叶制造。1830年，印尼开始有茶厂，但规模极小。1833年，雅各逊第六次由中国返回爪哇，携回茶籽700万粒、茶农15人及制茶

图7-9 国外茶广告 Tea

工具多种。第二次世界大战后，印尼加速了茶的恢复与发展，并在国际市场占一席之地（图7-9）。

8. 其他国家的华茶传播

除亚洲、欧洲、北美之外，茶叶也不可遏制地向南美、非洲、大洋洲等地传播。

（1）**非洲地区茶树的栽培**　由于非洲未开垦土地多，气候适合，非洲茶业当今在世界茶业中，已经有了不可忽视的地位。1850年，纳塔尔开始种植从印度移植的茶苗。坦桑尼亚、罗得西亚、阿比西尼亚等国都在19~20世纪种植茶树。1900年乌干达引入茶树，而肯尼亚自1925年开始大规模植茶始，今天已经成为非洲规模最大的茶叶产地。

（2）**美洲人尝试种茶**　美国、哥伦比亚、墨西哥等国多次试种，而南美巴西、秘鲁、阿根廷人也尝试发展茶业，智利的矿工们尤其不能离开茶叶，这曾使得大作家聂鲁达深感兴趣，并在回忆录上专门作了记录。而菲律宾、毛里求斯、澳大利亚等国亦都种植茶树。

三、华茶外贸鼎盛的时代背景

中华茶叶与人类建立亲和关系，已有悠悠数千年，而茶叶真正在全球被接受，是从17世纪开始的。原因何在呢？

1. 地理大发现

应该说，任何一个文明民族的代表人物首次到达地球表面某个前所未知的部分，或者确定了地表各已知部分之间的空间联系，因而加深人类对地球地理特征的科学认识，促进了地理学的发展，均可以称为地理发现。

15世纪中国的郑和七下西洋，是史无前例的伟大壮举，目的主要是为了恢复洪武初年诸国朝贡的盛况，实现封建帝王"君主天下"、"御临万方"的雄心。郑和足迹遍及东南亚、阿拉伯半岛，并直达非洲东海岸，涉及30多个国家。所到之处，发展了包括茶叶在内的中国大批货物和各国货物之间的交换。扩大了中国茶叶的输出量和茶种的外传地域范围，对东南亚和东非的饮茶风俗起了推动作用。一个茶文化事像可以印证郑和与茶的关系：郑和下西洋所到的泰国、马来西亚、新加坡、锡兰、印度、肯尼亚等亚非国家，目前都是茶叶销售量最大，也是茶文化最普及的地区。

与郑和下西洋形成鲜明对照的是，欧洲航海家进行"地理大发现"航海活动的主要动因和目的是经济上的，而非政治上的。他们航行的主要目的是绕过东地中海地区的穆斯林势力，开辟到印度、中国、日本等东方国家以及地区的新航路，直接与他们做生意。

我们可以发现，中国茶叶被全世界人接受的时间，与地理大发现中有关国家的航海时间顺序几乎一致，最早是荷兰，然后是葡萄牙，而影响最大的当属当时的老牌帝国主义国家英国。

2. 工业革命

工业革命发源于英格兰中部地区，是由一系列技术革命引起的从手工劳动向动力机器生产转变的重大飞跃，19世纪传播到北美地区。生产力的发展引起了生产关系的改变，工业革命引起了生产组织形式的变化，使用机器为主的工厂取代了手工工厂，城市化使人口向城市转移，这些给人们的日常生活和思想观念带来了巨大的变化。

而就在这个时候，茶从中国的东南面到达欧洲，很快从贵族的饮料成为下层劳动人民的所爱。在英国，夏日里经常可以看见某个胡同里乞丐在喝茶，修路工人在喝茶，赶灰渣车的工人在喝茶，晒干草的工人在喝茶。众多工人集中在厂房里工作，咖啡、啤酒显然无法解渴，单纯的白开水又不能起到药物的作用，唯有茶水最适合大规模的工人品饮。因此，茶，是工业革命给世界带来的新时代的饮料。

3. 英国殖民地的扩张

我们已知，在最鼎盛的时期，英国占有世界上1/5的土地和1/4的人口。他们的船炮利剑开向哪里，同时也就把英伦岛人的习俗带向哪里。

16世纪末至17世纪初，英国和法国从西班牙人手中夺取了加勒比海诸岛，而后，英国凭借强大的海军力量，建立起庞大的商船队，在海外夺取了法国在印度、加拿大和密西西比河以东的大片领土。以1763年英国与法国和西班牙签订《巴黎条约》为标志，英国取代西班牙，成为世界头号殖民强国。而1776年北美十三州独立后，英国遂将殖民经济侵略重点由北美洲转至资源更为丰富、市场更为庞大的印度。此外，英国还占领了澳大利亚、新西兰、缅甸和中国香港等地。

在整个18世纪，英国人的血液已经深深地与茶相溶，他们的殖民地扩展到哪里，饮茶习俗也就随之到了哪里，对茶的贸易也就跟到哪里。

4. 华茶对外的窗口——一口通商的十三行

明清两朝，中国实行了一种特殊的朝贡贸易政策。这种朝贡贸易具有独特的双重性质：一方面对海外奉行开放政策，允许皇家的海船队下西洋进行官方贸易，也准许西洋海船到中国来进行由国家独占市舶之利的贸易；另一方面却对本国商人出海厉行封禁政策，明令禁止沿海居民私自出海，规定片舨不许下海，后来又明令禁止市舶司，严厉打击走私贸易。

至清中期，政府对外贸又进行了独有制度，由广州的十三行①"一口通商"，广州由此成为全国唯一海上对外贸易口岸。随着十三行进出口的贸易额节节增长，广州成为清代对外贸易中心。到鸦片战争前，洋船多达年200艘，税银突破180万两。十三行被称作"天子南库"。

在十三行开设洋行的同时，还修建了一批夷馆，廉价租给外国人办理事务、住宿或者作为仓库，在清道光年间，一共有13所，所以有"十三夷馆"的称谓。

十三行，是清廷实行严格管理外贸政策措施的重要组成部分，其目的在于防止中外商民自由交往，因此，十三行便具有了官商的社会身份。然而，十三行同时也带有民间的特质，它是清代重要的商人资本集团，在对外贸易上又往往代表清政府出面。这一模糊不确的地位是中国晚清特有的外贸政策决定的。乾隆十年，清政府从广州二十多家行商中选择了五家殷实者为保商，并建立保商制度，责任是承保外国商船到

---

① 十三行为鸦片战争前广州官府特许经营对外贸易的商行。鸦片战争后中国五口通商，十三行遂没落消亡。

广州贸易和纳税等事，承销进口洋货，采办出口丝茶，为外商提供仓库住房，代雇通商工役。

十三行也有一个"四大家族"的说法，它包括了潘家、伍家、卢家和叶家。其中最赚钱的家族有两个——以潘振承为代表人物的潘家和以伍秉鉴为代表人物的伍家。1834年，伍秉鉴资产约有2 600万两白银，几乎相当于清政府一年的财政收入，被当时的西方称为"天下第一富翁"。19世纪中叶，在美国凡带有伍家图记的茶叶，就能卖出高价。2001年，美国《亚洲华尔街日报》将伍氏商人评为千年来全球最富有的50人之一。

潘家同文行创始人潘振承的画像至今还被保存在瑞典历史博物馆中。其人出身贫苦，白手起家，三下吕宋（今菲律宾），贩卖丝茶，积累了一些资金，同时也学会了一些英语，成立了同文行，主要做茶叶和丝的生意，丝生意大概就垄断了当时全中国的一半。

十三行商人成为中国近代最有国际意识、资本主义萌芽最明显的一个商帮——那时候潘家已经开始使用伦敦的汇票，接触西方金融制度。伍秉鉴曾经投资美国西部铁路，潘振承曾经投资瑞典东印度公司，参与国际三角贸易。潘振承还曾经买下武夷山的茶园，并且用自己的船运往南洋，试图包揽生产、收购、运输、销售的环节，形成一个完整的贸易链条。这些都是向现代企业转型的雏形。

1785年，在十三行的外贸动作之下，中国茶叶出口共232 030担，其中出口英国为154 964担，出口瑞典为46 593担。在当年的对华贸易各国中，中国与英国、瑞典的茶叶贸易量分别处于一、二位。但是，时代决定了十三行不可能转型成功，1842年，清政府鸦片战争战败，签订《南京条约》，规定"英商可赴中国沿海五口自由贸易"，十三行失去外贸垄断的特权。1856年，一把大火将十三行所有的光荣与梦想、艰辛与尴尬，统统毁于广州西关。十三行，从此成为一个历史名词，渐渐被人忘却（图7-10）。

综上所述，我们可以知晓，正是华茶自17世纪开始的环球茶叶远航，不但完全改变了世界茶叶的格局，更影响了全球2/3人口饮品的结构，茶在全球范围内进入人类的饮食生活，可谓此一历史阶段人类饮食生活方式变更的极为关键元素。与此同时，一旦当全球范围内的人们认识到茶的重要作用，茶的另一种与众不同的命运便随之开始。自晚清始，中国沦为半殖民地半封建社会，茶叶优势不再，印度、锡兰、日本都开始出口茶叶，华茶帝国一花独放的格局，从此一去不复返。

图7-10　中外茶叶交易图

第八章
低谷下的薪尽火传
——晚清民国华茶的艰辛跋涉

中国茶业如睡狮一般，
一朝醒来，绝不至于常落人后，
愿大家努力吧。

吴觉农 《中国茶叶改革方准》

中国，直至19世纪80~90年代，茶叶生产和出口仍居世界首位。1886年后始，由于历史上的多种原因，出口开始急剧下降。进入20世纪上半叶，中国茶叶出口萎缩，各产茶省茶业一蹶不振，至1949年，中国茶业经济已经跌入前所未有的深渊低谷。

此一阶段，外部，中国茶业受到前所未有的国际大冲击，进入由盛而衰的历史阶段，印度、锡兰等国的茶业后来居上，以日本茶道为代表的大和民族茶文化精神更是取代了中国在世界茶叶文明领域里的文化引领地位；内部，中华民族灾难深重，半殖民地半封建社会的现状严重制约华茶发展，由茶生发出的诸多优秀的传统文化意绪也日益委顿消亡。但事物亦在最坏的时刻呈现转机，西方现代文明对中国茶业的现状那实质性的冲撞，亦使此一时期的茶叶在各个环节都呈现出了与中国传统茶学不同的面貌。可以说，中国现代茶学的格局与诸多方面的建设，都是在这个年代里打下基础的，而中国现当代茶学界的标志性人物吴觉农，也出现在这个一言难尽的艰辛时代。

一、进入现代文明的茶叶生产形态

鸦片战争后，中国传统的自给自足式农业解体，逐渐成为西方列强农产品的倾销市场和工业原料供应地。印度、锡兰、日本大量发展植茶，创制揉茶机、烘茶机，采用成套机器，进行加工制作，印度、锡兰红茶在英国迅速占领市场，东邻日本的茶业也迅速发展。1862年，日本第一家茶叶复焙茶厂在横滨建立；1883年，日本"中央茶商公会"成立；1897年，日本制茶开始使用机器，随之而来，日本绿茶在美国很快就打开了销路。

而华茶在这一过程中总体趋向下降。19世纪后半叶，中国年均产茶还有二十几万吨，出口茶叶十数万吨；到1949年，年均产茶降到5.12万吨，茶叶出口量仅为0.99万吨，仅为1886年最高出口量的7.38%，1900年的11.82%。

茶叶经济衰败的主要原因：一方面是帝国主义对中国的侵略，尤其是两次世界大战的影响，特别是长达8年的日本侵华战争，这是摧毁中国茶业的主因。另一方面，内因亦十分关键，晚清政府和民国政府的治国无能，渗透到中国这一肌体的每一个毛孔之中，其中对茶叶施行的苛捐杂税亦是华茶衰落的内因；而从外因上说，印度、锡兰红茶市场扩大，日本绿茶有力竞争，世界茶叶格局亦随同国际局势发展，更使中国茶业陷入了内忧外患的困境之中。

全球范围内的经济危机[①]，亦是中国茶业急剧衰退的重要原因。1900—1906年，全球发生第一次经济危机，世界茶叶消费量降低，中国、印度和锡兰种茶业一律生产停顿；1920—1922年，第二次经济危机袭来；1932年，全世界又发生了第三次经济危机，此时的伦敦存茶如山，旧茶尚且消费不了，何谈新茶的消费。国际茶叶消费的变化是中国茶叶被迫退出国际市场的重要外因。

① 经济危机：自1825年英国第一次发生普遍生产过剩的经济危机以来，在资本主义自由竞争阶段以及向垄断资本主义阶段过渡时期，差不多每隔10年左右就要发生一次这样的经济危机。进入20世纪，差不多每隔七八年就发生一次危机。1929—1933年经济危机最为严重，称为"大萧条"。

在华茶的严重受挫中，受灾难最深的是中国的广大茶民们。有一首记载于1910年《至德县志》[①]的民谣，鲜活地传递了那个时代中国茶民的悲惨遭遇：

> 三月招得采茶娘，四月抬得焙茶工；千箱捆载百舸送，红到汉口绿吴中。
> 年年贩茶嫌茶贱，茶户艰难无人见；雪中茗草雨中摘，千团不值一匹绢。
> 钱少称大价未赊，口唤卖茶泪先咽；官家榷茶岁算缗，赘胡垄断术尤神。
> 佣奴贩妇百苦辛，犹得食力饱其身。就中最苦种茶人。

二、英中茶叶贸易背后的尖锐冲突

我们已知，从17世纪到19世纪后期，中国成为世界各国进口茶叶的垄断供应者，销区遍及欧洲、美洲、亚洲、非洲、大洋洲。中国茶叶已经成为英国的主要输入品，每年要花数千万两白银去买中国的茶叶，英国的洋货却不能打动中国人的消费习惯，这种贸易上的不平衡使英国人把进口茶叶的目标更多转移在殖民地种植茶叶。同时，为抵抗中国茶叶在英国的压倒性销售，英国人出口鸦片给中国，1800年达2 000箱。1840年，鸦片战争爆发，中国以对英国中断茶叶销售的方法，抵抗英帝国主义的侵略，而英国人就更加力图要在其殖民地印度和锡兰发展茶叶生产，以此与中国抗衡。

英国在殖民地印度的种植史是和东印度公司的经济情况密切相关的。1833年，东印度公司华茶垄断权被剥夺了，所以他们更着急地要寻找茶叶种植地，目光首先就盯在了殖民地印度土地之上。1835年，布鲁斯兄弟为让东印度公司相信印度阿萨姆茶比中国茶更好，派专家到实地考察，结果一致认为，阿萨姆种是中国茶树的变种，品质劣于中国茶。他们首先派人往中国内地，收购大量的武夷山茶籽运往加尔各答[②]，还派了雅安的茶师去传习种茶。第二年派人到中国运来茶苗和茶籽，同年，英国人在阿萨姆州建立茶苗圃种植园，以后又源源不断引进中国茶种，终于试种成功。1838年，首批8箱阿萨姆茶叶运到了伦敦。1840年，英国在印度阿萨姆州成立了主营茶叶的阿萨姆公司。1848年，英国人福顿从中国内地购买茶苗，雇了8个中国茶人，到印度指导种茶。

---

① 《至德县志》：至德县在安徽省，今东至县。
② 加尔各答，当时是印度西孟加拉邦首府。位于印度东部恒河三角洲地区，是印度第四大城市。

1850—1851年，英国人又向加尔各答运去20万株茶苗，携去大批茶树茶具，并带去一批茶工。1852年，这批新的茶树开始获利，而从1853年开始，从印度运往英国的茶叶达到了23.2万吨。1871年，印度运往英国的茶叶达到了1 531.16万吨，比20年前增加了66倍。1872年印度输出茶叶2 000多万磅；1890年到1亿磅，增长4倍；1900年达到了2亿磅。与此同时，1893年英国迫使清政府订约《中英续约》①，允许印度茶叶销入西藏。

正是在这样的经济背景下，国外一些观点，提出了茶的原产地为印度，其科学性早就被殖民地的意识取代了。此种观点不但违背了科学事实，也深深地伤害了中国茶人的民族自尊心，因此，才有了1922年25岁的中国青年吴觉农东渡日本留学时写下的《茶树原产地考》。

三、低谷下的华茶文化

20世纪以来中华民族历史上的这一百年，灾难深重，也是中华茶文化史上最不幸的百年。在这个历史阶段中，社会每个阶层都失去了精神品饮的基本条件。国家分裂动荡，人们流离失所，两次世界大战和八年抗战，包括最高的统治阶层，无论就品饮茶的条件，还是心情，都已经丧失。执政者们不讲究喝茶，蒋介石执政时，提倡新生活运动②，其中代表性的一项新生活内容就是专喝白开水。由此可见，文人被剥夺了品饮的环境和心境，中国上层社会几乎已经失落了品茶传统。

然而，作为革命先行者的孙中山③，对中国茶业依旧有着特殊的指导和关注，不仅仅把品茶作为自己生活中的一种需要，而且上升到国家民族的高度来认识。在题为《三民主义·民生主义》的讲演稿中，他说："外国人没有茶以前，他们都是喝酒，后来得了中国的茶，便以喝茶来代酒，以后喝茶成为习惯，茶便成了一种需要品。"可见对于中国作为茶的原产地，孙中山先生是深为本国本民族对世界文明的贡献而自豪的。他把茶放到他提出的三民主义的民生主义格局中去考察，可见茶与国民、国家

①《中英续约》，即《中英天津条约》。
② 新生活运动：简称新运，指1934—1949年中华民国政府推出的公民教育运动，横跨八年抗战。该运动最后由中华民国政府于1949年内战失利"暂停办理"。
③ 孙中山：原名孙文（1866—1925年），字载之，号逸仙，谱名德明，幼名帝象，是近代中国的民主革命家，第一任中华民国临时大总统，亦为中华民国国父。

之间的重大关系。他曾经指出："茶为文明国所既知已用之一种饮料。……就茶言之，是最合卫生最优美之人类饮料。"在另一篇题为《建国方略之一·孙文学说以饮食为证》的文中，孙中山特意提到了茶的重要地位："中国常人所饮者为清茶，所食者为淡饭，而加以菜蔬豆腐，此等之食料，为今日卫生家所考得为最有益于养生者，故中国穷乡僻壤之人，饮食不及酒肉者，常多上寿。"在这里，孙中山先生把百姓的食谱，那淡饭粗茶为基调的食物看得那么美好，不但具备了精神上的美感、道德领域里的高尚，还具备了在实际生活中的养生保健的真正功用，担任了如此亲和的人类的朋友，是集精神与物质为一身的上佳饮品。

孙中山对当时中国的茶叶生产现状也深为担忧。在《建国方略之二·实业计划·粮食工业》一文中指出说："其（指茶叶）种植及制造，为中国最重要工业之一，前此中国曾为以茶叶供给全世界之唯一国家，今则中国茶叶商业已为印度、日本所夺，中国茶叶之品质，仍非其他各国所能及。……最良之茶，可自产茶之母国即中国得之……中国之所以失去茶叶商业者，因其生产费过高之故，在厘金及出口税，又在种植及制造方法太旧。若除厘金及出口税，采用新法，则中国之茶叶商业仍易复旧。在国际发展计划中，吾意当于产茶区域，设立制茶新式工场，以机器代手工，而生产费可大减，品质亦可改良。世界对于茶叶之需要日增，美国又方禁酒，倘能以更廉更良之茶叶供给之，是诚有利益之一种计划也。"孙中山这段对茶叶生产及流通的评述，至今看来，依旧专业精辟。

而彼时普通百姓的品饮习俗，已被严酷的现实生活击破。中国庞大的饮茶人群由市民组成，老百姓处在惶惶不安、流离失所的心情下，有闲心喝茶的人也越来越少。茶馆从某种意义上说甚至成为避难所，特别是抗战时期。汪曾祺[①]在其散文《昆明的茶馆》中，专门描述了当时的青年学生在茶馆喝茶读书的情景，甚至把脸盆牙刷都放在茶馆里，说明学子身无定居的状态。茶馆在某种意义上又多了政治意义，戏剧《沙家浜》[②]中的春来茶馆，不就是一个地下党的交通站吗？

---

① 汪曾祺（1920—1997年）：江苏高邮人。中国当代著名作家。以短篇小说和散文闻名。
② 《沙家浜》：中国在20世纪"文化大革命"期间由汪曾祺参与创作的一出京剧，被列为样板戏、红色经典之一。

反过来，政治给原来带有休闲性质的茶馆带来了严重的干扰，甚至影响到了茶馆的生存。有一首创作于民国年间的《茶馆小调》①，专门描述这个情况，歌中唱道：

图8-1　吴觉农青年时代像

　　晚风吹来天气燥呵，东街的茶馆真热闹，楼上楼下客满座呵，"茶房！开水！"叫声高，杯子碟儿叮叮当当，叮叮当当叮叮当当响呀！瓜子壳儿碎厉拍啦，劈里啪啦满地抛呵，有的谈天，有的吵，有的苦恼，有的笑！有的谈国事呵，有的就发牢骚。只有那茶馆的老板胆子小，走上前来细声细语说得妙：诸位先生！生意承关照，国事的意见少发表，谈起了国事容易发牢骚呵，引起了麻烦你我都糟糕，说不定一个命令你的差事就撤掉，我这小小的茶馆贴上大封条，撤了你的差来不要紧呵，还要请你坐监牢。最好是今天天气哈哈哈哈！喝完了茶来回家去，睡一个闷头觉……

　　从这首小调中，哪里还可以看得出品茶的悠闲，有的只是无奈的自嘲和毫无出路的苦闷心情。

　　以吴觉农为代表的知识分子们，则把自己的工作努力主要放在振兴华茶的不绝劳动上，表现在对新文化的关注，他们把茶运上升到国运的文化层面，吴觉农甚至因此把自己的名字吴荣堂改成吴觉农，希望自己的努力能对中国广大的茶农作出应有的贡献（图8-1）。

四、艰难跋涉的茶事进程

　　即便是在如此艰难的局势下，中国茶业依旧在顽强地前行着。中华人民共和国茶行业的大格局，重要的骨架部分，有不少是在晚清民国时期，由那些有良知、有担当的中国茶人建构起来的，我们不妨做一简要概述。

1. 对外贸易上的辉煌和衰退

1782年，清政府改组广州"公行"，十三行开始管理茶叶对外贸易；1821年，上

---

①《茶馆小调》：长工词，费克曲，作于1944年底。

海开始有绿茶贸易；1840年鸦片战争之后，中国五口通商，茶叶成为大宗的出口产品；而1843年，上海辟为通商口岸，中国茶叶外销，由广州改自上海等地出口；1868年，中国海关始有茶叶输出统计；1886年，中国茶叶出口达13.4万吨，创历史上最高纪录；但仅仅一年之后的1887年，中国茶叶从居出口第一位降为第二位，一枝独秀的局面从此改变。

2. 茶叶制作上的改良和创新

我们不妨以一组信息来传递那个时代茶叶制作的进步。1870年，福州始设砖茶厂；1876年，安徽祁门试制红茶成功，祁红声誉鹊起；1878年，汉口砖茶厂采用水力压制砖茶；1891年，九江始制小京砖茶；1896年，福州市成立福州机器造茶公司，是为最早之中国机械制茶业；1898年，《农学报·奏折要录》中载述福建茶商曾有人"至印度学习，归用机器焙制，去岁出口四万箱，获利甚厚"。

3. 茶叶教育的组织

1898年，萧文昭①建议：设立茶务学堂，讲究种植，尽地力和使用机器。经光绪批准，在通商口岸及产丝茶省份，迅速开设茶务学堂及蚕桑公院。旋即，这一教育改良举动因百日维新失败而告终。

1905年，中国首次组织茶叶考察团，由郑世璜②、周复率领茶工数人，赴印度、锡兰考察茶叶产制，回国时购得部分制茶机械，宣传机械制茶方法和先进产制技术。试验地设于南京。

1907年，中国茶业协会在伦敦成立；在南京钟山设立"植茶公所"；四川灌县开办四川通省茶务讲习所，该所后迁成都，改名为"四川省立高等茶叶学校"，学制3年。

1914年，云南省派朱文清去日本学习茶业，这是中国第一位公派学习茶业的留学生；1917年，长沙设立"湖南茶业讲习所"；1919年，浙江省派吴觉农、葛敬业赴日本

①
① 萧文昭：清光绪年间任刑部主事，长沙人。
② 郑世璜：清代官员，宁波道台。清光绪三十一年(1905年)以郑世璜为首，组织中国第一个茶叶考察团，赴印度、锡兰考察种茶、制茶、烟土税则事宜。回国后，写了考察报告，题为《乙巳考察印、锡茶土报告》。

留学；1920年，昆明设立"云南茶务讲习所"。1923年，安徽六安省立第三农业学校创设茶业专业。

1940年，在复旦大学教务长孙寒冰[1]和财政部贸易委员会茶叶处处长兼中国茶叶公司协理、总技师吴觉农的倡议和推动下，迁址重庆的复旦大学增设茶业系（科），由吴觉农兼任系主任，并于1940年秋开始在各产茶省招生．这是中国高等院校中最早创建的茶叶专业系科。

4. 现代茶叶机构的建立

1915年，中国在安徽祁门设立"安徽模范种茶场"，在四川宜宾设立"四川省立茶业试验场"，在浙江温州设立"永嘉茶叶检验处"，查禁假茶出口。

1923年，云南设立"云南省立第一茶业试验场"，台湾设立茶叶检验所；1928年，湖南安化设立"安化示范茶业场"。

1931年，中国制定茶叶检验规程，在上海、汉口成立检验机构，办理茶叶出口检验。

1932年，国民政府行政院成立"农村复兴委员会"，稻、麦、棉、丝、茶五项被列为中心改良事业。茶叶发展更为人们所关注。

1937年，中国实业部及安徽、江西、湖南、湖北、浙江、福建六产茶省政府及上海、汉口、福州诸茶商，联合组织了中国茶业公司，旨在提高茶叶品质，确定茶叶标准，改进茶叶产制运销事宜，以扩大贸易，复兴茶业。该公司总办事处设在上海北京路垦业大楼，并于6月1日正式开幕。

1938年，中国财政部公布茶叶出口贸易大纲，实行茶叶统购统销。同年，由吴觉农代表中国与苏联签订易货协定，指定茶叶为主要易货物资。同年，中国在香港设立华易公司，负责华茶交苏任务。中国茶叶就以这样的方式参与了伟大的抗日战争，以茶换得苏联武器，茶之功劳大焉。

---

[1] 孙寒冰：原名锡琪，又名锡麟、锡麒。南汇人。早年赴美国华盛顿大学留学，获硕士学位后，又入哈佛大学进修。回国后，历任复旦大学社会科学系主任、劳动大学经济系主任、暨南大学政治经济系主任兼教授。曾创办《文摘》杂志，并任黎明书局总编辑。民国二十九年(1940年)六月，日机轰炸重庆时罹难。著有《合作主义》、《西洋文艺鉴赏》，译有《价值学说史》、《政治科学与政府》、《社会科学大纲》等。

1938—1939年，中国在纽约、旧金山成立经理处，推销红、绿茶叶。

1939年，40余位国内知名的茶叶、昆虫、农业、森林、特作等专家到达贵州湄潭，代表国民政府经济部中央农业实验所和中国茶叶总公司，筹建国家级的茶叶科研生产机构——中央实验茶场。同年，浙江大学迁抵湄潭，与中央实验茶场共同组建贵州省立实用职业学校，培养了上百名茶叶和蚕桑实用技术人才。同年，毕业于法国巴黎大学的范和钧临危受命，至云南佛海，仅用9个月时间负责创办了佛海实验茶厂，并坚持边建厂边生产的方针，争分夺秒制作红茶、白茶和绿茶，远销香港、苏联和南洋各国，并保证了对藏紧压茶的供应。

1941年，由吴觉农领衔，在"东南茶业改良总场"基础上筹建了我国第一个全国性的茶叶研究所，所址设在福建省崇安县，1945年抗战胜利后停办。

1942年，浙、闽、皖、赣、湘五省推行茶树更新工作。

5. 中国台湾的茶事

1636年起，荷兰人就利用中国内地的商船，从福建厦门输入茶叶到中国台湾，并以台湾为转运站再运往伊朗、印度、印度尼西亚等国。而1645年殖民地巴达维亚总督则报告在中国台湾发现有野生茶树，这是台湾最早见诸史籍的野生茶树记载。

台湾茶事的兴起从清中期始，清嘉庆年间（1796—1820年）由柯朝从武夷带回茶种种在台湾北部栉鱼坑，是北部植茶之起源，而自道光年间始（1821—1850年），台湾茶商开始运往内地福州贩售。清咸丰五年（1855年），福建人林凤池由武夷山带回软枝乌龙茶苗移植于鹿谷乡冻顶村，其制茶工艺源自闽南，台湾冻顶乌龙茶的历史从此开始。1868年，杜德公司在台湾首建复焙茶厂，并由福州、厦门聘请专门技工，光绪年间（1875—1908年）张乃妙、张乃干兄弟又由福建安溪引进了铁观音茶种，种于木栅樟湖地区，台湾从此有了名冠天下的好茶。台湾销售台茶的历史也自此开始。1869年，宝顺洋行以两艘帆船载运21万斤乌龙茶由淡水直销纽约，大受欢迎，就此开启台茶直销欧美市场的大门，外商纷纷来设洋行外销台茶。1872年，台湾乌龙茶运往福州改制包种茶，包种茶的历史自此开始。

1895年，日本侵占中国台湾省，并在台湾大力发展茶叶。1902年，台湾设立机械制

图8-2　1915年美国旧金山巴拿马万国博览会金奖章

茶厂；1901年，台湾茶参加巴黎博览会。日本侵占50年期间，茶叶为主要出口产物，平均占全台湾出口值30%。

6. 茶叶的光荣

进入全球国际视野的华茶，在最屈辱的岁月也依旧保持着光荣的印记。继1910年，江苏碧螺春茶获南洋劝业会①金奖之后，1915年，在美国旧金山举行的巴拿马万国博览会②，中国送展的安徽省"太平猴魁"③、江西省"婺绿"④和浙江省"惠明茶"⑤，均获一等奖证书和金质奖章（图8-2）。大洋彼岸华茶的荣誉，给正在艰苦卓绝努力着的中国茶人带来了信心和鼓励。

1922年，吴觉农就曾呼吁说："中国茶业如睡狮一般，一朝醒来，绝不至于长落人后，愿大家努力吧！"纵观茶史，这百年来的艰辛跋涉，可用16个字形容：出我幽谷，上我乔木，茶兮叶兮，凤凰涅槃⑥。

---

① 南洋劝业会：鸦片战争后，清朝两江总督端方奏请朝廷在南京举办"南洋第一次劝业会"，"以振兴实业，开通民智"。清廷批准了奏请，南洋劝业会于1910年6月5日在南京隆重开幕。
② 巴拿马万国博览会：全称为"庆祝巴拿马运河开航太平洋万国博览会"，是美国国会为了庆祝巴拿马运河开航，于1915年在美国加利福尼亚州旧金山市召开的国际性大型博览会。
③ 太平猴魁：产于安徽黄山区的一种绿茶，名列中国十大绿茶，始创于1900年，1915年巴拿马万国博览会上，太平猴魁荣获一等金奖。
④ 婺绿：婺绿是指江西婺源的绿茶。
⑤ 惠明茶：浙江传统名茶，生产始于唐代，明成化十八年（1482年）被列为贡品，1915年获巴拿马万国博览会金质奖章，故又称为"金奖惠明"。
⑥ 凤凰涅槃：指凤凰在火中重生并得到永生，涅槃就是佛语中的死而复生。

第九章
继往开来的国饮
——共和国的茶之风貌

"以后山坡上要多多开辟茶园"。

毛泽东1958年9月16日，在安徽省舒城县舒茶公社指示

整个20世纪，对中国茶叶而言，可说是凤凰涅槃的悲壮过程。中华人民共和国的茶业事业，几乎是在1949年完全崩溃的情况下重新收拾的，其发展情况，大致可分为三个阶段：第一阶段为1949—1966年，在这个阶段里，前期中国茶叶与茶文化发展迅速良好，但1958年的"大跃进"①盲动，还是给茶叶经济带来很大的损害。1961年，中国度过了三年自然灾害之后，茶叶生产又开始了生机，到1966年，有了较好的恢复。第二阶段为1966—1976年的十年"文化大革命"大浩劫，茶叶生产基本处于停顿状态，但在中华全体茶人的努力之下，茶叶经济还是有了不少的进展。第三阶段，自1977年开始到现在，中国茶叶在世界上重新崛起。

一、凤凰涅槃的年代：1949—1966年

此一阶段的17年间，中国茶事大约有以下几个特点：一是国家行使对茶叶的管理，建立了相应的各级组织；二是国家建立和规范各级层面上的茶科研与茶教育机构；三是制定一系列茶叶生产标准，确立了大力发展茶叶生产的方针；四是一方面新

---

① "大跃进"：是指1958—1960年，在全国范围内开展的极"左"路线的运动，"左"倾冒进产物。

中国带来茶业的兴盛，另一方面极"左"思潮带来了茶叶生产的倒退；五是向海外尤其是非洲输出茶叶技术；六是无论上层社会、文人还是平民百姓，都到了历史上较少喝茶的阶段。

1. 国家行使对茶叶的管理权，建立了相应的各级组织

可以说，中国茶叶与时俱进的步伐是最迅速的。1949年10月，中华人民共和国成立，中国茶业的领军人物吴觉农先生作为政治组成员，进入全国政协，同时担任中华人民共和国农业部副部长。两个月之后的1949年12月，北京召开新中国成立之后的第一次全国茶叶会议，旋即成立了中国茶业公司，吴觉农亲任经理，并在各有关省市设立分公司。

两年之后的1952年，贸易部、农业部为了加强今后茶叶工作，对产销两部门的工作作了分工，茶叶生产、初制归农业部领导，茶叶收购、精制、贸易由贸易部领导。而极"左"思潮已经在茶叶领域里始露端倪，55岁年富力强正值壮年的吴觉农，却被要求辞去中国茶业公司经理职务，从此不再直接担任茶叶管理的领导人物。

1954年，全国实行预购茶叶协议，以中央人民政府对外贸易部为甲方，以中华全国合作社联合总社为乙方，由甲方委托乙方办理一切有关茶叶预购事宜。1960年，在北京成立"中国茶叶土产进出口总公司"，统管茶叶内外贸易业务。从这些组织机构的建立中，可看出国家对茶叶的重视和掌控程度。

2. 建立了规范的茶科研与茶教育机构

1940年建立的复旦大学茶业专修科在抗战和以后的内战期间，一度停止招生，直至1949年新中国成立之后，复旦大学茶业专修科恢复招生。1950年10月，在中国茶叶公司中南区公司的资助下，武汉大学创办茶叶专修科。1952年，上海复旦大学茶业专修科并入安徽大学农学院，而武汉大学茶叶专修科则调入华中农学院。与此同时，浙江农学院创办茶叶专修科。1954年10月，华中农学院茶叶专修科并入浙江农学院茶叶专修科。1955年，浙江农学院和安徽农学院茶叶专修科均改为茶叶系，同时招收四年制本科生。同年，浙江农学院茶叶系招收苏联留学生2名，这也是中国茶叶专业首次招收外国留学生。

茶叶技术干部的短期培训，一直就是现代茶学教育的一个传统。抗日战争期间，吴觉农就是运用这个手法，培养了许多茶人，他们几乎都成为新中国的茶业骨干。1950

年，中国茶业公司在杭州举办茶叶干部训练班，吴觉农亲自到杭州来讲话。以后，这样的短训班在茶学界经常进行，有力地辅助了茶学高等教育工作。

与此同时，一系列的茶科研机构也陆续建立起来。中国茶叶标准研究会在北京成立，开始着手研究中国茶叶分级及标准问题。1958年10月中国农业科学院茶叶研究所在杭州成立，蒋芸生[①]担任了首任所长。

1964年8月，中国茶叶学会在杭州成立，浙江农业大学副校长蒋芸生教授任第一任理事长。同年，中国茶叶学会编辑的《茶叶科学》创刊，刊名由朱德委员长题写。1965年，中国茶叶学会在福州召开"全国茶树品种资源研究及利用"学术讨论会。

3. 制定一系列茶叶生产标准和政策，确立了大力发展茶叶生产的方针

茶叶生产检验标准是1931年由吴觉农在上海主持建立起来的。1950年3月，在北京召开新中国成立后的第一次全国商品检验会议，制定及颁布输出茶叶检验暂行标准，与此同时，商品检验局在华东及中国其他一些地区举办茶叶产地检验。

1951年，在北京召开第二次全国商品检验会议，讨论修订输出茶叶检验暂行标准。1952年，中国颁布第一次修订后的输出茶叶检验暂行标准。1953年，全国商品检验局在武汉召开茶叶检验技术会议，修订茶叶输出检验暂行标准，并重点研究订立茶叶分级检验标准问题。1955年，中国颁布第二次修订的输出茶叶检验暂行标准。1957年1月，全国供销合作总社颁布《关于茶叶制造技术经济定额管理办法》，全国供销合作总社颁布省、直辖市间茶叶调拨办法。

4. 新中国带来茶叶的兴盛，极"左"思潮带来了茶叶生产的倒退

吴觉农与苏联政府之间的友好关系，可以追溯到20世纪30年代的访苏和抗战期间中苏之间"以茶叶换武器"的成功谈判，因此，1950年中苏两国签订了新中国成立之后的第一个贸易协定，中茶公司与全苏粮谷公司根据协定签订了全年的茶叶贸易合同。

1952年，贸易部对茶叶生产和收购工作发布联合指示，要求做好外销和内销工作，

---

① 蒋芸生（1907—1971年）：江苏安东（今涟水）人，我国现代园艺家、茶叶科学家和教育家。长期从事农业教育、科研工作。生前历任浙江农学院教授、茶叶系主任，浙江农业大学副校长，中国农业科学院茶叶研究所名誉所长，中国茶叶学会第一届理事长，浙江省茶叶学会第一、第二届理事长。

并保证兄弟民族的茶叶供应。

1954年，北京召开全国茶叶生产会议，确定"大力发展茶叶生产"的方针。从此，中国茶叶生产进入一个崭新的阶段。同年，农业部在杭州、长沙分别召开茶叶生产会议，重点讨论提高茶叶品质和茶叶改制等问题。

1955年，农业部、对外贸易部、全国供销总社联合召开全国茶叶会议，研究了茶叶生产的方针、任务、政策及主要增产措施。对外贸易部《关于茶叶收购价格情况和调高收购价格意见的报告》，经国务院批准下达执行。

1956年11月，国务院下达《关于新辟和移植桑园、茶园、果园及其他经济林木减免农业税的规定》，在没有收益时，一律免征农业税。

1957年，农业部和全国供销合作总社联合通知，继续进行茶叶收购。

1958年3月，农业部在杭州召开全国茶叶生产会议，提出了10年（1958—1967年）茶叶生产发展规划意见。半年之后的9月16日，毛泽东主席在安徽省舒城县舒茶公社视察时，发出"以后山坡上要多多开辟茶园"的号召。与此同时，茶叶生产的盲目跃进也已经开始。

1959年3月，中国农业科学院茶叶研究所在杭州召开第一次全国茶叶科学院研究工作会议，拟订了7项重点研究任务。同年11月，国务院颁发商品分级管理规定，茶叶被列为一类商品。

1960年2月，中国农业科学院茶叶研究所在杭州召开"第二次全国茶叶科学院研究工作会议"，着重讨论1960—1962年茶叶科研规划。一年之后的1961年2月，中国农业科学院茶叶研究所在杭州召开"第三次全国茶叶科学研究工作会议"，讨论茶叶科学10年远景规划。

1962年，中国改变内销高级茶和中级茶销售办法，对茶叶实行补贴价格的办法，以促进茶叶生产和收购。中央下达茶叶收购奖售办法，实行按质论奖，好茶多奖，次茶少奖。同年，山东省开展了"南茶北引"试验。

1963年，中国物价委员会发出《关于安排茶叶收购价格的通知》，各地仍按1962年牌价和价外补贴办法执行。同年，农业部召开全国蚕茶生产会议，总结经验教训，提出恢复茶叶生产的主要措施。

1964年，中央通知各产茶省（自治区），从1964年起，将茶叶的20%价外补贴改为正式价格。中央转发《关于国营茶场生产亏损的弥补问题》。在茶场亏损仍未扭转前，在一定时期内，可由地方财政按计划亏损企业给以补贴。

1965年，中央要求各地进一步加强茶叶、蚕茧、畜产品代购工作。决定收购分级红茶给予价外补贴。

5. 向海外尤其是非洲输出茶叶技术

中国对海外的茶叶技术输出，是建立在1955年中国对外"和平共处五项原则"的基本国策之上的。

20世纪50年代，邻国阿富汗①开始试种茶。1968年，应阿富汗政府邀请，中国派遣专家引入中国群体品种，成活率90%以上。

1958年，巴基斯坦②开始试种茶，但未形成生产规模。1982年，中国派遣专家赴巴基斯坦再度进行合作。

1962年，中国派遣专家赴几内亚③考察与种茶，并帮助设计与建设规模为100公顷茶园的玛桑达茶场及相应的机械化制茶厂。

20世纪60年代，玻利维亚共和国④最初从秘鲁引进茶种试种。20世纪70年代台湾农业技术团赴玻利维亚考察设计与投资，开始规模种植茶园。1987年应玻利维亚政府请求，中国派遣茶专家赴玻利维亚，帮助建设200公顷的茶场及相应的机械化制茶厂。

1962年中国政府开始了对马里⑤种茶技术的输出，派遣茶叶专家赴马里考察，并协助发展茶叶生产。马里是非洲最早独立的国家之一，气候酷热，马里人喝茶以煮茶方式为主，茶水极苦，需放上很多蔗糖和薄荷，所以，茶和蔗糖是马里的两大消费品。马里政府为减少外汇支出，决定自己种茶和甘蔗。中国派去了有经验的种茶专家，一

---

① 阿富汗：亚洲西南部的内陆国家，坐落在亚洲的心脏地区。人口2 900万，首都喀布尔。
② 巴基斯坦：位于南亚次大陆西北部，人口1.19亿，首都伊斯兰堡。
③ 几内亚：位于西非西岸，人口940万，首都科纳克里。
④ 玻利维亚：位于南美洲中部，人口902.5万，首都苏克雷。
⑤ 马里：位于非洲西部撒哈拉沙漠南缘，人口1 340万，首都巴马科。

年试种成功，三年后采了第一批茶。总统凯塔品尝后认为茶叶的质量上乘，让中国专家加工两筒专程送给好友毛里塔尼亚①总统达达赫，以实物说明中国是可以信赖的朋友。此举推动了正在犹豫不决的达达赫总统下决心与中国建交，并在20世纪70年代初用自身的经历，说服了5个非洲国家与中国建交。1965年应马里总统的请求，中国政府又分批派遣了茶农场专家，帮助考察设计与建设附有自流灌溉设施的锡加索茶农场和经过热源改革具有国际水平的年产100吨的绿茶厂。

今天非洲的茶叶，肯尼亚②茶叶种植面积和产量均占一半以上，乌干达、马拉维、坦桑尼亚、卢旺达、莫桑比克等20余个国家均有茶叶生产。

1983年，中国向朝鲜民主主义人民共和国③提供茶种试种，并在黄海南道临近的西海岸的登岩里成功种植。位于朝鲜半岛南部的韩国，种茶起源可以追溯到9世纪20年代，经过千年沧桑，茶叶生产粗具规模。

6. 无论上层社会，文人还是平民百姓，都到了历史上较少喝茶的阶段

在这一历史时期，全国上下都喝不到足够的好茶，也缺少兴致喝茶。另外，"大跃进"大大地伤了茶的元气，一直到60年代初刚刚开始修复，又遭遇"文化大革命"，整个行业并不真正景气，茶文化更呈现出严重的倒退状态。其中原因，一是国家在百年动荡中刚刚平复下来，元气大伤，上层人物尚没有以茶修身养性的闲情，整个国家由上至下不重传统品饮；二是文人在此一历史时期是受教育对象，公开聚众喝茶会引起诸多麻烦，个人品饮亦缺乏必要的条件和心境，因此茶馆越来越少，北京几乎没有什么大茶馆，其余饮茶的集中之地，也很少有高雅的品饮之处，茶文化的高端精神层面失去了展示的平台；三是普通百姓缺乏可以品味的好茶，因好茶基本上作为外销茶，成为国家外币的主要来源。

虽然如此，作为饮食文化重要内容之一的各民族民间饮茶习俗，依旧保留并蓄势待发。

①毛里塔尼亚：位于非洲撒哈拉沙漠西部，人口300万，首都努瓦克肖特。
②肯尼亚：位于非洲东部，赤道横贯中部，人口3 382万人，首都内罗毕。
③朝鲜民主主义人民共和国：位于亚洲东部朝鲜半岛北端，人口2 292.8多万，首都平壤。

二、在冬季等候春天：1966—1976年

此一阶段，总体上说茶叶的命运与国家民族的命运一样，也遭受了巨大的劫难，但茶叶工作者们，无论现状如何艰辛，都依然在勤恳工作，为中国茶叶的科技进步作着自己应有的贡献。1966年，国务院农林办公室和财贸办公室联合召开茶叶专业会议，贯彻"以粮为纲，多种经营，全面发展"的方针。1974年，农林部、商业部、对外贸易部在北京联合召开全国茶叶会议，讨论进一步发展茶叶生产、提高品质的任务和措施。1976年，中国茶叶总产量再次突破20万吨大关，超过斯里兰卡。

三、茶歌的此起彼伏：1977年至当下

改革开放以来，茶叶经济与茶文化发展的现状和远景的特点如下：一是茶叶生产发展方面，开始重视恢复和发展；二是开始了一系列茶文化方面的活动并成立组织，其中包括茶为国饮的提倡、茶文化组织的建立、茶文化产业的形成、茶文化学术活动的开展、茶文物古迹的保护、茶文化活动的举办、茶文化著作的出版等。

1. 茶叶经济、组织及活动方面

此一历史阶段的茶叶经济情况有了很大的进步，茶园面积从1950年的21.15万公顷发展到21世纪以来的118万公顷，增加了五倍之多。而茶叶产量的生产也从1950年的7.19万吨增加到2004年的近80万吨。茶叶出口量更从1950年的2.63万吨增加到2004年的28.2万吨。中国现有茶农八九千万人，加上相应人员，涉及人口1亿左右。目前，中国茶园面积居世界第一，产量居世界第二，出口量居世界第三，绿茶出口占世界贸易总量的70%。

1978年11月，中国茶叶学会在云南昆明召开第二次全国代表大会暨学术讨论会，会上选举产生了第二届理事会。王泽农当选为理事长，刘家坤、庄晚芳、李联标、沈其铸、贡惠英当选为副理事长。同年，商业部在浙江杭州筹建了杭州茶叶加工研究所。

1984年，中国茶叶出口量创当时的历史最高纪录，达13.9万吨。这是一个特别重要的数字，因为我们的民族过了整整98年（1886年）之后，终于超过了近百年前曾经到达的茶叶最高出口量13.4万吨。茶叶机构、组织、活动的完善与兴建，也在此时开始，

标志性的事件，便是在整整12年（1972年）之后，中国茶叶学会终于又开始了正常的活动。同年，商业部在郑州举办全国首届茶叶交易会，有29个省、自治区、直辖市的代表参加。这一历史阶段，出台了一系列发展茶叶的政策，1984年国务院颁布《中华人民共和国进出口食品卫生法（试行）》和《中华人民共和国红茶、绿茶卫生标准（国家标准GBN44—81）》。

1984年，中国茶叶流通体制实行重大改革，除边销茶继续实行派购外，内销茶和出口茶的经营实行议购议销，按经济区划组织多渠道流通和开放市场。同年，农业部全国茶树品种审定委员会在福建厦门召开茶树品种审定会议，认定首批国家级茶树良种30个。这些品种均系地方良种。

中国茶叶的国际交流有了长足进步。1979年1月，中国派出茶叶代表团，出席在日内瓦召开的联合国贸易发展会议。1980年，茶叶出口国会议在津巴布韦召开，会议要求联合国贸易发展委员会和粮农组织秘书处"对茶叶出口品质标准问题进行工作，以估计应用国际标准化组织（ISO）所提出的茶叶标准可能性及其有关问题"。同年10月，中国、印度、斯里兰卡、肯尼亚、印度尼西亚等五个主要产茶国在日内瓦参加了关于出口茶叶配额问题讨论会。

1981年4～5月，中国土产畜产进出口总公司首次在日本举办"中华人民共和国茶叶展览会"。

1982年3月，在浙江杭州举行中国首次专业性"茶叶出口交易会"，全国10个口岸公司参加洽谈，共接待欧洲、美洲、亚洲、大洋洲外商150余人。联合国贸易发展委员会第三次茶叶筹备会于5月在日内瓦召开，有17个茶叶生产国和26个消费国的代表出席。联合国粮农组织、欧洲茶叶委员会等均派代表出席了会议。

1986年，中国有10种优质名茶在10月的巴黎荣获当年国际美食旅游协会颁发的国际商品金牌奖——"金桂奖"。

一系列的茶事活动举办，茶行业的经济与文化组织如雨后春笋般建立，进入21世纪的前10年，更是在全球视野中，呈现出朝气蓬勃、欣欣向荣的态势。进入21世纪的2011年，中国茶叶种植面积达到211.25万公顷，产量达162.32万吨，均居世界首位。全行业总产值达1 430亿元，其中农业产值729亿元，一、二、三产业分别占比47∶42∶11。茶叶出口量达32.26万吨。

2. 开始了一系列茶文化方面的活动并成立组织

1983年，中华医学会浙江分会、中华全国中医学会浙江分会、浙江省茶叶学会在杭州联合召开"茶叶与健康、文化学术研讨会"，北京、上海、天津等8省、直辖市著名学者、教授、研究员和有关领导等参加。这是中华人民共和国成立茶学界以来最早把茶与文化结合起来的研讨活动。

1984年，停刊近20年的中国茶叶学会主办的学术性期刊《茶叶科学》，终于在当年的12月复刊。

1985年，根据著名茶学家庄晚芳教授倡议，在浙江杭州建成全国第一个以弘扬茶文化为宗旨的"茶人之家"，同时创办了《茶人之家》杂志。同年，彭真委员长会见日本茶道大师千宗室一行。

1986年，国务院学位委员会通过浙江农业大学茶学系为全国第一个茶学博士点。同时，批准张堂恒教授、阮宇成教授为博士生导师。

1987年4月，中国茶叶学会在北京举行大型茶话会，隆重庆祝该会名誉理事长、当代茶圣吴觉农先生90大寿，并编纂出版了《吴觉农选集》，全体到会茶人联合签名倡议成立中国茶叶博物馆。11月，中国农业科学院茶叶研究所在杭州主持召开"茶品质人类健康"国际学术讨论会。出席会议的有11个国家和地区的130余位科学家，收到论文105篇。

1991年5月，中国茶叶博物馆建成开馆（图9-1）。

进入21世纪，在杭州八大国家级茶叶机构①联合向全社会提出设立"全民饮茶日"的倡议。2009年始，在八家国字号茶叶机构的引领下，由杭州中国茶都品牌促进会具体牵头组织的全民饮茶日在谷雨之日正式开始。2012年，谷雨日的全民饮茶日在杭州茶文

---

① 在杭八家国字号茶叶机构分别为：中国茶叶学会，中国国际茶文化研究会，中国茶叶博物馆，中国农业科学院茶叶研究所，中华全国供销合作总社杭州茶叶研究所，国家茶叶质量监督检验中心，农业部茶叶质量监督检验测试中心，浙江大学茶学系。

图9-1 中国茶叶博物馆全景 祝梁基 摄

化研究会牵头提案后, 经市人大批准, 成为中国第一个茶的法定节日。

3. 茶业与茶文化事象的蓬勃发展

中华人民共和国成立以后, 中国茶业经济开始恢复和发展, 茶叶出口贸易不断增加。1978年改革开放后, 茶业经济大幅增长。从20世纪80年代中期开始, 随着茶业流通领域的改革, 茶业经济结构和茶类结构的调整, 名优茶的大力发展, 以及茶叶出口经营权的扩大, 中国茶业经济实力增强, 成为世界茶叶生产、出口大国。随后, 又积极地探索茶业产业化、现代化新途径, 把健康持续发展的茶业经济带入21世纪。

茶叶产区北延西扩, 新增了西藏、山东茶区和上海种植区, 茶园面积占世界茶园总面积的44.15%, 位居第一位; 茶叶产量占世界茶叶总产量的1/4, 居第二位; 内销量占世界茶叶总产量的15.40%, 居第二位; 出口量居世界第三位; 出口绿茶和特种茶量居世界首位。

科教兴茶促进发展，中国现有茶叶研究所15所，有10余所高校中设立茶学系（食品学系、园艺系），有的还培养硕士和博士，并接收国外的研究生。在高校改革中，茶学专业作为250种专业之一被保留下来。茶文化专业亦在中国一些高校建立，浙江农林大学的茶文化学院是目前国内外唯一一所茶文化本科教育学院。

扩大内需推动消费，中国许多大中城市中的茶叶店、茶叶公司和茶馆、茶楼、茶坊的兴起，推动了全国的茶叶消费。各地先后成立茶文化研究会、研究中心、促进会，多次举办茶叶节、茶文化节、茶文化研讨会、茶叶博览会、国际名茶博览会，兴建茶叶博物馆，大中城市涌现出众多茶艺馆，凡此种种都促进了新时期茶文化的发展，使茶叶消费持续增长。

21世纪是茶饮料的世纪，一系列的茶文化活动如火如荼，包括"茶为国饮"（图9-2）口号的提出；各地不少茶文化展示馆的建成开馆；各地纷纷举办茶文化节国际茶会和学术讨论会；各种新型茶艺馆在大中城市涌现；1975年在台湾诞生新型的茶艺馆；1990年在福建博物馆开办了大陆第一家茶艺馆——福建茶艺馆。目前，全国已有上万家的茶艺馆；新的茶艺师行业诞生，促进了茶艺表演事业的发展；茶具有了新的发展；茶文化景观成为旅游亮点；茶文化学术研究取得丰硕成果；茶文化专业杂志的出版；一批以茶事为题材的文学作品问世；茶文物古迹得到了保护；茶文化教育更加蓬勃兴起；一批茶文化研究团体成立，最有影响的为1992年在杭州正式成立的中国国际茶文化研究会。

图9-2 中国国际茶文化研究会名誉会长——刘枫题词

宝岛台湾此一历史阶段的茶事值得在此专门介绍。1980年以前，台茶以外销为主，随着台湾茶人对茶文化日益的重视，两岸茶文化交流的日益频繁，台湾对内地和本岛的内销市场崛起。1989年罐装饮料与泡沫红茶店兴起，给台湾地区抹上了一道亮丽的茶文化风景线。传统的茶馆越来越被时尚、风雅的茶艺馆取代。今天的台湾地区已成为大陆茶叶的主要销售窗口之一。

　　目前，中国茶叶已行销世界五大洲上百个国家和地区，世界上有50多个国家引种了中国的茶籽、茶树。中国是茶的故乡，中国为世界奉献了茶，让世界充满了茶的馨香。

第十章
21世纪的饮品
——世界茶叶地图

因为有茶喝要感谢上帝!
没有茶的世界真难以想像让人怎么活!
侥幸我自己生在有了茶以后的世界。

[英] 柯勒律治

当今世界茶文化概况有以下几个特点:一是物质基础的辽阔深远,茶叶种植面积跨度大;二是具有品饮茶习俗的国家与人数众多;三是茶文化已不再仅仅是东方文化,而是作为东西方共有的全人类的文化生产影响全球;四是各国各民族自身的茶文化精神特质越来越强,越来越承担起展示本国民族文化精神的使命。

一、世界茶叶经济概况

1. 世界茶叶生产概况

人类发现和利用茶叶已有5 000年的悠久历史,中国是公认的世界茶叶发源地,茶叶经历了从中国向世界其他国家和地区传播的漫长历程。

目前,全世界种茶面积约为250万公顷,茶叶总产量约为290万吨,其中,红茶产量约占总产量的75%,绿茶产量约占22%,乌龙茶等其他茶类约占3%。国际茶叶贸易量每年约为110万吨,出口茶叶较多的国家是印度、中国、肯尼亚、斯里兰卡和印度尼西亚。

世界茶叶生产大致可分为3个阶段:第一阶段是19世纪80年代之前,中国垄断着世界茶叶的生产和供应；第二阶段是英国等殖民地宗主国利用技术优势，在其殖民地印度、锡兰等国推行茶叶生产，使得中国在世界茶叶总产量中所占份额大幅度降低；第三个阶段是第二次世界大战结束以后，新中国成立后茶业迅速恢复和发展，其他欧洲的殖民地纷纷获得独立，以肯尼亚、印度尼西亚为代表的亚非茶叶生产国依靠当时最先进的技术和设备，迅速提高了生产率，甚至超过了老牌的亚洲茶叶生产国，使得世界茶叶生产结构再次发生重大改变，结束了少数产茶国一统天下的局面，茶叶生产逐步趋向了国际化。

2. 产茶国家及产地分布

目前，世界上有61个国家和地区从事茶叶生产，地理位置处在五大洲，北纬45°以南，南纬34°以北的地带，现介绍如下：

亚洲目前有20个，分别为：中国，印度，斯里兰卡，印度尼西亚，日本，土耳其，孟加拉国，伊朗，缅甸，越南，泰国，老挝，马来西亚，柬埔寨，尼泊尔，菲律宾，韩国，朝鲜，阿富汗，巴基斯坦。

非洲目前有21个，分别为：肯尼亚，马拉维，乌干达，坦桑尼亚，莫桑比克，卢旺达，马里，几内亚，毛里求斯，南非，埃及，刚果，喀麦隆，布隆迪，扎伊尔，罗得西亚，埃塞俄比亚，留尼汪岛，摩洛哥，津巴布韦，阿尔及利亚。

美洲目前有12个，分别为：阿根廷，厄瓜多尔，秘鲁，哥伦比亚，巴西，危地马拉，巴拉圭，牙买加，墨西哥，玻利维亚，圭亚那，美国。

大洋洲目前有3个，分别为：巴布亚新几内亚，斐济，澳大利亚。

欧洲目前有5个，分别为：格鲁吉亚，阿塞拜疆，俄罗斯，葡萄牙，乌克兰。

世界茶叶生产主要集中在亚洲，其中，年生产茶叶在万吨以上的主产国有21个。世界上出口茶叶最多的国家，包括中国、印度、肯尼亚、斯里兰卡、土耳其和印度尼西亚。除肯尼亚外，都是亚洲国家。据统计，亚洲的茶叶产量约占世界产量的80%；其次为非洲，约占13%。其他地区只占总产量的7%。主产红茶的国家有印度、斯里兰卡、肯尼亚、土耳其、印度尼西亚和格鲁吉亚等国。主产绿茶的国家有中国、日本、越南等国。近年来，印度尼西亚、印度、斯里兰卡等国也开始仿制中国绿茶。乌龙茶主要产在中国的福建、广东和台湾。

南亚的印度是目前全球出口茶叶最多的国家，茶叶种植面积为40多万公顷，年产茶叶70多万吨，其中70%供内销，30%左右供出口。全印度22个邦产茶，遍布北印度和南印度的广大地区。北印度的茶区主要有阿萨姆和西孟加拉两地。阿萨姆茶区是印度最大的茶区，面积和产量约占全印度的55%左右。印度主产红茶，印度的阿萨姆红茶和大吉岭红茶在世界上享有盛誉。

斯里兰卡是亚洲南部印度洋上的一个热带岛国，全国茶园面积20多万公顷，产茶20多万吨，绝大部分供应出口。茶业是斯里兰卡国民经济的重要支柱。茶园分布于山区，根据海拔不同有高地茶、中地茶和低地茶之分。高地茶品质最好，低地茶品质较差。为提高茶叶生产效益，斯里兰卡大力发展小包装茶、袋泡茶和速溶茶，同时也仿制中国绿茶。

肯尼亚是20世纪新兴的茶叶生产国，从1903年开始种茶，已成为世界第四产茶大国。茶区分布在赤道附近东非大裂谷两侧的高原丘陵地带，属高海拔地区。年降雨量多，气候温暖，非常适合茶树的生长，一年四季都可采茶。肯尼亚生产的茶叶全是红碎茶，而且一开始就引种良种，应用新工艺加工，红茶品质一直处于世界前列。

印度尼西亚位于亚洲东南部，地跨赤道，由13 700个岛屿组成，17世纪开始种茶，目前年产茶叶10多万吨，70%左右供应出口。主产红茶，近年来绿茶的生产量有所增长。

土耳其地处亚、欧两洲，19世纪末开始种茶，年产茶叶10多万吨，主产红茶。主要供内销，有部分出口。

日本自805年从中国引种茶籽开始已有1 000多年的种茶历史。全国有44个府县产茶，主要分布在静冈、鹿儿岛、奈良、宫崎、京都等地，其中，静冈是主产县，种茶面积约占全国的40%，产量占全国总产量的50%左右。全国种茶面积约5万平方公里，产茶约9万吨。主产蒸青绿茶，有玉露茶、煎茶、碾茶、玉绿茶和番茶数种，以内销为主。近数十年来，为满足市场需求，大力发展各种茶的罐装茶饮料。

二、全球茶文化概况

目前全球有160多个国家和地区的人有茶叶消费习惯。自20世纪90年代以来，世界茶叶的消费量一直稳定在250万吨左右，人均年消费茶叶0.5千克。世界茶叶消费格局随着社会的进步和人们生活水平的提高而发生变化，加之茶叶以其芳香、解渴、保健的特点受到人们越来越广泛的青睐。世界饮料专家预言，"21世纪将是茶饮料的世纪"。

茶文化已不再仅仅是东方文化，它在走向西方的同时，西方茶文化的品饮习俗也在悄悄地影响东方。其中日本人以清饮为主，形成作为国礼的日本茶道和作为日常饮用的生活饮茶；而韩国人在全国范围内讲究茶礼；东南亚各国大都喜欢乌龙茶、普洱茶与绿茶；西非和西北非人民则更喜欢甜味调饮，比如在绿茶中加薄荷、方糖；而中东地区饮茶习惯则是在红茶中加糖、柠檬等。欧洲、南美洲、大洋洲以及南亚等许多国家，主要崇尚在红茶中加牛奶、食糖，尤其是英国，有床茶、晨茶、午茶和晚茶。美国流行的则是冰茶。至于饮咸奶茶的国家，大多集中在中国北部接壤处，典型的为蒙古国。

1. 中国

中国是茶叶消费历史最久远的国家，饮茶已成为其文化的一部分。中国茶叶消费结构特点，南方以绿茶、乌龙茶为主，少量的花茶；北方传统饮茶以花茶为主，绿茶为辅，乌龙茶、绿茶发展迅速；西南以砖茶为主。随着人们生活水平的提高和对健康的渴求，保健茶发展快速；进入21世纪以来，乌龙茶、普洱茶、红茶异峰突起，成为风靡中国大江南北的风味茶。随着农村城镇化步伐加快及农民收入的提高，农村茶叶消费增长迅速，消费方式以散茶为主。近十数年来，罐装及瓶装的茶饮料已被国人普遍接受。

2. 英国

英国以喜爱饮茶闻名于世。英国每天消费1.6亿杯茶，根据国际茶叶委员会2002年调查，10岁以上的英国人中，71.3%的人有每天饮茶习惯，平均每人每天喝茶2.78杯，每天饮用的饮料中茶叶占37%。英国是非产茶国，消费的茶叶全部靠进口，主要从肯尼亚、印度、印度尼西亚、斯里兰卡和中国等国进口茶叶，是世界最大茶叶进口国之一。

3. 俄罗斯

俄罗斯为传统茶叶消费大国之一，也是当前世界最大茶叶进口国之一。早在17世纪就有中国茶叶进入俄罗斯，至20世纪，俄罗斯进口中国茶叶已达7万吨以上，1990年增至23.50万吨，20世纪后期直到21世纪初叶，一直在15万吨左右的较高水平徘徊，人均年消费量现在稳定在1千克左右，主要供应者为印度、斯里兰卡、中国、印度尼西亚、越南、格鲁吉亚。俄罗斯进口的茶叶90%是红茶，绿茶和其他茶类仅10%。

4. 巴基斯坦

巴基斯坦也是茶叶进口大国，进口量仅次于英国、俄罗斯，其茶叶市场有两个显著的特点：一是茶叶消费量一般随人口增加而增加，二是茶叶消费的群众性。在巴基斯坦，茶叶消费在普及程度上是任何饮料不可比拟的。20世纪90年代以来，巴基斯坦茶叶进口在11万吨左右，巴基斯坦主要消费红茶，主要进口国为肯尼亚、印度尼西亚、中国、印度等。

5. 美国

美国是世界主要茶叶进口、消费国之一，而且历史悠久。第二次世界大战以前，美国茶叶市场比较低迷，战后开始恢复，1977年进口首次突破9万吨大关。从1995年开始，美国每年的茶叶进口都在8万吨以上，2001年美国茶叶进口增至9.67万吨。美国几乎从所有产茶国进口茶叶，但是主要供应者是阿根廷、中国、印度尼西亚、印度等国家。

三、茶文化的精神性与展示性

茶叶起初传播于世界时，它的药理功能起着最显著的作用，随着世界人民对茶的越来越多的理解、体验，茶的精神性越来越突出，越来越代表了本国本民族的文化精华，不但注重了品饮的内容，也更加注重了品饮的方式。因此，茶也越来越具有了展示性，比如中国茶文化，日本茶道，非洲国家的饮茶习俗，英国的茶文化等。我们将在专门的章节里，对这些国家和民族的茶习俗进行介绍。

四、世界主要茶叶贸易组织及茶文化组织

1. 世界茶叶行业组织

（1）**联合国粮农组织茶叶协商小组（FAO Tea Consultation Group）** 设在意大利首都罗马，1969年10月由联合国粮农组织商品委员会建立，是一个协调世界茶叶生产、促进茶叶消费、稳定茶价的国际性茶叶协商性组织。

（2）**国际茶叶委员会（The International Tea Committee）** 1955年成立，会址设在英国伦敦，由印度、斯里兰卡、印度尼西亚、孟加拉、马拉维、肯尼亚、莫桑比克等7个产茶国政府代表和英国、澳大利亚、加拿大、津巴布韦茶叶协会以及欧洲共同体（EEC）茶叶委员会代表组成。经费开支由参加国政府分担。任务为收集和出版有关茶叶生产、进出口、茶园面积等世界性统计资料，定期出版《茶叶统计年报》（Bulletin of Statistics）。

（3）**欧洲茶叶委员会（European Tea Association）** 是欧洲共同体（EEC）国家建立的一个半官方、半民间跨国组织，总部设在德国汉堡（Hamburg）。除了协调欧洲共同体国家的茶叶质量指标（如咖啡碱、水分含量、灰分、茶红素、茶黄素等）和卫生指标（农药残留、重金属含量等）进行分析检验，该组织还制定茶叶中的各种标准和各种农药的最高残留限量（MRL）。

另外，世界各国也都有着自己的茶叶组织，比如非洲有中非茶叶研究基金会、肯尼亚茶叶研究基金会，亚洲有斯里兰卡茶叶研究所、南印度联合种植者协会茶叶研究所、印度尼西亚茶叶和金鸡纳霜研究所，在欧亚大陆有土耳其茶叶研究所。

茶叶贸易，英国有较大的两个行会组织，一个为英国茶叶协会（UKTA），为英国食品饮料联合会的下属机构，由茶叶包装商、购买商、生产商、经纪人和仓储商组成，其主席为企业代表，协会的主要职能是代表其会员企业与相关英国政府部门、欧洲政治团体、贸易法规的制定或执行机构保持联系，并提供有关建议和信息，代表英国茶叶行业处理有关茶叶来源、推销、包装等问题，向其会员提供法律、技术和商业等方面的服务。第二个茶业行会组织为英国茶叶委员会（UK Tea Council），1996年成立，主要由茶叶生产国联盟和英国茶叶包装商组成。生产国会员包括斯里兰卡、印

度、肯尼亚、印度尼西亚、马拉维和津巴布韦的茶叶局或协会；包装商包括联合利华（UNILEVER）等30家英国茶叶包装公司，其主要职能是代表茶叶生产国和生产商在全球推动茶叶的消费，通过宣传饮茶有益人体健康等促进茶叶市场的发展。虽然该会专职工作人员极少，但在英国茶叶市场促进方面发挥着相当重要的作用。

英国茶叶协会相对侧重于作为英国茶叶工业的代表，而英国茶叶委员会则侧重英国茶叶的市场促进，彼此会员之间有部分重叠，两个机构之间也保持着良好的合作关系。

2. 世界茶叶拍卖行组织

茶叶拍卖市场是茶叶全球流通的命脉。当前，茶叶拍卖是国际茶叶市场上最主要的交易方式。近30年来，70%的茶叶是通过拍卖市场成交的。世界茶叶拍卖市场的历史和现状表明：谁抓住了它，谁就能在国际茶叶流通中大显身手，后起之秀可打败老牌市场。

拍卖市场有以下8个方面的优越性：①公平、公开，以质量、品种、特色、供求关系获取合理的价格；②开放、统一，向所有供需方开放；③交易直接、交货迅速，有现货拍卖、异地上市交易、远期合约交易、到岸拍卖和在途拍卖（或称离岸拍卖）等形式；④交易面广、选择性大，凡是消费量大的国家，都到拍卖市场上采购茶叶；⑤成交量大、全年交易，红碎茶的75%，约70万吨在此成交；⑥信息灵通、价格合理、买卖自由；⑦合约买卖、风险共担，在保证金制度和统一结算制度下，大宗标准级茶叶可以买卖合约；⑧可交易相关物资，拓宽生财之路。

一般情况下，卖主的茶叶送到拍卖市场，编入目录、审评定价、制定货单送到买主手里，一周内就可到拍卖厅按号叫价。从采摘、加工、包装、运输到拍卖成交，一般20天，付款后一周之内到仓库提货。这样，大大缩短了生产销售周期，减少了周转损耗，节约了成本，保证了质量，并在最好价格上成交。

世界茶叶市场交易中心的地点，主要集中在印度、斯里兰卡和非洲的主要产茶国。1839年1月10日，英国伦敦出现世界上首次茶叶拍卖活动，世界茶叶贸易史从此揭开交易方式的新篇章。现介绍几所历史上和当下全球知名的茶叶拍卖行。

（1）英国伦敦茶叶拍卖行 英国不产茶叶，茶叶消费完全靠进口。早在17世纪的

1679年，东印度公司就在伦敦举行了第一次茶叶拍卖，可以视为英国茶叶进口和转口贸易的滥觞。从那时起，茶叶不但正式进入了英国，而且通过英国进入了其他欧洲国家，也进入北美。1839年，伦敦正式成立茶叶拍卖行，不但奠定了英国茶叶进口和消费大国的地位，也使英国成了世界茶叶贸易重要集散地。自1840年来，随着几乎独占东西方茶贸渠道的英国东印度公司的衰落、西方茶叶消费面的扩大、拼配包装商及其牌号商的崛起、南亚产茶区的发展，茶叶需求方十分关注货源稳定、质量多元化选择、减少不必要的中间盘剥、公平交易，生产方也希望以最快的速度、合理的价格销售产品并回收资金。在此背景下，地处世界主销市场中心和再加工中心的伦敦拍卖市场，曾有过长达100多年的黄金时代。1963年前，这个市场长年经销的茶叶占世界贸易量的30%。随着全球茶叶贸易格局的变化，伦敦茶叶拍卖行终于寿终正寝。

（2）**斯里兰卡科伦坡茶叶拍卖市场**　建于1883年7月，是当今世界最大的茶叶拍卖市场，近期占世界茶叶贸易量的20%，达20万吨，居全球之首，几乎垄断该国茶叶贸易。斯里兰卡茶叶总产量居世界第三位，但由于其出口的茶叶占95%，所以是全球最大的茶叶出口国，而出口的茶叶中又有95%以上通过科伦坡茶叶拍卖市场成交。科伦坡茶叶拍卖市场由科伦坡茶叶贸易协会管理，目前共有8家茶叶代理商，经常参加拍卖的买主（出口商）有30多家，由茶叶贸易协会协调，每家代理商拥有固定的茶叶供应厂（场），即每家茶厂（场）生产的茶叶只委托其中的2~3家代理商负责拍卖。茶厂（场）生产的茶叶必须在15~20天前把茶样（每只3千克）、编号及最低价等送至代理商。代理商再把各茶厂（场）送来的茶叶按茶号、生产厂家、规格、等级、批次、件数、重量、包装和存放地点等编制成目录，连同样品一并送至各有关公司，供审评定价。茶叶按存放地点的不同分成主拍（Mainsail）和辅拍（Exestate）。主拍的茶叶存放在茶厂内，由于茶叶新鲜，拍卖的价格相对也较高，而辅拍的茶叶因没有及时销售出去，已贮存到茶厂外的仓库内，所以拍卖的价格也稍低。

拍卖主持人来自各代理商。拍卖开始后，主持人按编制目录中茶号的顺序，首先叫最低价，欲购此茶的出口商们竞相出价，出价最高者为买主，拍卖速度极快，有时一只茶叶的拍卖时间仅几秒钟。成交后，买主必须在10天之内到指定茶厂或仓库提货。所以，茶叶从产出到装船出口一般仅需5～6周，最多也不超过两个月。斯里兰卡有一条不成文的规定，茶叶保质期为3个月，这使斯里兰卡红茶能保持鲜爽浓强的品质特点而深受消费者的好评。茶叶拍卖的费用较低，如拍卖辅拍的茶叶，除成本价外还需包括仓库租金、代理商代理费1%，茶场负担的茶叶税、保险及拍卖管理费等。如果是主拍茶叶，茶场无需负担仓库租金，费用可减少到仅为茶叶拍卖收入的35%。

（3）**印度加尔各答拍卖市场**　正式形成于1861年12月。1992年拍卖量为15万吨，曾是伦敦拍卖市场的附庸，后来成了削弱前者的因素。1961年百年庆典时，总理尼赫鲁亲临剪彩。

印度茶叶总产量居世界第一位，目前是世界上第三大茶叶出口国。拍卖是印度茶叶销售的主要方式，一般从茶叶采摘加工到拍卖市场交易只有20天左右。印度现在有权组织茶叶拍卖的公司有12家，有名的拍卖市场有科钦、库奴尔、哥依巴特、高哈第、西利古里。许多拍卖行在各拍卖市场又分别设立分支机构。印度政府规定，茶叶70%要进入拍卖市场，国外公司的经纪人和国内零售商一般都从拍卖市场中进货。

（4）**肯尼亚蒙巴萨拍卖市场**　年拍卖量为9万吨，垄断本国茶销量的90%，是东非经济舞台上的一颗明珠。

（5）**孟加拉国吉大港拍卖市场**　独占本国的全部茶叶贸易量。

（6）**印度尼西亚的雅加达拍卖市场**　也有较高的知名度。

3. 世界茶文化组织

许多饮茶国家都有茶文化组织。日本曾是茶文化组织最多的国家之一，他们的组织以"家元"为称，历史上便有里千家、表千家、小路千家等家元组织，当今代表性的有日本里千家坐忘斋宗室、里千家今日庵、茶道里千家淡家会、国际茶道文化协会、里千家学园茶道专门学校、日本中国茶协会、日本茶道塾、日本茶汤文化学会、日本中国茶普及协会等。

另具代表性的，韩国有韩国茶人联合会、韩国中华茶文化研究会、韩国陆羽茶经研究会、韩国茶人联合会和静茶礼院、高句丽茶文化艺术研究会、韩国茗禅茶人会、韩国中国茶文化学会、中国茶艺研究中心；马来西亚有国际茶文化协会；新加坡有茶艺联谊会；法国有里昂茶文化协会；美国纽约也有国际茶业科学文化研究会。

在世界各饮茶国家的茶文化组织中，中国的茶文化组织数量已占全球首位，其中，中国国际茶文化研究会在全球茶文化组织中，起着不可或缺的重要作用。

中国国际茶文化研究会（China International Tea Culture Institute，缩写为：CITCI），是由中华人民共和国农业部主管，经向中华人民共和国民政部登记的全国性茶文化研究团体。中国国际茶文化研究会是在1990年杭州召开的第一届国际茶文化研讨会上，由海内外茶学、茶文化和茶业经济界人士首先发起，于1993年11月正式批准成立的。研究会吸收具有一定学术地位和社会影响的团体，茶文化和茶业界以及社会相关人士为团体会员和个人会员，并聘请海外著名人士担任荣誉职务。

中国国际茶文化研究会的宗旨：广泛联系国内外茶学界和文化界，研究茶的历史和文化；开展文化学术交流，加强合作，增进友谊；倡导"茶为国饮"，加强社会文明，促进茶学和茶业经济发展，为促进社会主义物质文明和精神文明建设，构建和谐社会作出贡献！

近年来，世界茶文化讨论的问题越来越深入：一是更为关注世界茶叶传播与茶文化传播的路径；二是更多地关注中国茶文化与各个国家饮茶习俗之间的关系，尤其是不同人种不同洲际国家之间形成的文化嫁接融合以及反馈；三是对近现代茶文化史上中国与亚欧茶文化，尤其是与日本、欧美之间形成的关系的研究；四是对茶文化中养生保健作用与当代茶文化传播之间关系的研究；五是各国茶叶文献的整理与翻译工作；六是各国茶文化的展示与交流工作。

茶文化的魅力是无国界的。在全球化趋势越来越明显的文化境况之下，如何以茶的视野审视本民族文化与世界文化之间的关系，如何在世界茶文化的大格局中提升和发扬各民族茶文化的优秀传统，为人类进步起到更大更强作用，正是茶人的使命所在。

Tea Culture

品饮中国 · 茶文化通论

下卷

茶事像

第一章
茶之道
——从一盏茶中品味的人文教化

茶之为用，味至寒，
为饮最宜精行俭德之人。

唐·陆羽《茶经》

茶之道，即茶道，是茶文化的核心。何为茶道，茶道的定义、内容、影响，茶道在中国文化中的地位、茶道的现状与前瞻，都是我们必须要了解和掌握的关键内容，《品饮中国——茶文化通论》将阐释这一切。

一、茶道的提出

道，中国传统文化中形而上精神的终极表达，在此，我们可以简率的将"道"理解为一切事物的本元，或用现代语言表达，即最终极的真理。那么，将茶与道联系在一起，亦就是关于茶的最终极的真理。如此说来，茶道可以说是完全精神性的。但古往今来，人们对茶道的理解却各不相同，我们不妨从头溯源而起。

茶圣陆羽虽未直接提出过"茶道"二字，但他在《茶经》中写道："茶之为用，味至寒，为饮最宜精行俭德之人。"茶圣陆羽认为，谦谦君子如果头痛脑热、腰酸背痛，喝上几口茶，就如饮了琼浆玉露，立刻就来精神。这里，陆羽提出了以"精行俭德"来作为品茶精神，通过饮茶陶冶情操，使自己成为具有美好行为和俭朴高尚道德的人。后人以为，这"精行俭德"，便是陆羽对茶道的实际诠释。

图1-1 位于湖州的皎然塔

而"茶道"二字真正被隆重推出，最早是在唐诗之中，由陆羽亦师亦友的诗僧皎然①在《饮茶歌诮崔石使君》中所提。诗云："一饮涤昏寐，情思爽朗满天地；再饮清我神，忽如飞雨洒轻尘；三饮便得道，何须苦心破烦恼……孰知茶道全尔真，唯有丹丘得如此。"在此我们可以清晰地看到，随着饮茶过程的层层递进，饮茶人精神境界的步步提升。僧人皎然显然是调和了儒家的礼仪伦理和道家的羽化追求，三味一体成一盏，又与茶性融为一体，以此达到陶冶情操、修身养性、超然物外的人生境界（图1-1）。随后出现"茶道"二字的是中唐封演的《封氏闻见记》。他在"饮茶"一节中描述了中唐饮茶习俗传播之后茶道之面貌："有常伯熊者，又因鸿渐之论广润色之，于是茶道大行。"常伯熊是陆羽之后习茶的代表性人物，此处的"茶道"更接近茶艺。

从上述文献可知，在《茶经》中，已经确立了茶道的表现形式与内在精神，只是尚未有命名。是皎然赋予了茶道的名实，而封演则进一步描述了茶道在唐时的发展境况，茶由此渗透了深厚的人文精神，成为中华民族的精神花朵，在华夏大地生根开花结果，以独特的茶文化形式流传了下来。

---

① 皎然（720—792年），唐代诗僧。俗姓谢，字清昼，吴兴（现浙江省湖州市）人。南朝谢灵运十世孙。活动于大历、贞元年间，有诗名。他的《诗式》为当时诗格一类作品中较有价值的一部。其诗清丽闲淡，多为赠答送别、山水游赏之作。

二、茶道的定义

关于什么是茶道，古往今来茶人有着许多各自不同的认识。20世纪30年代的大文化人周作人的定义算是其中代表性的一种。他以为，茶道的意思，以平常心出发表述，可以称作为忙里偷闲，苦中作乐，在不完全现实中享受一点美与和谐，在刹那间体会永久。

而在当代，关于茶道的定义更为缤纷多彩，大致归纳如下：

当代茶圣吴觉农认为，茶道是把茶视为珍贵、高尚的饮料，因茶是一种精神上的享

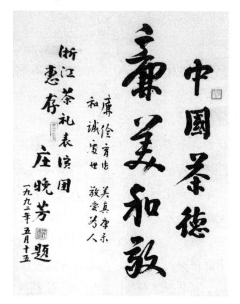

图1-2 庄晚芳 茶德

受，是一种艺术，或是一种修身养性的手段。茶界泰斗庄晚芳以为，茶道是通过饮茶的方式，对人民进行礼法教育、道德修养的一种仪式。中国茶道的基本精神为："廉、美、和、敬"，具体解释为"廉俭育德、美真廉乐、和诚处世、敬爱为人（图1-2）。"茶学及茶文化学专家姚国坤对茶道的定义为：通过饮茶方式，对人们进行礼仪教育，道德教化，直至正心、养性，健身的一种手段，是中国茶文化的结晶，是生活、艺术的哲学。茶文化研究学者陈香白以为，中国茶道包含茶艺、茶德、茶礼、茶理、茶情、茶学说、茶道引导七种义理，中国茶道精神的核心是"和"。中国茶道就是通过品茶过程，引导个体在美的享受过程中走向完成品格修养，以实现全人类和谐安乐之道。文化学者王玲女士则指出，所谓茶道，就是以儒、释、道诸家融合而成的品茗艺术精神。茶文化研究学者陈文华认为，茶道是品茗的哲学，是品饮茶之过程中体现与感悟的精神境界、道德风尚、处世哲学与教化功能。茶文化专家林治总结茶道精神，以为"和、静、怡、真"为中国茶道的四谛。"和"是中国茶道哲学思想的核心与灵魂；"静"是中国茶道修习的方法；"怡"是中国茶道修习的心灵感受；"真"是中国茶道终极追求。

创立了日本茶道的日本茶人，亦对茶道做出了自己的体悟和解释。其中谷川彻三

以为，茶道是以身体动作作为媒介而演出的艺术，它包含了艺术的因素、社交因素、礼仪因素和修行因素等4个因素。而久松真一则以为，茶道文化是以吃茶为契机的综合文化体系，它具有综合性、统一性、包容性，其中有艺术、道德、哲学、宗教以及文化的各个方面，其内核是禅。熊仓功夫认为，茶道是一种室内艺能，它通过人体的修炼达到陶冶情操、完善人格的目的。仓泽行洋则总结说，茶道以深远的哲理为思想背景，综合生活文化，是东方文化之精华。道是通向彻悟人生之路，茶道是至心之路，又是心至茶之路。

中外茶文化学者以各自对茶的研究与领悟为出发点，得出如此之多不同的定义，丰富和深入了人们对茶道的认识理解。

本书著者对茶道亦做出了简约的定义——茶道，即以"中和"为核心的关于茶的人文精神及相应的教化规范。

三、茶道的内容

中国是茶的故乡，亦是茶文化的源头及茶道的滥觞。因此，诠释茶道的前提，首先是把茶道界定在华夏文化圈的范畴之内，然后扩及东方及世界与茶有关之民族。

茶文化是中国传统文化之精华，其来源脱不开中国传统文化背景，其内容组成部分主要由儒、释、道三家构成。其中，儒家作为中国封建社会两千年来统治阶级的主流文化意识，以"仁"为核心，以"礼"为规范，儒家文化构成茶文化的主体。道家作为中华民族的本土文化，视自然为道，以"得道成仙"为修行方式，将茶视为灵丹妙药，对茶文化的贡献，在于达观乐生、养生的生命态度。佛教文化自汉代从西域传至中土，与茶相结合，呈现出特有的茶禅一味精神：供茶悟禅，以禅入茶，茶禅互补，视其为一种修心、养性、开慧、益思的手段，传达饮茶与禅境的交融，茶味与禅意的融合。三家中，儒家通过茶寻求人与人、人与社会之间的真理，道家通过茶寻求人与自然之间的通途，佛家通过茶开启人与身心的灵魂之门。这些由先人积累与沉淀下来的精神遗产，作为文化命脉，至今还滋养着我们。

必须注意到的是，华夏诸多饮茶民族对茶有着自己特有的理解。茶从古巴蜀的崇山峻岭中走来，其生命形态与西南少数民族间的生存形态相依相存，比如德昂族①认为茶不仅生育了日月星辰，也生育了人；又说茶叶有100片叶片，50片单叶变成50个小伙子，50片双叶变成50个姑娘，相互通婚才生育了人类。可见作为人祖，茶在人类发展史上也有过十分荣耀的地位。因此，茶在这些民族心中，是创世纪的祖先，是他们的图腾，保护神，其精神意义十分重大，他们同样构成了中华民族的传统文化精神，与各族人民共同建架起中国茶道的精神内涵。

1. 儒家文化与茶

儒家本为中国春秋时期的一个思想流派，儒之本意，最初指的是冠婚丧祭时的司仪，由春秋末期鲁国思想家、教育家孔子创立，后来逐步发展为以仁为核心的思想体系。儒家的学说简称儒学，是中国古代的主流意识流派，自汉以来在绝大多数的历史时期作为中国的官方思想，至今也是全球华人的主流思想基础。儒家学派对中国、东亚乃至全世界都产生过深远的影响，是中国社会一般民众的核心价值观，并在世界上成为中国文化的代表和民族传统的标记。

中国茶文化的滥觞起始于儒家学说的核心"仁"，其表现方式具备"仁"的呈现"礼仪"性，茶人的精神道德诉求是成为"君子"。可以说，中国茶文化最高层面的精神事像，是由儒家学说作为文化支撑的。

什么是礼？礼，就是顺应人情而制定的节制的标准，是封建时代维持社会、政治秩序，巩固等级制度，调整人与人之间的各种社会关系和权利义务的规范和准则。周朝初年，武王伐纣灭殷，周公旦在殷礼基础上重新制定礼乐，从此，礼作为一种较为严格的社会制度确立。

礼是需要在生活中操作的。《论语》记载，孔子曰："生事之以礼，死葬之以礼，祭之以礼。"而生活中的茶则是茶的最基本形态。在中国人的重要生命阶段，包括出生、订亲、结婚、生孩子满月、祝寿等中间，茶不可或缺，无处不在，大致包括了以下一些方面：

---

① 德昂族，又名崩龙族，中国少数民族之一，主要散居在云南省德宏傣族景颇族自治州的潞西县和临沧地区镇康县。

（1）**客来敬茶**　茶礼在生活中的发展，逐渐演变成一种协调人际关系，进行社交往来的规范程式。而在中国逢年过节的茶话会、社交场合上，无酒可成席，无茶不成席，其教化功能，早就融入了其乐融融的一杯茶中。

客来敬茶的礼仪从何时确立，可从文献中寻踪。我们已知汉代《桐君录》中有记载说："南方有瓜芦木，亦似茗，至苦涩，取为屑茶饮，亦可通夜不眠。煮盐人但资此饮，而交、广最重，客来先设，乃加以香芼辈。"这段文字强调了客来敬茶的过程。说交州和广州很重视饮茶，客人来了，要先用芼茶来招待，可见茶在汉代已经作为待客之礼了。西晋，敬茶已成皇家礼仪。文献记载，晋四王起事，"惠帝蒙尘，还洛阳，黄门以瓦盂盛茶上至尊"[①]。说的是晋代四王政变的时候，惠帝出走避难，回到洛阳时，侍臣以瓦碗盛茶奉于皇帝。天子落魄归来，服侍他的近臣拿不出精美的茶器，但端个瓦盂，里面盛了茶，君臣之道也就实现了，可见茶在礼仪中的确已经成为非常高贵的饮料，对茶器也已经有了相应的标准。

数千年的历史进程中，客来敬茶的史料记载可说比比皆是。以茶为礼，在数千年文化传统中，已经成为中华民族不言而喻的生活常态，是各阶层、各民族最普通的待客之道，传沿至今，成为中华国饮的最基本内容和形态。

（2）**以茶祭祀**　以茶润生，亦以茶怀逝。我们已知南朝齐世祖遗诏命其灵床贡茶以祭；我们也已知道，在20世纪70年代湖南长沙马王堆汉墓的发掘中，曾发现一箱随葬的茶叶，上写"槚笥"二字，就是盛茶的箱子；湖北江陵的马山西汉墓群发掘时，也发现了一箱茶叶。这些茶叶随葬品反映了茶在贵族生活中的地位，说明在汉代的湖南地区，很有可能已经开始有了饮茶习俗，至少，已是一些达官贵人的必需之品。至迟不超过汉代，茶进入贵族阶层，作为重要的祭祀用品。自此开始，以茶祭祀就成为我们中华民族的重要礼仪。

而晋代《异苑》上的这则故事则以另一种方式告诉人们茶的灵性："剡县陈务妻，少与二子寡居，好饮茶茗。以宅中有古冢，每饮辄先祀之。二子患之曰：'古冢

何知？徒以劳意。'意欲掘去之，母苦禁而止。其夜，梦一人云：'吾止此冢三百余年，卿二子恒欲见毁，赖相保护，又享吾佳茗，虽潜壤朽骨，岂忘翳桑之报。'及晓，于庭中获钱十万，似久埋者，但贯新耳。母告二子，惭之，从是祷馈愈甚。"

活人以茶祭祀不相识的古人，结果竟然在现世得到了巨大的好报。故事想要告诉人们，茶的祭祀有着多么美好的现实意义。以茶祭祀之礼，直到今天依旧。清明扫墓，除夕祭祖，一盏清茶，慎终追远。

（3）以茶修德 刘贞亮①是中唐时期一位颇有名气的茶学家，他在前人总结的饮茶功能基础上提出了"茶德"之说，并列举出茶的"十德"，即散郁气、驱睡气、养生气、除病气、利礼仁、表敬意、尝滋味、养身体、可行道、可雅志。茶十德包含了茶叶对生理及精神方面的功效，其中"以茶利礼仁"，"以茶表敬意"，"以茶可雅志"，"以茶可行道"，此4条纯粹是谈茶的精神作用，是以儒家学说为其文化背景的。

修身齐家治国平天下，从来就是儒生的最初起点和最终目标。以茶修身，意义不仅在养性，更在天下。故苏东坡在《叶嘉传》中，以拟人手法，把茶作为一名叫叶嘉的君子来赞美，说："嘉以布衣遇天子，爵彻侯，位八座，可谓荣矣。然其正色苦谏，竭力许国，不为身计，盖有以取之。"《叶嘉传》铺陈茶叶历史、性状、功能诸方面的内容，其中情节起伏，对话精彩，读来栩栩如生，一位心怀天下的正人君子形象跃然纸上。

茶的这种人文精神超越时空与疆域，成为人类共同的美好精神。20世纪50年代初，前苏联女诗人阿赫玛托娃应著名汉学家、前苏联作协书记费德林之约，共同翻译中国伟大诗人屈原的诗作《离骚》。费德林为她沏出一杯中国龙井茶，阿赫玛托娃目睹茶叶从干扁经过浸泡成为鲜绿的茶叶，说"……的确，在中国的土壤上，在充足的阳光下培植出来的茶叶，甚至到了冰天雪地的莫斯科也能复活，重新散发出清香的味道"。阿赫玛托娃在第一次见到和品尝中国茶的瞬间，就深刻地感受茶的生命。从最

---

① 刘贞亮（公元？—813年）：唐朝宦官，原名俱文珍，曾任宣武监军。德宗贞元末期成宦官首领，宪宗时，刘贞亮官至右卫大将军，知内侍省事。

新鲜的春意盎然的枝头采下的绿叶，经受烈火的无情考验，失去舒展的身体和媚人的姿态，被封藏于深宫。这一切，都是为了某一天，当它们投入沸腾的生活时的"复活"。茶，是世间万物的复活之草！

从物质形态来看，茶外观美丽大方，却不张扬，是绿色环保植物；而茶汤的滋味隽永清香，回味无穷，与人的生理产生着美好的共鸣；茶通过茶礼建立起了人与人之间的亲和关系，客来敬茶的这个"敬"字里包含着和的姿态，是一个主动示好的动作。这个姿态的发扬光大，使其几乎成为中国每一个民族的美好习俗，并延伸为更丰富的内涵。以茶聘婚，象征家庭和睦；以茶祭祀，以表达对神灵先祖的敬仰；节日的茶话会，建立起了一个群体之间人与人之间的祥和。尤其是天人合一的精神境界中，茶起到一个最为畅通无阻的媒介。

儒家文化的教化精神实践、礼仪程式设置与内心道德诉求，自春秋至秦汉以后历史阶段的茶事中亦不断呈现。客来敬茶，以茶祭祀，以茶修身，展示了时代中人们的政治理想、文学情怀、生命体验与茶之间的关系。以礼达仁，是儒家文化对茶道的最大贡献。

2. 道家文化与茶

道家文化是由老庄学说为理论根基的中国本土文化，它以崇尚自然，返璞归真为主旨，主张天人合一，与物同乐。道家对生命的热爱，对永恒的追求，都深深地渗透在其自然观中。而茶，作为大自然的象征之物，亦得到了道家文化的推崇。

道与茶的关系，首先当从茶的药理性说起，这可以从茶被神农发现的传说中得来。传说中茶的始祖神农，在道教中被认为是太上老君点化的弟子。《太上老君开天经》[①]中说："神农之时，老君下凡为师，曰大成子，作《太微经》，教神农尝百草，得五谷，与人民播植，遂食之，以代禽兽之命也。"道家要长生，要炼丹，怎会忘记茶的功效。让太上老君当了发现茶的神农的老师，是从根源上把茶与道联系在一起了。

---

① 太上老君开天经，简称《开天经》。经文论述太上老君创造宇宙天地万物及人类之历史。谓天地开辟经历洪元、混元、太初、太始、太素、混沌、九宫、元皇等阶段，人类社会亦经历三皇五帝及夏商周三王统治。老君历世皆变化下降，传经授法，治理天下。

　　道家是把人完全放在自然中的，以为人本是自然一部分，生存便有其自然属性，道家的气功和炼丹便是开发人的自然潜能。宗教大多都鼓励人们追求死后天国的乐园生活，而道教却无比的热爱生命，认为光阴易逝，人生难得。因为道教爱生命，重人生，乐人世，以人的肉体在空间与时间上的永恒生存作为最高理想，故茶的养生药用功能与道家的吐故纳新、养气延年的思想相当契合，他们通过茶滋养身体和心灵，并从中得出生命终极意义的精神领悟。

　　茶长在深山阳崖阴林，这与道家得道须成仙的修道途径又非常契合。所谓"仙"，《释名》①"释长幼"云："老而不死曰仙，仙，迁也，迁入山也。"一幅题为《雪山江水隐者图》的古代画作，上面就提了这样两句诗："道人家住中峰上，时有茶烟出薜萝。"道教认为只有尽早修仙，才能享受神仙的永久幸福和快乐。理想的成仙修道环境，应是白云缭绕，幽深僻静，脱俗超尘，拔地通天的名山。而好山好水，必出好茶。传说中的神仙丹丘子为上山采茶的百姓指引大茶树的生长地，道家人物葛玄在天台山种下茶圃，许逊②为生病的山里民众以茶治疗。道人不但种茶喝茶，还亲自制茶甚至卖茶，有一首明代诗人施渐所写之诗，题为《赠欧道士卖茶》，讲述的正是这一情景："静守黄庭不炼丹，因贫却得一身闲。自看火候蒸茶熟，野鹿衔筐送下山。"此诗活生生地画出了一幅道人制茶下山卖茶的生活图景。

　　火与茶的关系与道教修炼方式有着深刻的内在关联。在中国的儒释道三家修为中，唯有道家是带着火炉修炼的，这恰恰和品饮茶的方式——热饮相契。由此，一个标志性的器具，如一枚印记，深深打在道家文化和茶文化之上，那就是我们习以为常的风炉。

　　炉，是道家文化须臾不可或缺之物，同样，也是茶文化的不可或缺之物。火的概念和温度的概念，在道家与茶而言，可谓同样的重要。品茶必须热饮，道教炼丹也必须生炉，这两者方式的一致，必然会相互促进，相互影响。

①《释名》，东汉末年出现的一部专门探求事物名源的佳作，作者刘熙，北海（今山东昌乐）人，生活年代在桓帝、灵帝之世，曾师从著名经学家郑玄。
② 许逊（239—374年）：字敬之，豫章南昌人，东晋道士，净明道派尊奉的祖师，相传著有《灵剑子》等道教经典。

道家与儒家、佛家一样，在其信仰形态中，少不了茶的浸润。道家文化与饮茶习俗形成的关系，深刻地影响了茶文化的发展，乐生养生，是道家文化对茶道的最大贡献。

3. 佛教文化与茶

　　佛教于公元前6世纪，由佛祖释迦牟尼创立于古印度，佛陀的教育，是佛让人们止恶扬善、自净其意的教法，两汉之际传入中国，很快在中土传播开来。

　　僧人嗜茶，与其教义和修行方法有关。茶能清心、陶情、去杂、生精。具有"三德"：一是坐禅通夜不眠；二是满腹时能帮助消化，轻神气；三是"不发"，即能抑制性欲。而中国禅宗的坐禅，很注重五调，即调食、调睡眠、调身、调息、调心，所以，饮茶最符合佛教的生活方式和道德观念。

　　唐代佛教的兴盛，是已经孕育在中国文化子宫中的茶文化能够形成的重大原因。佛教文化和茶文化的紧密结合，是唐代茶文化的重要特征。唐代佛教各宗相继形成，尤以禅宗独盛，修行人喝茶坐禅之例很多，形成了"茶禅一味"的和尚家风。传说菩提达摩自印度东使中国，誓言以9年时间停止睡眠进行禅定，前3年达摩如愿成功，但后来渐不支终于熟睡，醒来后达摩羞愤交加，遂割下眼皮，掷于地上，竟然生出茶树，达摩采食树叶，立刻脑清目明，方得以完成9年禅定的誓言。虽然这只是一个传说，但其中有茶的特性，茶叶提神的效果，茶禅一味的渊源亦可窥见一斑。

　　所谓的茶禅一味，应当就是茶性与禅意相互渗透而形成的修心、养性、开慧、益思的意境与手段。茶禅，这两个分别独立的存在通过悄然互渗合二为一，它是法语，是机锋，是禅意，有着难以由逻辑推理到达的认识与把握，是一个容量很大、范围很广、内容丰富的文化境况。究其展现内容，大约有以下几点：

　　（1）茶与农禅的相结合　　唐代怀海禅师[①]居江西百丈山，作《百丈清规》[②]，确立茶在佛门的地位，为禅意的修炼建立牢固深远的物质基础。其中，有对茶礼的规制，包括以茶敬佛的奠茶、化缘时的化茶、接待僧俗时的普茶。从此，佛家茶礼正式

---

① 百丈怀海（749—814年）：俗姓王，名怀海，福州长乐人，唐朝禅宗禅师，为马祖道一门下，承继洪州宗禅法。因居洪州大雄山百丈岩（今江西宜春市奉新县）另创禅林。不久四方禅客云集，以沩山灵、黄檗希运为上首，于是百丈丛林门风大盛。穆宗长庆元年（821年）敕谥大智禅师。
② 禅宗六祖慧能三世徒百丈怀海制定的丛林清规，世称古清规。

出现。在"农禅"思想指导下，僧侣因地制宜，种植茶树与五谷，以自食其力，即便是德高望重的大禅师也亲自参与。通过农禅，寺院还把茶叶投入市场，进行商品交换，往往还能使茶成为寺院经济的支柱。

（2）**茶与修行坐禅的相结合**　禅宗浸染的中国思想文化最深，它形成了以沉思默想为特征的参禅方式；以直觉顿悟为特征的领悟方式；以凝练含蓄为特征的表达方式。在禅林公案中，茶与佛教的开悟顿悟相通达，并发生根本性的转变，往往以赵州禅师①的"吃茶去"为例。一人初到赵州禅院，禅师问："你来过这里吗？"回答说："来过。"师曰："吃茶去！"后又有人至，师同样问之，那人答曰："没来过。"师又曰："吃茶去！"一旁的院主不解的问："为什么到也说'吃茶去'，不曾到也说'吃茶去'？"师仍云："吃茶去！"

赵州禅师三称"吃茶去"，意在跳出寻常的生活逻辑，消除人的妄想，这是典型的以佛家机锋方式来开悟的"茶禅一味"。

（3）**茶与平常心相和**　何谓"平常心"？按佛教典籍《祖堂集》②的说法，即"遇茶吃茶，遇饭吃饭"。饮茶为禅寺制度之一，寺中设有"茶堂"，相当于接待厅，是客来敬茶的地方；还要有"茶头"，那是专管茶水的僧人；还有饮茶时间，茶头按时击茶鼓召集僧众敬茶、礼茶、饮茶。如此，喝茶成为和尚家风，日常生活天经地义的一部分。故宋代释道原《景德传灯录》③卷一十六如实记载道："晨起洗手面，盥漱了吃茶，吃茶了东事西事，上堂吃饭了盥漱，盥漱了吃茶，吃茶了东事西事。"平常自然的生活禅，这是参禅的第一步，也是更高的境界。

（4）**茶事活动与禅宗仪礼相契**　茶在禅门中的发展，由特殊功能到以茶敬客乃至形成一整套庄重严肃茶礼仪式，最后成为禅事活动中不可分割的一部分，最深层的

---

① 赵州禅师（778—897年）：法号从谂，禅宗六祖慧能大师之后的第四代传人。唐大中十一年（857年），80高龄的从谂禅师行脚至赵州，受信众敦请驻锡观音院，弘法传禅达40年，僧俗共仰，为丛林模范，人称"赵州古佛"。
② 《祖堂集》在中国久已佚失，是日本学者于20世纪20年代在朝鲜发现的现存最早的禅宗史书，由五代南唐泉州招庆寺静、筠二禅僧编。
③ 为宋真宗年间释道原所撰之禅宗灯史。其书集录自过去七佛及历代禅宗诸祖五家五十二世，共一千七百零一人之传灯法系，对宋代教界文坛产生很大的影响。

原因当然在于观念的一致性。禅意不立文字，直指本心，要到达它，唯有通过别的途径，而茶的自然性质，正可作为通向禅的自然媒介。故而，茶助禅，禅助茶，逐渐形成佛门庄严肃穆的茶礼、茶宴。明代乐纯所著的《雪庵清史》，并列居士"清课"，有"焚香、煮茗、习静、寻僧、奉佛、参禅、说法、作佛事、翻经、忏悔、放生的诸多内容，其"煮茗"居第二，竟列于"奉佛"、"参禅"之前，这足以证明茶在佛教法事活动中的重要地位。

宋代的径山寺①茶宴，是逢皇帝赐予袈裟或者锡杖时所举行的，规模盛大。日本高僧荣西曾亲临此寺的茶宴。许多僧人团座在茶堂中，按席次第而坐，其间严格遵循佛家茶礼的规范，点茶、献茶、闻香、观色、尝味、叙谊。先由主持冲点香茗供佛，寄托敬意，名为点茶；然后寺里僧人将香茗奉献给宾客，进行献茶；饮茶者接过茶碗，开盖闻香；将茶举到眼前，观赏汤色；开饮细品，体会舌根苦中生津回甘的悠远味道。茶过三巡，开始对茶色和茶味进行品味，谈论学禅的心得，这些都是径山茶宴必备的程序。

南宋初年，宋代高僧圆悟克勤②的徒弟大慧宗杲③法师居住径山寺，开辟临济宗④中的径山派，提倡把茶宴中的野趣和禅林高韵结合在一起，以此开导百姓。开庆元年（1259年），来自日本的僧人南浦绍明⑤拜谒了径山寺，研习茶道和禅法，花费5年时间回归故里，将径山茶宴传回日本，径山寺由此成为日本茶道的祖庭。

茶禅一味，是佛家文化对茶道的最大贡献。

---

① 位浙江余杭径山镇径山。初建于唐，南宋时香火鼎盛，是江南五大禅院之首。日本僧人从此处接受中国茶文化的熏陶，径山寺成日本茶道的祖庭。

② 圆悟克勤（1063—1135年）：宋代高僧。俗姓骆，字无著。法名克勤。崇宁县（今成都郫县唐昌镇附近）人。先后弘法于四川、湖北等地，晚年住持成都昭觉寺。声名卓著，皇帝多次召其问法，并赐紫衣和"佛果禅师"之号，后又赐号"圆悟"，去世后谥号"真觉禅师"。

③ 大慧宗杲（1089—1163年）：俗姓奚，宣州（安徽）宁国人。宋代临济宗杨岐派僧，字昙晦，号妙喜，又号云门。

④ 临济宗，禅宗南宗五个主要流派之一，自洪州宗门下分出，始于临济义玄（公元？—867年）大师。义玄从黄蘗希运禅师学法33年，之后往镇州（今河北正定）滹沱河畔建临济院，广为弘扬希运禅师所倡启"般若为本、以空摄有、空有相融"的禅宗新法。这种禅宗新法因义玄在临济院举一家宗风而大张天下，后世遂称之为"临济宗"，而黄蘗禅寺也因之成为临济宗祖庭。

⑤ 南浦绍明（1235—1308年）：日本临济宗僧人。南宋开庆元年（1259年）入宋求学，咸淳三年（1267年）礼成回国，力传径山宗风，促进了日本茶道的兴起，并开创了日本禅宗二十四流中的大应派。敕谥号"圆通大应国师"、"大应国师"。著有大应国师语录三卷。

四、茶道的核心精神

人类历史上曾有过的四大古文明，唯有中华文明不曾中断，在中华文明源头起始，茶就积淀其中，成为我们华夏民族文明的基因密码之一。中华民族的精神，和茶道精神恰恰投契，茶的品质也就是"中和"。

茶从各个通道吸收文化，儒家以茶规范礼仪道德；佛家以茶思维悟道；道家以茶养生乐生；艺术家以茶兴诗作画；鉴赏家以茶赏心悦目；儒、释、道各家除了以自己的方式与茶进行文化结合之外，它们更进一步三位一体，使人类精湛的思想与完美的艺术得以融合。因此，我们可以说中国茶文化以中国传统文化基本精神形态构成，是儒、道、佛合流的产物，被誉为"国饮"。

中国传统文化的本质，用两个字说，就是"中和"。"中"也者，本性具足、本性完善的境界；"和"也者，本性彻底实现出来的完满境界。所以，中就是做事恰如其分，恰到好处；和就是把这个恰如其分，恰到好处完美地体现出来。中国茶道中的"中和"，意在融洽，调和，即和谐之意。中国茶道之所以具备和谐精神，是有深刻原因的。儒家学说，侧重于人与人、人与社会之间的和谐；道家文化，注重人与自然宇宙之间的和谐；佛教文化，虽言彼岸，实质关注人与自我、灵与肉之间的和谐。此三教合一，在2 000多年的中华历史上，互为表里，或主或辅，构建起中华传统文化的"中和"模式。而这样一个以"中和"为文明基调的民族，亦是数千年文明得以延续的根本原因。

正因为茶的这种品质，所以茶在国家与国家的交往中，也起到了独特的作用。东西方两大帝国的首次交往，就是从茶开始的。中国人把茶送往欧洲时，抱着"和"的精神，不曾想到它们还给我们的是鸦片。但中国人并未就此以恶易恶，全世界所有的茶都是从中国出去的，其传播途径与方式，从来就是和平的，美好的。

茶还具有这样一种品质，几乎与任何事物都能够协调搭配在一起，茶有一种改良世界的气质，但全然没有推倒一切、骂倒一切、破坏一切的霸气和痞气。茶人也往往兼备这样的一种气质，用最大的胸怀，去拥抱世界。茶与人类和平，茶与邻邦和睦，茶与社会和谐，茶与自我合拍，茶就如此，与人类构成了深刻的亲和关系。

五、中国茶道的影响

茶道自诞生以来，生发流布，浸濡全球，走遍世界，深深地影响着众多国家与民族的情感与生活，并发展形成了各国各民族属于自己的文化特征。在英国，茶被视为健康之液，灵魂之饮，从宫廷传到民间后形成了喝早茶、下午茶的英伦传统习俗；在法国人眼里，茶是温柔、浪漫、富有诗意的饮品；在日本，茶发展升华为一种优雅的文化艺能——日本茶道。品饮茶，不仅带给人们身心审美的享受，最重要的是给人以深刻的心灵启迪。在此，我们选择一些代表性国家进行专门介绍。

1. 日本茶道

日本茶道，就是日本民族以茶道的"四规七则"为精神内涵，融宗教、哲学、伦理、美学为一体，通过沏茶、饮茶的一整套方法，增进友谊，养心修德，学习礼法的一种独特仪式。它包含着艺术、哲学、道德等方面的因素，已从单纯的趣味、娱乐，演进为表现日本人日常生活文化的规范和理想，成为日本人欣赏美的意识。

所谓"四规"，即"和、敬、清、寂"。"和"就是和睦，表现为主客之间的和睦；"敬"就是尊敬，表现为上下关系分明，有礼仪；"清"就是纯洁、清静，表现在茶室茶具的清洁、人心的清净；"寂"就是凝神、摒弃欲望，表现为茶室中的气氛恬静。茶人们表情庄重，凝神静气。所谓"七则"，以千利休1584年的训条为原则，归纳为以下：一是宾客至必须敲钟自报；二是茶会参与者须洁身净面，清心静气；三是主人待客之心须全部到位；四是宾客入席不能错过烹茶最佳时期；五是只谈茶事，不谈政事俗事；六是主宾不得互以言行伤人；七是时间控制在4小时内。

日本茶道的思想与中国茶道的思想有着深刻的传承关系。中国南宋年间，日本僧人荣西[①]留学浙江天台山万年寺，回国时带了大量的茶树种子，还撰著了日本的第一部茶书《吃茶养生记》，引用佛教经典关于五脏——心、肝、脾、肺、肾的协调乃是生命之本的论点，同五脏对应的五味是酸、辣、甜、苦、咸。心乃五脏之核心，茶乃

[①] 日本临济宗的初祖荣西禅师（1141—1215年）：初学显密二教于比叡山，尤擅长于台密，为叶上流的创祖。为研究禅法，两度入宋，参谒天台山万年寺虚庵怀敞禅师，承袭临济宗黄龙派的法脉，而后发展成日本禅宗的主流。

苦味之核心，而苦味又是诸味中的最上者。因此，心脏（精神）最宜苦味。心力旺盛，必将导致五脏六腑之协调，每日每年时常饮茶，必将精力充沛，从而获致健康。荣西禅师在日本被尊为"茶祖"，是日本茶道文化的开拓者。

图1-3 径山寺山门

南宋末期，日本南浦昭明禅师来到中国江南余杭县径山寺求学取经，学习了该寺院的茶宴仪程，首次将中国的茶道引进日本，成为中国茶道在日本的最早传播者（图1-3）。日本《本朝高僧传》有南浦昭明由宋归国，把茶台子、茶道具一式带到崇福寺的记述。中国余杭的径山寺茶道，是日本茶道的祖庭；中国宋代的茶具精品，天目茶碗、青瓷茶碗也由径山寺开始传入日本。在日本茶道中，天目茶碗占有非常重要的地位。日本喝茶之初到创立茶礼的东山时代，所用只限于天目茶碗，至今日本茶人尚把从径山寺传过去的宋代黑釉盏称为"天目碗"，尊为茶道的至宝。

茶道从"唐风茶礼"演变为所谓的"倭风茶汤"，时间在日本室町时代。1442年，19岁的村田珠光①来到京都修禅，时值奈良地区盛行由平民百姓主办参加的"汗淋茶会"。这是一种以夏天众人一起洗澡为形式载体展开的茶会，茶会首创了采用具有乡村建筑风格的茶室——草庵，其古朴的风格对后来的日本茶道产生了深远的影响，成为日本茶道的一大特色。村田珠光在参禅中将禅法的领悟融入饮茶之中，将平民聚合饮茶的集会"茶寄合"与贵族茶会的"茶数寄"合二为一，形成禅宗点茶法，在小小的茶室中品茶，从佛偈中领悟出佛法存于茶汤的道理，开创了独特的尊崇自然、尊崇朴素的草庵茶风。

由于将军义政②的推崇，"草庵茶"迅速在京都附近普及开来。珠光主张茶人要

① 村田珠光（1423—1502年）：被后世称为日本茶道的开山之祖。生于奈良，幼年在净土宗寺院出家，后拜师一休宗纯，共创日本茶禅一味的境界，这是茶道形成史上一个重要事件。
② 足利义政（1436—1490年）：室町时代中期室町幕府第8代征夷大将军。

摆脱欲望的纠缠，通过修行来领悟茶道的内在精神，开辟了茶禅一味的道路。据日本茶道圣典《南方录》记载，标准规格的四张半榻榻米①茶室就是珠光确定的，而且专门用于茶道活动的壁龛和地炉也是他引进茶室的。此外，村田珠光还对点茶的台子、茶勺、花瓶等也做了改革。自此，艺术与宗教哲学被引入品茶这一日常活动的内容之中。

继村田珠光之后的一位杰出的大茶人就是武野绍鸥②，他对村田珠光的茶道进行了很大的补充和完善，还把和歌理论输入了茶道，将日本文化中独特的素淡、典雅的风格再现于茶道，使日本茶道进一步民族化。

在日本历史上真正集日本茶道之大成者为千利休③，是千利休将茶道还原为淡泊寻常的本来面目，使茶道的精神世界最大限度地摆脱了物质因素的束缚，使得茶道更易于为一般大众所接受。他不拘于世间公认的名茶具，将生活用品随手拈来作为茶道用具，强调体味和"本心"，并主张大大简化茶道的规定动作，抛开外界的形式操纵，以专心体会茶道的趣味。茶道的"四规七则"就是由他确定下来并沿用至今的。从这些规则中可以看出，日本的茶道中蕴含着很多来自艺术、哲学和道德伦理的因素。因此，日本人一直把茶道视为修身养性、提高文化素养的一种重要手段。

千利休之后，日本茶道界出现了许多流派。在长期的发展过程中，逐步确立了一种近似于世袭制的掌门人制度，称为"家元制度"。比较著名的茶道流派大多和千利休有着深厚的关系。千利休晚年被丰臣秀吉④赐予切腹自杀，直到千利休之孙千宗旦时期家族才再度兴旺起来，千宗旦被称为"千家中兴之祖"。千宗旦的晚年，千家最终分裂成三大流派。其中，表千家的始祖为千宗旦的第三子江岭宗左，其总堂茶室就是"不审庵"。表千家为贵族阶级服务，他们继承了千利休传下的茶室和茶庭，保持了正统闲寂茶的风格。里千家的始祖为千宗旦的小儿子仙叟宗室。里千家实行平民

---

① 榻榻米，旧称"叠席"，原本是房间里供人坐或卧的一种家具，后被日本茶人改进吸收演变成为其传统房间"和室"内铺设地板的材料，成为日本家庭用于睡觉的地方，即日本人的床。
② 武野绍鸥（1502—1555年）：茶坛名人之一，是千利休的老师，也是日本茶道创始人之一。
③ 千利休（1522—1591年）：日本战国时代安土桃山时代著名的茶道宗师，人称茶圣。本名田中与四郎，家纹"独乐"。时人把他与今井宗久、津田宗及合称为"天下三宗匠"。
④ 丰臣秀吉（1537—1598年）：日本战国时代末期封建领主，1590—1598年间日本的实际统治者。

化，他们继承了千宗旦的隐居所"今日庵"。由于今日庵位于不审庵的内侧，所以不审庵被称为表千家，而今日庵则称为里千家。武者小路千家的始祖为千宗旦的二儿子一翁宗守。其总堂茶室号称"官休庵"，该流派是"三千家"中最小的一派，以宗守的住地武者小路而命名。

图1-4 日本茶道茶室

利休的一生，门下弟子无数，有武士、也有平民百姓，其中，最为著名的7个大弟子，被世人称为"利休七哲"，他们分别是：蒲生氏乡、细川三斋、瀬田扫部、芝山监物、高山右近、牧村兵部和古田织部。

其余的茶道流派中，最有代表性的有薮内流派，其始祖为薮内俭仲。薮内俭仲曾和千利休一起师事于武野绍鸥。该流派的座右铭为"正直清净"、"礼和质朴"，擅长于书院茶和小茶室茶。另有远州流派，其始祖为小堀远州，主要擅长书院茶。

日本茶道发展到今天，虽然已有一套固定的规则和一个复杂的程序和仪式，但大致说来可分解为三个部分：其物质属性，包括茶室、茶庭园和茶会中所使用的一切器具；其精神属性，包括茶会主人通过各色器具的搭配组合所营造的精神追求以及茶道作为一种传统文化所积淀下来的与禅密切相关的一切哲学内涵等；其物质与精神复合属性，则包括了具体的点茶和饮茶动作及相关的程序流程(图1-4)。

2.韩国茶道

4～7世纪中叶，朝鲜半岛为高句丽、百济和新罗三国鼎立时代，南北朝和隋唐时期，中国与百济、新罗的往来比较频繁，经济和文化的交流关系也比较密切。特别是新罗，在唐朝有通使往来120次以上，是与唐通使来往最多的邻国之一。新罗人在唐朝主要学习佛典、佛法，研究唐代的典章，有的人还在唐朝做官。

唐时新罗的使节大廉，在唐文宗太和时期，将茶籽带回国内，种于智异山下的华岩寺周围，朝鲜的种茶历史由此开始。朝鲜《新罗本纪》记载说："入唐回使大廉，持茶种子来，王使植地理山。茶自善德王时有之，至于此盛焉。"韩国的茶文化由此也就成为韩国传统文化的一部分。

宋时，高丽王子义天在华习佛时，也得宋廷和师友的茶馈赠，朝廷赐以龙凤茶，师友赠以"律溪腊茗"和"天童山茗"。韩国人在学习宋代的烹茶技艺，在参考吸取中国茶文化的同时，还建立了自己的一套茶礼。包括吉礼时敬茶；齿礼时敬茶；宾礼时敬茶；嘉时敬茶。其中，宾礼时敬茶最为典型。迎接宋、辽、金、元的使臣，其地点在乾德殿阁里举行，国王在北朝南，使臣在南朝北接茶，或国王在东朝西，使臣在西朝东接茶，有时，由国王亲自敬茶。

宋元时期，韩国曾全面学习中国茶文化，以韩国"茶礼"为中心，普遍流传中国宋元时期的"点茶"。元代中叶后，中华茶文化进一步为韩国理解并接受，而众多茶房、茶店、茶食、茶席也更为时兴普及。20世纪80年代起，韩国的茶文化又再度复兴发展，并为此还专门成立了"韩国茶道大学院"，教授茶文化。

韩国茶礼宗旨为"和、敬、俭、真"。"和"是要求人们心地善良，和平共处，互相尊敬，互相帮助。"敬"是要有正确的礼仪，尊重别人，以礼待人。"俭"是俭朴廉正，提倡朴素的生活。"真"是要有真诚的心意，为人正派。韩国茶礼又称茶仪，是民众共同遵守的传统风俗。有专家解释，起初的韩国民间茶礼，是指阴历的每月初一、十五、节日和祖先生日时，在白天举行的简单祭礼，也指像昼茶小盘果、夜茶小盘果一样来摆茶的活动。更有专家将茶礼直接解释为"贡人、贡神、贡佛的礼仪"。

韩国历史上的新罗时期（668—935年），朝廷的宗庙祭礼和佛教仪式中就运用了茶礼。创建双溪寺的真鉴国师的碑文中，就记载了有关茶的习俗，说如再次收到中国茶时，把茶放入石锅里，用薪烧火煮后饮，曰："吾不分其味就饮。"

韩国历史上的高丽时期（877—943年），朝鲜半岛已把茶礼贯彻于朝廷、官府、僧俗等阶层。当时，高丽朝廷举办的茶礼大约有9种，其中重要的如燃灯会，每年阴历2月15日，在宫中举行以下茶礼：迎北朝诏使仪式，在乾德殿举行茶礼；在祝贺太子诞生的仪式中，茶礼是在宫中厅幕里简单举行，宾主揖让就座上茶；在给太子分封的仪式中，茶礼在东宫门竹席上举行；分封王子、王姬的仪式中，在大观殿举行茶礼；在公主出嫁时的仪式中，在宫中厅幕举行茶礼；宴请群臣的酒席的仪式中，在大观殿举行茶礼。

高丽时期的佛教茶礼为禅宗茶礼，其规范是《敕修百丈清规》和《禅苑清规》[①]。当时高丽的佛教有五宗，即法性宗、戒律宗、圆融宗、慈恩宗、始兴宗，再加上天台宗、禅宗，则共七宗。其主要茶礼内容有：后任主持起仪时举行尊茶、上茶和会茶仪式；寮元负责众寮的茶汤，水头负责烧开

图1-5　韩草衣图

水；吃食法中记有吃茶法。4月13日摆宴会上茶汤中四节秉拂中有献茶，持有吃茶时的敲钟、点茶时的规矩和茶鼓的打鼓法。

18世纪韩国代表性的草衣意恂禅师，也是著名的大茶人，其茶风继承了中国宋以来赵州的沏茶悟茶之风，形成了特有的韩国茶文化精髓，被尊为"韩国茶圣"（图1-5）。

总体上说，韩国茶礼特别侧重于礼仪，强调仪式感。茶礼的整个过程，从环境、茶室陈设、书画、茶具造型与排列，到投茶、注茶、茶点、吃茶等均有严格的规范与

---

① 《禅苑清规》是宋代人宗赜编集而成的一部禅宗丛林清规著作，它上继《百丈清规》，完成于崇宁二年（1103年），是现存丛林清规类书中最古的一部，对宋元时期中国佛教寺院制度礼仪的发展发挥了重要作用，对研究宋元以后中国佛教的发展提供了十分重要的材料。

程序，力求给人以清静、悠闲、高雅、文明之感。

近年来，复兴茶文化运动在韩国积极开展，韩国拥有200多个茶会组织，3万多会员，许多学者、僧人在研究茶礼的历史，出现了众多的茶文化组织和茶礼流派。弘扬传统文化与茶礼所倡导的团结、和谐的精神，正逐渐成为现代人的生活准则。

茶为包括咖啡、可可在内的世界三大无酒精饮料之首。中国是茶的故乡，全世界2/3的人喝茶，茶文化深刻影响着中国与世界的文明。中国茶道的现状与前瞻令人鼓舞，中国文化通过中国茶道，能够达到高度的传递。因此，我们的口号是：品饮中国，从一杯茶开始！

第二章
茶之政
——那副打理茶业的算盘

动生千金费，日使万姓贫。
我来顾渚源，得与茶事亲，
盯辍耕农耒，采采实苦辛。

宋·袁高《茶山诗》

茶政是茶叶行政管理的政策和措施，也可以说是茶叶经营的立法，是国家对茶种植、加工、储运、经销、进贡等各项管理上制定的政策和法规。

政治是经济的集中体现。任何政治现象，都能在经济中得到根本的解释。因此，茶政也就是茶叶经济的集中体现，有着自身的连贯性与延续性，构成了茶文化的重要方面，需要我们分门别类地专门来进行阐述与研究。

一、贡茶

中国茶政，起源于唐，税茶、榷茶、贡茶、茶纲、茶马互市等制度，均始自唐代，其中贡茶制度最为悠久。所谓贡茶，就是古代地方政府进贡给朝廷及各级地方统治者的专用茶，是最早的茶政形态。

贡茶的缘起与封建制度的建立密切相关。起初，主要被用来满足君主及上层阶级的物质和文化生活之需，进而扩展为一种中央与地方之间的隶属关系呈现，即纳贡除了满足统治者物欲享受需要，更意味着君臣关系的确立，其实质是封建社会里君主对地方有效统治的一种维系象征，更是封建礼制的需要。

贡茶起源，可追溯到公元前1 000多年前的周武王时期。武王伐纣，巴蜀小国以茶等物品纳贡，这种现象具有极为明显的政治色彩。但周朝初年巴蜀小国的纳贡，仅是部落向王室敬献的礼品，尚未形成制度，只能说是贡茶的萌芽状态。贡茶制度逐渐发展到唐代，形成两种制度形态：一种是官焙制，另一种是定额上贡制。这是国家级贡茶，同时地方官吏也自行制定贡额，中饱私囊。

贡茶除了贡物制度的强制性敛取之外，还有一种地方上的主动推荐贡献现象，这也是贡茶进一步扩大的重要原因。因为一时一地的物产，可以通过上贡的形式，达到名扬四海的目的。时至今日，我们还会常常看到某地名茶广告上打着某个时代的贡茶，以此为荣，达到营销效果。

贡茶特征是产品直接供朝廷使用，它绕过商业流通渠道，缩小了商业经营的范围，阻碍了茶行业商品经济的发展，加重了茶农的负担，实质就是掠夺行为。但贡茶制作精良，产品质量优异，推动了茶叶生产技术的发展，对增进地区联谊，发展驿道交通，客观上也起了推动的作用。贡茶在中国已有悠久的历史，自唐始，至清代封建制度的寿终正寝而终，悠悠千年，贡茶对整个茶叶生产和茶叶文化的影响是巨大的。

唐代之前，贡茶在制度上未见有强制性的数量和质量规定，唐代初期，贡茶还是与征收各地名产同时进行。开元（712年）以后，随着皇室需求量的增加和对品质要求的越来越高，再加上一些地方官员处于种种目的极力推荐本地的优良茶叶，终于促使了贡焙制度的产生。

除官营督造专门从事贡茶生产的"贡茶院"，唐代另外还规定在若干特定茶叶产地征收贡茶。当时的贡茶地区计有16个郡。曾做过湖州刺史的唐代诗人袁高在其诗《茶山诗》中生动地描绘了当时生产贡茶庞大的规模和茶农的艰辛。诗曰："……动生千金费，日使万姓贫。我来顾渚源，得与茶事亲，盯辍耕农耒，采采实苦辛……。"

五代十国时期的吴越国向北方称臣，《吴越史事编年》记录吴越国与中央政府之间的贡茶情况，证实当时吴越国的茶事状况：比如后唐明宗天成四年（929年）八月，钱镠进茶27 000斤；到后晋高祖天福二年（937年）十月，钱元瓘进贡于后晋茶器，又进茶50 000斤；又过了一年，天福三年（938年）十月，钱元瓘进谢后晋大茶、脑源茶共64 000斤⋯⋯这样不间断地进贡，在整个吴越国时期不曾中断，而动辄数万斤的贡茶运往北方，可测当时吴越国茶叶生产量的庞大。

宋代中国气候变化，顾渚山贡茶院无法在清明前将贡茶送到京城，故朝廷除保留顾渚山贡茶院之外，贡焙重心由浙江移往福建。宋太平兴国二年（977年），朝廷在建安（今福建省建瓯县）凤凰山麓正式设置官焙，规模远远超过顾渚，无论品质还是数量，都有更大发展，其品质在团饼茶类上，达到了前所未有的水平。到宣和年间，北苑贡茶中的龙凤茶盛极一时。

宋代北苑贡茶，以焙①为单位计算，官焙、私焙并行。据熊蕃《宣和北苑贡茶录》载，北苑贡茶的品目计有四十多个，一年分十余纲，先后运至京师开封。每年采制新茶开始时，都要举行开焙仪式，监造官和采制役工，都要向远在京师的皇帝遥拜，造出第一批新茶，马不停蹄直送京师。故欧阳修在他的茶诗《尝新茶呈圣俞》中云："建安三千五百里，京师三月尝新茶。"

贡茶的发展，与监造贡茶的官员有着至关重要的联系。苏东坡在《荔枝叹》中说，"君不见，武夷溪边粟粒芽，前丁后蔡相宠加，争新买宠各出意，今年斗品充官茶。"此处的前丁，即丁谓，其人任福建转运使时，监造贡茶，专门精工制作了40饼龙凤茶，进献皇帝，一时北苑茶誉满京华，号为珍品，丁谓获得宠幸，升为"参政"，封"晋国公"。此后，建州便岁贡大龙凤茶各两斤。龙凤团茶在宋庆历年间（1041—1048年）又得到了一个新的发展。"前丁后蔡"的蔡襄也不甘其后，在为福建转运使时，将丁谓创造的大龙团改为小龙团，改制前8个饼为一斤，改制后20个饼为一斤。面世以后，极合皇帝心意，每年进贡。欧阳修对这种制茶攀比是颇有微辞的，在《归田录》中说："茶之品莫贵于龙凤，谓之团茶。凡八饼重一斤。庆历中蔡君谟为福建路转运使，始造小片龙茶以进，其品绝精，谓之小团。凡二十饼重一斤，其价直

---

① 焙：本是用微火烘烤的意思。古时把烘茶叶的器具叫"茶焙"，茶放在茶焙上，小火烘制，就不会损坏茶色和茶香了。文中茶焙是指制茶场所。

金二两。"

宋熙宁（1068—1077年）以后，一种比小龙团更精美的北苑贡茶诞生，名叫"密云龙"，皇亲国戚纷纷向皇帝索取，可见其珍贵程度。此热未消，宋绍圣年间（1094—1098年），又冒出一个"瑞云祥龙"，跃居"密云龙"之上，成为贡茶魁首。至宋徽宗大观（1107—1110年）初年，皇帝赵佶写《大观茶论》，认为白茶是茶中第一佳品。此时又冒出一种三合一的贡茶，"御苑玉芽"、"万寿龙芽"、"无比寿芽"，合称三色细芽，一下子又把"瑞云祥龙"压下去了。然而，三色细芽还不是终点，宋宣和二年（1120年），又一个善于造茶献媚的转运使郑可简，创制了一种名叫"银丝水芽"的贡茶，此茶光明莹洁，若银丝然，饼面上有小龙蜿蜒其上，号称"龙团胜雪"。"龙凤贡茶"发展到了"龙团胜雪"，其精美程度可算达到了一个登峰造极的极点。《宋史》记载：宋代贡茶地区达30余个州郡，约占全国产茶70个州的一半。岁出三十余万斤。在北宋160多年间，北苑贡茶的名品达到四五十种。

元朝贡焙保留着部分宋朝的遗址，其中包括御茶园和官焙。元大德六年（1302年）朝廷在武夷山创建茶场，称"御茶园"，专制贡茶。明代初期，贡焙仍继承元制，到了明太祖洪武二十四年（1391年）九月，朱元璋有感于茶农的不堪重负和团饼贡茶的制作、品饮的烦琐，下诏书曰："洪武二十四年九月，诏建宁岁贡上供茶，罢造龙团，听茶户惟采芽以进，有司勿与。天下茶额唯建宁为上。其品有四：探春、先春、次春、紫笋。置茶户五百，免其役。上闻有司遣人督迫纳贿，故有是命。"此后，明代贡茶正式革除团饼，采用散茶。然而明代贡茶征收并未减轻，各地官吏层层加码，数量依旧大大超过预额。如明太祖时（1368—1398年）建宁贡茶为1 600余斤，到隆庆（1567—1572年）初年，已经增加到2 300余斤。

元、明、清贡茶，与唐宋时期相比，具有征贡区域宽，新产品多，随机性强的特点，到了清代，贡茶产地已不局限于以某一地区为重心，凡佳皆进。苏州的"碧螺春"，杭州的"西湖龙井"，都是那时因为皇帝下江南品尝后钦定成为贡茶的。此时，贡茶的概念也发生了一些变化，贡茶已不单纯是作为皇室饮品的特供物品，已具有一种很强的政府向地方征收实物税的性质了。

二、税茶

从唐代开始，国家开始对中国民间茶叶贸易实施交税制度。此一制度建立在以下基础之上：

一是茶叶经济的蓬勃发展。一个多世纪的民富国强，政治上的稳定，生活上的审美追求，精神上的渴望需要，促进了茶经济的繁荣。出现了以盈利为目的的寺院、家庭手工制茶作坊，茶叶贸易使江南茶商云集，北方则有众多的茶栈茶肆。茶商中有山客水客，把南方的茶叶运到北方，获得厚利，购销两旺。山泽以成市，商贾以起家。在这种形势下，茶的商品化在农产品中占绝对优势，税茶制度有了经济基础。

二是中唐政府的财政危机。李唐王朝为了增加财政收入，开始制定茶叶经济法规，且历代沿袭下去，成为定制。唐德宗建中元年（780年）始，唐朝开始了税茶制度。当时的户部侍郎赵赞为了国库能够充盈起来，建议竹、木、茶、漆这四种商品都分别征用10%的税。作为权宜之计，朝廷批准，但这个税收行动没有形成制度，四年以后的兴元元年（784年）就被停征了。真正把税茶法规固定下来是九年之后的793年，也就是贞元九年。当时的盐铁使张滂考虑到赋税不足，国用匮乏，便在产茶州及交通要塞处设置了茶场，由主管官吏分三等定价，每十税一，自此，税茶在中国历史上宣告正式建立。税茶制度立竿见影，当年便得钱40万贯，且由朝廷直接掌握，成为国家财政支柱之一。上行下效，各州、县地方政府看到中央征收税茶盛多，亦以法炮之，巧立名目，设立关卡，敲诈勒索。这样一来，对正常的茶叶贩卖破坏性极大，民间为了逃避各级税收，便开始了贩卖私茶的危险交易。

贩卖私茶给政府税收带来的影响是不言而喻的，故自唐武宗起，便开始了禁缉私茶的国家行动。文宗开成五年（840年），国家规定了严厉的纳钱决杖之法：茶农私卖茶10～100斤，罚款100文，笞杖20下；私茶卖至300斤，笞杖50下，罚款100文；茶人贩卖私茶达3次以上，就直接抓去服苦役了。商人私贩茶叶，惩罚更不轻，私卖茶10～300斤，15大板，不但茶没收，人还得拘留；卖私茶300斤以上，就等着正式坐牢吧。

宣宗大中（847—859年）年间，盐铁转运使裴休终立茶法，主要内容如下：①茶商贩送茶叶，沿途驿站只收住房费和堆栈费，而不收税金。②茶叶不准走私，凡走私三次均在100斤以上和聚众长途贩私，皆处死。③茶农（园户）私卖茶叶100斤以上处杖刑，三次即充军。④各州县如有私砍茶树，破坏茶业者，当地官员要以"纵私盐法"论罪。⑤泸州、寿州、淮南一带，茶叶税额追加至50%。

裴休此法一出，"天下税茶倍增贞元矣"，当年便刷新纪录，突破年收税80万贯的记录。而茶税制度，在以后的朝代中也一直以各种形态保持着它的实质内容。

三、榷茶

所谓"榷茶"，亦有被称为榷法的，就是政府对茶叶买卖的专控制度。"榷"的本义为独木桥，引申为专利、专卖、垄断，禁榷制度的理论在西汉建立起来之后，即为后代封建统治者所赞赏并竭力推行。

榷茶政策始于中唐时期，文宗太和九年（835年），当时的宰相王涯奏请榷茶，自兼榷茶使，他异想天开地下了一道指令，命令民间茶树全部移植于官办茶场，实行统制统销，同时将民间存茶，一律烧毁。此一法令刚一颁布，立即遭到朝野上下反对。王涯10月颁令行榷，11月就被宦官仇士良在"甘露之变"中所杀。令孤楚继任"榷茶使"，吸取王涯的教训，即停止榷茶，恢复税制。所以，唐代实行榷茶实属短命，历史不到两个月。真正推行"榷茶制"，是从北宋初期开始的。宋初国用欠丰，急需增加茶税收入，但以往茶税制又有积弊，由此便开始逐步推出了榷茶制度。

北宋太祖乾德二年（964年），国家开始禁榷东南各省茶叶，首先在东南茶区沿长江设立六个"榷货务"，也就是官府的卖茶站。产茶区设立13个山场，专职茶叶收购，茶农除向官府交纳"折税茶"以抵赋税以外，余茶均全部卖给山场，严禁私买私卖。

到了北宋末期，"榷茶制"改为"茶引制"。这时，官府不直接买卖茶叶了，而是由茶商先到"榷货务"交纳"茶引税"，也就是交纳茶叶专卖税，然后购买"茶引"。也就是先买可以买茶的凭证，然后凭着这"茶引"到园户处购买定量茶叶，接着再送到当地官办的"合同场"（相当于现在的检验局）查验，合格加封印后，茶商才能按规定数量、时间、地点出售。"茶引"分"长引"和"短引"两种，"长引"

准许销往外地限期一年，"短引"则只能在本地销售，有效期为三个月。这种"茶引制"，使茶叶专卖制度更加完善、严密，也极为烦琐。此方法一直沿用到清乾隆年间，才改为官商合营的"引岸制"。

所谓"引岸制"的引，也就是"茶引"的引，而"岸"则是口岸，也就是国家专门指定的销售或易货地点。凡商人经营各类茶叶，均须纳税，请领茶引，并按茶引定额在划定范围内采购茶叶，卖茶也要在指定的地点销售和易货，不准任意销往其他地区。这种"引岸制"的特点，是根据各茶区的产量、品种和销区的销量品种，实行产销对口贸易，以便做到以销定产，有利于对不同茶类生产、加工实行宏观调控。

榷茶制度在唐代形成之后，即为历代相沿袭，以后又衍生出相应的"茶纲"制度。所谓"茶纲"，也就是茶的专运，是指政府对茶运输时的管理组织，包括多少数量、多少车马和人役为一纲，以防在流通过程中的流失。可以说宋、明之际国家对茶叶贸易控制是极其严格的，明朝开国皇帝朱元璋曾因其女婿欧阳伦走私茶叶而将其处以极刑，可见当时政府对茶叶专卖的重视程度。榷茶制度，直到中国最后一个封建王朝清代中叶才告消失。

四、茶马互市

"茶马互市"，也可称茶马交易，它起源于唐，是中国历史上国家以官茶换取青海、甘肃、四川、西藏等地少数民族马匹的政策和贸易制度。

北宋初年，民族矛盾严重，为有实力与辽、金、夏对峙与战争，朝廷需要战马。据史籍所载，北宋熙宁年间（1068—1077年），经略安抚使王韶在甘肃临洮一带作战，需要大量战马，朝廷即令在四川征集，并在四川四路设立"提兴茶马司"，负责从事茶叶收购和以茶易马工作，并在陕、甘、川多处设置"卖茶场"和"买马场"。熙宁二年（1069年），北宋朝廷在四川成都府设立了市马务，川茶官榷，卖茶博马，"茶马法"诞生。川茶的禁榷，造成了嘉祐四年（1059年）后天下茶法都通商，唯有四川还独行着禁榷的局面。周边的少数民族只准与官府的茶马司从事以茶易马的交易，绝对不准私贩茶马交易，尤其严禁商贩运茶到周边的地区贩卖，甚至不准将当地的茶籽、茶

图2-1 在茶马古道上

苗带到边境。凡贩私茶者，或者处死，或者充军3 000里以外。除此之外，对"茶马司"官员玩忽职守的失察者也要治罪。如此严酷的立法，目的已远远超过了茶叶贸易自身的经济诉求，而成为一种边境政策。客观上说，一方面茶马互市促进了我国民族经济的交流与发展，另一方面，这一政策目的亦在于"以茶治边"，通过内地茶叶来控制边区少数民族，强化对他们的统治。

宋代如此强化茶的禁榷，开展茶马贸易，在某个历史时期，它的政治属性甚至超过商品属性，从而成为边陲要政。而宋朝以后的元朝恰恰最不缺马匹，边茶的交易亦从马换为银两和土货。明、清二代均在四川设立专门的"茶马司"，清朝康熙四年（1665年）还在云南西部增设了北胜州茶马市，这个制度直至康熙四十四年也就是18世纪初才予以废止（图2-1）。

说到茶马互市形成的原因，有以下几条。一是宋代茶叶生产的大发展，其中川茶犹胜。四川本来就是茶之发祥地，历史上川茶被称为"边茶"，元祐元年（1086年）达到3 000多万斤。加上东南诸路的产量，宋代茶叶总产量高达5 000多万斤，较唐代增长两三倍。四川西北又与西藏为邻，而茶又恰恰是藏族同胞不可一日无的生活必需品，这种地缘关系，无疑为茶马贸易的顺利开展奠定了可靠的物质基础。二是民族团结政策的结果。正是唐代朝廷采取的团结宽抚友善政策，促进了茶马交易政策的诞生。安禄山反唐，回纥曾两次出兵助唐平乱，终得大驱名马市茶而归，此为茶马互市贸易之始。到宋代牧民饮茶已很普遍，上至贵族，下至庶民，无不饮者。国家以内地过剩之茶，换取蕃人之良马，调剂余缺，两厢情愿，互惠互利，茶马互市贸易顺应形势的发展需要而蓬勃开展起来。三是以茶易马符合经济内在规律。这种互换机制乃诸物资中最佳选择，也是历史的选择。其实宋初时，并非仅以茶换马，但只有茶货源充足，牧民喜爱，与日常生活最为贴近方便，故以茶易马成为中央财政的最佳方案，从而推动了茶马互市贸易的发展。故而，从太平兴国八年开始（983年），宋朝政府便正式禁止以铜钱买马，而改用布帛、茶叶、药材等来进行物物交换。茶马之间的货值也可说是随行就市的，元丰年间（1078—1085年）马源充裕，100斤茶便可换1匹马。后来茶的价格下滑，以至到250斤茶才能换1匹马。等到崇宁年间（1102—1106年），马价被分为九等，上等良马每匹折茶250斤，中等者220斤，下等者200斤便可换1匹了。

相应于茶马交易，中央政府在成都府路设置茶场司，在陕西秦州设置买马司。因榷茶买马本属一回事，两司合并，更名为都大提举茶马司。该司的职责是，制定政策、法令、法规，组建下属机构，统一管理川茶的征榷、运输、销售、易马事宜。

五、边茶贸易

历史上中国中央政府与周边兄弟民族在茶叶贸易上有着深远的交流，形成了特有的边茶贸易，茶马交易是其核心内容，但边茶贸易的范畴与方式要大于茶马交易。归纳如下：

1. 茶入藏之贸易

茶入吐蕃的最早记载是在唐代。中唐以后，茶马交易使吐蕃与中原的关系更为密切。藏族人民以食牛、羊肉和酥油等高脂肪食物为主，而茶具有消食解腻的功能，正好迎合了藏民的饮食习惯，而且饮茶还可为身居世界屋脊的藏族同胞提神醒脑、缓解低压缺氧症和预防高原疾病。于是，藏族同胞在日常生活中，首先考虑到的是购置茶叶和酥油。云南背靠青藏高原，是西藏的近邻，又盛产茶叶，滇茶备受藏民青睐。云南藏销茶有天时地利之优，历史悠久，历时1 000多年。明末清初，直至同治年间，是滇茶最繁盛时期。每年可收购茶叶万担之多，主要行销四川、西藏、贵州及云南各地。每年春、夏两季，云南、四川等地汉族、藏族商人纷纷赶着马帮云集于此，和茶农互相进行物质交流，场面是极为热闹的。

历史上藏商马帮每年来去一次，冬春之际，便先到丽江向官府买得"茶引"，这才能通关进入普洱、思茅、佛海、下关茶区购茶，直到盛夏回到拉萨。清咸丰五年（1855年），云南爆发了回彝的农民起义，历时14年，当时的回民首领杜文秀率众攻克滇西重镇大理，切断了藏商马帮进入普洱的咽喉要道，导致了滇茶销藏锐减，致使进藏茶叶价格昂贵。此时的茶竟与黄金媲美，滇茶仅供西藏上层人士享用，因此，亦成为交换西藏贵重药材虫草、藏红花、麝香、鹿茸的硬通货。

近百年之后的中国抗日战争时期，东南沿海和华中资金、技术力量转移到大西南，1939年蒙藏委员会与云南中茶股份公司联合投资，在下关建成了"康藏茶厂"，生产紧压茶销往西藏，并代替货币流通。1952年滇藏公路开始修筑，1973年全线通车，过去繁荣一时的滇藏茶马古道被公路取代，云南茶叶大批进入西藏，藏马帮驮茶进藏的历史终于一去不复返。

2. 茶入回纥

回纥是唐代西北地区的一个游牧少数民族，唐代时，回纥的商业活动能力很强，长期在长安的就有上千人。回纥与唐的关系较为平和，唐宪宗把女儿太和公主嫁到回纥，唐玄宗又封回纥首领裴罗为怀仁可汗。安禄山反唐时，回纥曾两次派兵助唐平乱，为酬谢回纥军援，至德二年（757年）大唐政府送给回纥绢丝2万匹，回纥则赠给大唐骏马2万匹，换回中央政府的茶丝，除自销之外还运往中亚地区销售。可以说，中国封建社会确立对边疆少数民族地区的茶马互市政策，就是从此开始的。加以宋、明时期的发展，终成封建国家一项边陲要政。

3. 茶入西夏和辽

西夏王国建立于宋初，初期与宋朝虽有所冲突，但总体上尚为友好，宋朝对其经济也多有优惠，朝廷经常赐赠银两、绢匹和茶叶、布帛等，一次赐赠，茶叶多的可达数千斤。1038年，西夏元昊称帝，不久便发动了对宋战争，双方损失巨大，不得已而重新修和。元昊向宋称臣，宋送给夏的岁币茶叶等亦大大增加，赠茶由原来的数千斤，上涨到数万斤乃至数十万斤之多。

图2-2 辽·宣化墓壁画

北宋与辽的关系一直处在打打停停亦战亦和的状态，1044年，宋辽双方议和，此后双方在边境地区开展贸易，宋朝用丝织品、稻米、茶叶等换取辽的羊、马、骆驼等。辽从宋输入茶叶的同时，也引进了宋代的饮茶法，我们可以从近年出土的辽墓壁画中看到中原茶事对辽的影响，其中便有辽人《煮茶图》①等内容（图2-2）。

4. 茶人金

女真建金国后，以武力不断胁迫宋朝的同时，也不断地从宋人那里取得饮茶之法，而且饮茶之风日甚一日。金朝虽然在战场上节节胜利，但是对炽烈的饮茶之风却十分担忧，因为所饮之茶都是来自宋人的岁贡和商贸，而且数量很大。当时，金朝社会上下竞相啜茶，农民啜茶尤甚，市井茶肆也都相互提携着经营茶业，文人们饮茶与饮酒已是等量齐观。茶叶消耗量的大增，对金朝的经济利益乃至国防都是不利的，于是，金朝下令禁茶，但茶风已开，茶饮深入民间，茶饮地位不断提高，不可阻挡。

六、一口通商的十三行

明清两朝，中国实行了一种特殊的朝贡贸易政策。这种朝贡贸易具有独特的双重性质：一方面对海外奉行开放政策，允许皇家的海船队下西洋进行官方贸易，也准许西洋海船到中国来进行由国家独占市舶之利的贸易；另一方面却对本国商人出海厉行封禁政策，明令禁止沿海居民私自出海，规定片版不许下海，严厉打击走私贸易。

至清中期，政府对外贸又进行了独有制度，由广州的十三行"一口通商"，广州由此成为全国唯一海上对外贸易口岸。随着十三行进出口的贸易额节节增长，广州成为清代对外贸易中心。到鸦片战争前，洋船多达年200艘，税银突破180万两。十三行被

---

① 1993年，河北省张家口市宣化区下八里村6号辽墓出土，中有墓壁画《煮茶图》，壁画中共有6人，一人碾茶，一人煮水，一人点茶。壁画中室内煮茶工具一应俱全，形象生动，反映了当时的煮茶情景。

称作"天子南库"。

设立十三行，是清廷实行严格管理外贸政策措施的重要组成部分，其目的在于防止中外商民自由交往，十三行具有官商的社会身份，也是清代重要的商人资本集团。1842年，清政府鸦片战争战败，签订《南京条约》，规定英商可赴中国沿海五口自由贸易，十三行失去外贸垄断的特权。1856年，十三行在第二次鸦片战争中毁于广州西关大火。中国进入半封建半殖民地社会之后，茶叶经济严重衰退，茶政亦日趋无力，中国茶政，面临凤凰涅槃历史时刻。

七、共和国的茶叶政策

1949年10月，中华人民共和国成立，国家行使对茶叶的管理权，建立了相应的各级组织；中国茶业的领军人物吴觉农先生作为政治组成员，进入全国政协，同时担任中华人民共和国农业部副部长。12月，北京召开新中国成立之后的第一次全国茶叶会议，旋即成立了中国茶业公司，吴觉农亲任经理，并在各有关省市设立分公司。

1952年，贸易部、农业部为了加强茶叶工作，对产销两部门的工作作了分工，茶叶生产、初制归农业部领导，茶叶收购、精制、贸易由贸易部领导。1954年，全国实行预购茶叶协议书，以中央人民政府对外贸易部为甲方，以中华全国合作社联合总社为乙方，由甲方委托乙方办理一切有关茶叶预购事宜。1960年，北京成立"中国茶叶土产进出口总公司"，统管茶叶内外贸业务。从这些组织机构的建立中，可见国家对茶的重视和掌控程度。

1984年，中国茶叶流通体制实行重大改革，除边销茶继续实行派购外，内销茶和出口茶的经营实行议购议销，按经济区划组织多渠道流通和开放市场。

今天，在全球经济越来越一体化的态势之下，茶业经济也越来越呈现出复杂多样、丰富多彩的格局。中国2 000年来那副打理茶业的算盘，也早已换成了计算机电脑，如何更科学合理地实施国之茶政，亦是中国茶业面临的重大课题，需要我们专题进行瞻望、研究、规划与确定。

第三章
事茶者
——一生徜徉茶境中

我从事茶叶工作一辈子，许多茶叶工作者，我的同事和我的学生同我共同奋斗，他们不求功名利禄升官发财，不慕高堂华屋锦衣美食，没有人沉溺于声色犬马、灯红酒绿，大多一生勤勤恳恳、埋头苦干、清廉自守、无私奉献，具有君子的操守，这就是茶人风格。

吴觉农

茶人，既是茶文化最初的一道风景线，亦是茶文化化育的对象者。何为茶人，何为茶人精神，这亦是茶文化的核心所在。所谓茶人，可以理解为喝茶的人，也可以理解为事茶的人，更可以理解为有茶之品格的人。事茶的人无有不喝茶的，有茶人品格的人亦往往多是事茶者。因此，从他们的精神事像与生命体悟中，最可以鲜明地看到活生生的茶文化精神与灵魂。

中国茶人精神，和中华文明、中国文化的精神的关系，乃是一个子系统与母系统的关系。这种关系已被茶文化史上众多事像证实：从远古的神农至盛唐的陆羽，至现当代史上的吴觉农，至今天中华茶文化界的学者专家，他们的共同特点，在于具备了承载中国文化精神的情怀和能量，是茶人和文化人的合二为一。这样一种特有的合二为一的精神，决定了中国茶文化和中国文化之间的血缘关系。中国茶人是充分凝聚了中国传统文化精神的文化群体。因此，在中国茶文化的精神里，无时无刻不透露出中国文化的精神。比如，中国茶人精神中的和谐精神、天人合一精神、乐生精神、独立不阿的人格精神、东方独特的审美精神，都是中国茶人特有的，是中国式的真善美精神，也是一部世界文明史和人类文化发展史的深刻组成部分。

中国茶人从古到今，一直坚持着这样一种探索，使茶文化精神深入到人类精神生活的深处，昭示出这一文化事相的丰富和深刻。中国茶文化的流布过程，就中国与中国以外的国家的关系而言，乃是一个源流的过程，这个过程，便是中华茶人在世界茶文化中举足轻重的最有力证据。中国茶文化在世界各地的传播，以及与当地文化的结合，亦孕育出了各国各地区的茶人，他们都是茶文化历史文脉中不可或缺的精神环节。

我们以陆羽为核心诠释古代茶人，以吴觉农为核心诠释当代茶人，以日、欧茶人为核心诠释国外茶人，基本就可了解与涉及中外茶人的精神风貌了。

一、中国古代茶圣陆羽

茶文化的核心为茶人，每个时代都有茶的代表性人物，如上古的神农氏；三代的周公旦；春秋战国的晏婴；两汉的司马相如、扬雄；三国的韦曜；两晋的左思、杜育、常璩、王濛；南北朝的昙济道人、齐世祖武皇帝等。而陆羽，正是唐朝的代表性茶人，也是中国茶人第一人，是由圣而神的划时代人物，不讲陆羽，就无法解读中国茶文化。

1. 生平多难而伟大的人生

陆羽（733—804年），唐代复州竟陵，也就是今天湖北天门市人，字鸿渐，又字季疵。陆羽的号不少，著名的有竟陵子、桑苎翁、东冈子。他一生嗜茶，精于茶道，工于诗词，善于书法，因著述了世界第一部茶学专著《茶经》而闻名于世，流芳千古。其实，陆羽的才华远不囿于一业，他博学多能，是著名诗人，又是音韵、书法、演艺、剧作、史学、旅游和地理专家（图3-1）。

陆羽的后半生虽然与江南的顾渚茶山生死相依，但出生时却被人发现丢弃在荆楚之地湖北天门西塔寺外的湖畔，故他的名字与水有关。《新唐书·隐逸》的"陆羽传"中说他"不知所生"，清道光年间的《天门县志》提及陆羽，说："……或言

有僧晨起，闻湖畔群雁喧集，以翼覆一婴儿，收畜之。"僧人是陆羽的师父智积禅师。弃儿无名，后以《易经》占卦，得"蹇"卦，又变为"渐"卦。卦辞说：鸿渐于陆，其羽可用为仪。这里的"鸿"，就是大雁的意思，而"渐"，则是慢慢的意思。《周易·渐卦正义》中说：凡物有变移，徐而不速，谓之渐。而这里的"陆"，就是水流渗而出的陆地。整句话的意思是说：鸿雁徐徐地降落在临水的岸畔旁，它那美丽的羽毛显示了它高贵的气质。这个卦里能用的字都被使及：在岸边发现，就姓了"陆"；要成为仪态万方之人，所以名为"羽"；大雁缓缓飞来，"鸿渐"就作了"字"。

图3-1 陆羽

陆羽自幼好学，为积公煮茗，做杂务，因不愿意皈依佛门，备受劳役折磨。11岁时逃出寺院，投奔戏班子演戏。他诙谐善变，扮演"假官"角色很受欢迎，还会编写剧本，一走向社会，就显示了出众的才华。

746年，河南李齐物被贬到竟陵当太守，县令要陆羽那个戏班演戏，为太守洗尘。看了陆羽表演的"参军戏"[①]后，太守很赏识他，于是召见他，亲自赠给他一些诗书，并介绍他去天门西北火门山邹夫子处就学。陆羽在邹夫子门下读书之余，也为邹夫子煮茗烹茶。20岁时，陆羽又遇见了被贬为竟陵司马的礼部员外郎崔国辅，陆羽同崔国辅交游三年，直至754年春天，陆羽拜别崔公，出游河南义阳和巴山峡川，采制品尝了巴东真香茗，又耳闻了蜀地彭州、绵州、蜀州、雅州、泸州、汉州、眉州的茶叶生产情况。然后，转道宜昌品尝了峡州茶和蛤蟆泉水。

755年夏，陆羽回到竟陵。后在距离竟陵县城60里的古驿道晴滩驿松石湖旁的东冈

---

① 参军戏：中国古代戏曲形式，由优伶演变而成。内容以滑稽调笑为主。参军戏对宋金杂剧的形成有着直接影响。

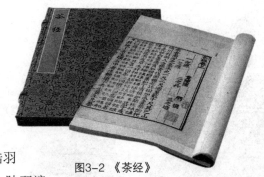

图3-2 《茶经》

村定居，整理出游所得，深入研讨茶学，并开始酝酿写一部关于茶的专著。

756年，安史之乱，关中难民蜂拥南下，陆羽始赋《四悲诗》一首，并随秦人过江。此后，陆羽遍历长江中下游和淮河流域各地，考察、搜集了不少采制茶叶的资料。760年，他游抵湖州，先与僧皎然同住杼山妙喜寺，结成了缁素忘年之交。不久，他移居苕溪草堂，潜心著述。其间，他结识了僧人灵澈，女道士李冶，诗人孟郊、张志和，名宦刘长卿等名僧高士。

770年，陆羽根据32州、郡的实地考察资料和多年研究所得，写成《茶经》初稿。778年，湖州刺史颜真卿在湖州杼山建三癸亭，因岁冬癸丑，十月癸卯，朔二十一日癸亥，其中有三癸，陆羽故题名此亭为三癸亭。

780年，陆羽在皎然支持下，《茶经》付梓（图3-2）。是年游太湖，访女道士李冶，李冶有《湖上卧病喜陆鸿渐至》相赠。781年，陆羽名闻朝野，唐德宗赏识其才，诏拜他为"太子文学"，他不就职；不久，又改任为"太常寺太祝"，他亦不从命。804年，孑然一身的陆羽在湖州青塘门外青塘别业辞世，终年72岁。

从陆羽仅存数首的唐诗中我们也可以看出，他对名利的淡泊，对友谊的专诚，对劳苦大众的深切同情。如《六羡歌》、《四悲诗》等作品，充分反映了陆羽本人淡泊名利、忧国忧民的茶人品质。陆羽的形象被后世塑为瓷像，成为行业之神。《唐国史补》载："巩县陶者，多为瓷偶人，号陆鸿渐，买数十茶器，得一鸿渐。"在千年的品饮历史中，陆羽被公认为古代中国茶文化的灵魂人物和集大成者，陆羽，是中华民族的骄傲。

2. 《茶经》——划时代的茶学巨著

《茶经》是横空出世的伟大著作。三卷《茶经》共分十章，7 000多字，著述历时近30年，凝聚了陆羽大半生的心血，不但系统地总结了种茶、制茶、饮茶的经验，而且将儒、释、道三教思想的精华和中国古典美学的基本理念融入茶事活动之中，三家精神融为一体，把"精行俭德"作为中国茶道道德观的核心，彰显了中国茶人精神，把茶事活动升华为富有民族特色的、博大精深的高雅文化，为饮茶开创了新境界。

《茶经》基本总结了唐以前茶事活动的全部内容，由此极大地拓展了茶叶消费，使饮茶在中国普及成世俗之习，成为举国之饮。陆羽在钻研茶学，撰写《茶经》时，直接或间接地对茶叶生产历史、生态环境、栽培技术、制茶工艺、饮茶习俗、茶叶功效等方面进行了潜心研究，并做出了比较系统而全面的总结，普及了种茶、制茶的科学技术，指导了茶叶生产实践，促进了茶叶生产的发展。故美国学者威廉·乌克斯在《茶叶全书》中说："《茶经》是中国学者陆羽著述的第一部完全关于茶叶之书籍，于是当时中国农家以及世界各有关者俱受其惠。"

《茶经》首次把饮茶当做一门艺术来对待，创造了烤茶、选水、煮茗、列具、品饮一套中国茶艺，创造了美学意境，推动了中国茶文化的发展。由于陆羽《茶经》的问世以及陆羽和他的一大批文坛茶友的共同努力，唐代中期茶文化的发展出现了一个旷古高潮，尤其表现在唐诗的激增之上。琴棋书画诗酒茶，从此成为高雅品茶的必然意境。

3. 陆羽和他的朋友们

陆羽虽然笑傲江湖，不入红尘，但云游四方，交友甚多，此处只点出几位代表性人物。

僧人皎然（720—792年），是中国历史上第一个提出"茶道"二字的著名茶僧。他调和了儒家德治思想和道家的羽化追求，与茶性揉在一起，达到陶冶情操、修身养性的目的，使茶道染上了浓厚的宗教色彩，以独特的茶文化形式流传了下来，对后世茶道发扬光大有着深刻的影响。

道人李冶（公元？—784年），唐朝著名女诗人。历史上一直有陆、李二人是一对未能如愿的悲情恋人之假说，其重要的佐证，恰是李冶为陆羽写下的那首短诗《湖上卧病喜陆鸿渐至》："昔去繁霜月，今来苦雾时。相逢仍卧病，欲语泪先垂。强劝陶家酒，还吟谢客诗。偶然成一醉，此外更何之。"

李冶后来死于唐中期的宫廷政变中，据说陆羽所写的《会稽东小山》是专门纪念她的："月色寒潮入剡溪，青猿叫断绿林西。昔人已逐东流去，空见年年江草齐。"

有关专家考证以为此诗并非陆羽为李冶所做，但这首诗中的月色、寒潮、剡溪、青猿、叫断、昔人、东流、空见、年年、江草等词意，无一不充满着孤寂、怀旧、怜悯之情，显然是借怀古凭吊之名寄托难言之情。

儒家颜真卿（709—785年），是中国历史上最伟大的书法家之一。大历八年也就是773年，其人到湖州任刺史，与皎然、陆羽等著《韵海镜源》词书五百卷，并共建重要的茶文化遗存三癸亭。

颜真卿字清臣，京兆万年人，开元间中进士。安史之乱，抗贼有功，入京历任吏部尚书，太子太师，封鲁郡开国公，故又世称颜鲁公。德宗时，李希烈叛乱，他以社稷为重，亲赴敌营，晓以大义，终为李希烈缢杀，终年77岁。德宗诏文曰："器质天资，公忠杰出，出入四朝，坚贞一志。"书法史上，他是继二王之后成就最高、影响最大的书法家。其书初学张旭，初唐四家，后广收博取，一变古法，自成一种方严正大、朴拙雄浑、大气磅礴的"颜体"，对后世影响巨大。

陆羽的其余诗人朋友们还有许多，如皇甫冉、张志和、孟郊等。陆羽与他们交往的代表性茶诗，有皇甫冉的《送陆鸿渐栖霞寺采茶》："采茶非采菉，远远上层崖。布叶春风暖，盈筐白日斜。旧知山寺路，时宿野人家。借问王孙草，何时泛碗花。"此诗流传至今，一直是研究陆羽不可或缺的文史资料。

陆羽之后，历代出现了一批有代表性的著名茶人，其中有著有《茶述》的裴汶、著有《煎茶水记》的张又新，封演则因为写下了《封氏闻见记》而闻名茶界。大诗人中许多也是大茶人，唐时以白居易为代表，而北宋茶人的特点是官员与文人比翼齐飞，顶尖级的是皇帝茶人宋徽宗赵佶以及忠臣范仲淹，督茶官丁谓与蔡襄等。文人中顶尖级的，北宋有苏东坡，南宋有陆游。元、明、清一代代茶人更为密集，出现了不少专业性很强的茶人，如朱权、钱椿年、田艺衡、屠隆、罗廪、周高起、陆廷灿、吴骞等。而在他们之后，一个被称之为当代茶圣的大茶人横空出世。

二、中国当代茶圣吴觉农

被誉为当代茶圣的吴觉农先生（1897—1989年）是中国茶业复兴、发展的奠基人，

是中国现代茶学的开拓者，是享誉国内外的著名茶学家，更是中国茶界的一面光辉旗帜。他为振兴华茶艰苦奋斗了72个春秋，在长期实践中形成的吴觉农茶学思想，为中国现代化茶行业做出了历史性的伟大贡献！

图3-3 老年吴觉农

1. 吴觉农生平

1897年，吴觉农出生于浙江茶区上虞丰惠镇，他从小对茶产生兴趣，半殖民地半封建的社会残酷现实，使吴觉农立下志向，立志要革新中国茶业。1919年，吴觉农赴日本留学，专攻茶学，发表了《茶树原产地考》、《茶树栽培法》和《中国茶叶改革方准》三篇论文。在25岁时，他便分析了中国茶叶出口的历史，并从栽培、制造、贩卖、制度和行政、其他的关系等五个方面剖析了华茶失败的根本原因，同时提出了培养茶业人才、组织有关团体、筹措经费、茶税分配等振兴华茶的根本方案。

1922年，吴觉农从日本留学回国，直到1931年才进上海商品检验局，开始茶叶专业工作。1935年和1937年，他和胡浩川、范和钧分别合作出版了《中国茶业复兴计划》和《中国茶业问题》两本茶学名著和一批有关茶叶生产与对外贸易的重要论文。20世纪40年代，吴觉农学习了前苏联早期农业经济学论，结合中国茶业实际，提出了战时茶叶统制政策和以后的茶叶统购统销政策，最后形成了适合新中国成立初期计划经济体制需要的比较系统的吴觉农茶学思想（图3-3）。

20世纪50年代至60年代，由于极"左"思潮的影响，对吴觉农不公正的对待，在这长达26年的时间里（1951—1977年），他仅仅发表了1篇茶学论文，即《湖南茶业史话》。1978年之后，年逾80高龄的吴觉农，以中国农学会和中国茶叶学会名誉理事长的身份，热情满怀地回到久违的茶叶战线。1987年，吴觉农发表了他一生中最后一部具有重要学术价值的著作——《茶经述评》。这部被誉为20世纪的新茶经，在茶学发展史上具有里程碑意义。

2. 吴觉农对中国茶业的十大贡献

综观吴觉农先生一生茶业功绩，根据刘祖生、程启坤等学者研究，可总结为以下十条。

（1）**首次全面论证、提出中国是茶树原产地**　1922年，年仅25岁的吴觉农在《中华农学会报》上发表了长达万余言的论文《茶树原产地考》，文章系统地批驳了当时流行的"茶树原产印度"及其他错误观点和学术偏见，并列举大量材料，有力地证明茶树原产于中国。57年后的1979年，吴觉农又在《茶叶》复刊第1期上，发表了《我国西南地区是世界茶树的原产地》一文，分析批判了百余年来在茶树原产地问题上的7种错误观点，并根据古地理、古气候、古生物学的观点，从茶树的种外亲缘和种内变异，进一步科学论证中国西南地区是茶树原产地。这在国内外茶学界产生了重大反响，具有重要的学术意义。

（2）**最早提出中国茶业改革方案**　吴觉农早年在日本留学时（1922年）就发表了《中国茶业改革方准》一文，全文2万余言，针对时弊，列举大量数据，尖锐地剖析了华茶衰落的根本原因；同时，从培养人才、体制改革、资金筹措等多方面提出了全面改革方案。他当年提出的改革思想和举措，至今仍具有深刻的指导意义。

（3）**倡导制定中国首部《出口茶叶检验标准》**　1931—1937年，吴觉农在上海商品检验局工作期间，目睹华茶出口的种种弊端，积极倡导制定了"出口茶叶检验规程"和"茶叶检验实施细则"，并提出与实施了"出口茶叶产地检验"制度。这一制度的创建为保证与提高出口茶叶质量，增强华茶在国际市场的竞争力，为日后中国茶叶出口贸易事业的发展均发挥了重要作用。

（4）**在中国高等学校中创建第一个茶叶系**　1940年，中国正处在抗日战争的艰苦岁月，吴觉农深谋远虑，到处奔走，在内迁重庆的复旦大学与同道中人共同创建了中国培养高级茶叶科技人才的第一个茶叶系和茶叶专修科，并出任系主任。他不仅为我国培养了一大批茶叶技术骨干，而且为后来中国建设茶学高等教育体系奠定了基础。

（5）**创建第一个国家级的茶叶研究所**　1941年，日本偷袭珍珠港，太平洋战争爆发，中国出口口岸全被日本侵占，茶叶出口停顿，茶叶生产一落千丈。吴觉农临危受命，带领一批志同道合的中青年茶人，来到福建崇安的武夷山麓，建立了以其本人为所长的中国第一个国家级茶叶研究所。在极其艰苦的条件下，开展了茶树繁殖、修剪、栽培、生理、土壤、病虫害、制茶和成分分析等多方面试验；并出版《茶叶研究》期刊，使战火中处于奄奄一息的中国茶业见到了科技希望之光。

（6）**最早提倡并实施在农村组织茶农合作社** 早在20世纪20年代初，吴觉农就提出推行茶农合作社的观点。抗日战争初期，他在浙江平水、遂淳等茶区组织成立了430个合作社，既维护了茶农利益，又提高了茶叶品质。1944年抗战胜利前夕，吴先生深刻分析了茶在国民经济中的地位，并结合我国国情，指出"茶业产制运销……都有积极加强组织推动合作社的必要"。这一观点直到今天都有着十分重要的现实意义。

（7）**主持翻译世界茶叶巨著《茶叶全书》** 从抗战初期至1949年春，吴觉农组织有关人员，历时11年之久，主持翻译当时世界茶叶巨著——美国学者乌克斯所著的《茶叶全书》。全书90万字，内容丰富，涉及面广。这也是吴觉农重视引进国外先进技术的又一重要举措，日后在中国茶叶科研、教学与生产中发挥了重要的参考作用。

（8）**组建新中国第一家国营专业公司——中国茶叶公司** 1949年10月，新中国成立后，吴觉农被任命为农业部副部长，他根据中央财委指示，负责组建由农业部与外贸部共同领导的中国茶叶总公司，本人兼任经理。这是新中国最早成立的第一家国营专业公司。该公司为新中国成立初期茶叶生产的迅速恢复与发展，为扩大茶叶出口发挥了重要作用。

（9）**主编"20世纪新茶经"——《茶经述评》** 1984年，吴觉农以其87岁高龄，主编出版了他一生中最后一部具有里程碑意义的重要著作《茶经述评》。该书对世界第一部茶学专著——唐代陆羽《茶经》，作了准确译注与全面、科学的述评，被誉为20世纪的新茶经。其深刻的科学评述与茶文化内涵，充分体现了茶学文理结合的学科特色。

（10）**倡导建立中国茶叶博物馆** 1989年，以吴觉农为首的28位全国著名茶人签署的《筹建中国茶叶博物馆意见书》，有力地促进了该馆的建成。中国茶叶博物馆自

1991年开馆以来，已发展成为中华茶文化的展示中心、茶文物收藏的专业场所、茶文化研究与普及的重要平台和未成年人素质教育的重要阵地，是目前中国唯一国家级茶文化专题博物馆。

3. 吴觉农时代的大茶人

与吴觉农同时代或稍后的大茶人，各有光彩，其中有三位已离世者被公认为茶界泰斗，在此做一介绍。

（1）庄晚芳（1908—1996年）　茶学家、茶学教育家、茶叶栽培专家，中国茶树栽培学科的奠基人之一。在茶树生物学特性和根系研究方面取得重要成果，晚年致力于茶业的宏观研究，对茶历史以及茶文化的研究作出卓著贡献。

庄晚芳出生于福建省惠安县，幼年家境贫困。1930年考入中央大学农学院，1934年毕业后到安徽祁门茶叶改良场工作。他带领练习生一起采茶、制茶，与茶工们工作、生活在一起，从而引起了对茶叶研究的兴趣。1938年在福建省立职业学校讲授茶叶课，1939年担任福建省茶叶管理局副局长，曾到崇安筹办福建省示范茶厂，并在武夷山下组织开辟了数千亩新茶园，不久转至浙江衢州协助吴觉农筹办东南改良总场。1943年，福建省农林公司聘任庄晚芳为总经理，他吸收侨资，改善经营，取得很大成绩，为闽茶复兴打下了基础。1948年，他先后赴中国香港、新加坡和马来西亚考察，受老校长、著名爱国华侨陈嘉庚先生的教诲、启发，返回福建，投身民族革命的解放运动。中华人民共和国成立后，庄晚芳曾先后在复旦大学农学院、安徽农学院、华中农学院和浙江农业大学从事茶学教育。经他培养的专科生、本科生、研究生以及前苏联和越南留学生约有2 000余人。他的学生遍布全国各地，不少人已成为茶学专业的高级技术人才。1965年，他首次培养茶学研究生，成为我国茶学研究生教育的开端。

庄晚芳知识渊博，曾讲授过《茶作学》、《茶叶概论》、《茶树栽培学》、《茶叶加工学》、《茶叶经济》、《茶叶贸易学》、《茶叶审评》、《茶树生理》等课程。在教学中，他坚持理论联系实际，既重视课堂教学，又亲自带学生到茶区调查研究，参加栽茶、制茶等实践活动。他坚持教学内容和教学方法的改革，不断更新教材，采取启发式教学。毕生从事茶学教育与科学研究，培养了大批茶学人才。晚年的庄晚芳着力于茶文化建设，提出"中国茶德"思想，丰富了茶文化精神。

（2）陈椽（1908—1999年） 茶学家、茶业教育家，制茶专家，中国近代高等茶学教育事业的创始人之一，为国家培养了大批茶学科技人才。在开发中国名茶生产方面获得显著成就，对茶叶分类的研究亦取得了一定成果。著有《制茶全书》、《茶业通史》等。

陈椽出身于福建省惠安县崇武镇的一个平民家庭。1934年，26岁的陈椽从国立北平大学农学院毕业后，先后在茶场、茶厂、茶叶检验和茶叶贸易机构工作，从此献身茶业教育事业。出任浙江茶叶检验处主任时，他开始着手收集茶叶科学的有关资料，建立了茶叶检验实施办法和一套完整的表格。1940年赴浙江英士大学农学院任教，编著了中国第一部较为系统的高校茶学教材《茶作学讲义》。抗日战争胜利后，受聘到复旦大学任教，继续为创立茶业教育体系而努力。先后编著了《茶叶制造学》、《制茶管理》、《茶叶检验》、《茶树栽培学》等4部教材，在教学的同时，他还进行了大量的科学研究工作，不断充实教学内容。1952年全国高等院校进行院系调整，他担任安徽农学院副教授兼茶业系主任，为该系的创办、教学科研逐步走上正轨化做了大量艰苦细致的工作，1957年晋升为教授。这期间，他还致力于提高《制茶学》的教学水平，两次主编全国高等农业院校教材《制茶学》以及《茶叶检验学》，出版了《茶树栽培技术》、《安徽茶经》和《炒青绿茶》等专著。1977年在病榻上撰写了《茶业通史》、《中国茶叶对外贸易史》、《茶与医药》3部共100多万字的巨著。

截至1990年8月，陈椽共发表189（部）篇计1 000多万字的论文和著作，为中国茶叶科学的发展提供了宝贵的精神和物质财富。其中《茶业通史》运用了大量古今中外的有关史料，阐明了茶的起源、茶叶生产的演变、制茶技术的发展与传播、中外茶学、茶与医药、茶与文化、茶叶经济政策、茶叶对外贸易、中国茶叶今昔等，对推动茶叶科学的进步，促进我国茶叶生产的发展起到了重要作用，成为中国茶叶科学文库中的重要文献。

（3）王泽农（1907—1999年） 茶学家、茶学教育家、茶叶生化专家。参加筹创了我国高等学校第一个茶叶专业，为国家培养了大批茶学科技人才，是我国茶叶生物化学的创始人，主编了《茶叶生化原理》、《中国农业百科全书·茶业卷》。

王泽农1907年出生于安徽省婺源县一个小学教师家庭，1925年9月考入国立北京农业大学，1928年2月考入国立上海劳动大学农学院农业化学系，在这所学校，王泽农初步树立了理论联系实际的学风和劳动观点。1933—1938年，王泽农在比利时颖布露国家农学院留学和工作期间，除刻苦钻研农业化学外，还深入研究植物生理、生化、生物物理、化学等生物学科，为他回国后创建中国茶叶生物化学学科奠定了坚实的基础。1938年王泽农从比利时回国，这时日本已开始大举侵华，我国人民生命财产朝不保夕，物资供应严重缺乏。他受命协助李亮恭筹建复旦大学农学院。1942—1944年，王泽农先后在江西泰和参加筹建江西农业专科学校，在福建武夷茶区参加贸易委员会茶叶研究所的创建工作。1946—1949年，王泽农回到上海，在复旦大学农学院茶业专修科任教授兼主任。1949年5月上海解放，王泽农除继续在茶业专修科任教外，还筹建了复旦大学农业化学系，担任系主任。同时，受命华东区军管会担任华东区茶叶公司总经理。1952年院系调整，王泽农由上海复旦大学调至安徽大学农学院，1954年安徽农学院在合肥独立建院，王泽农调至合肥，先后担任土壤农化教研室主任、茶叶生物化学教研室主任、科研处处长、教务长、院学术委员会副会长。

王泽农是中国高等院校茶叶专业首先开设茶叶化学课的带头人。在此基础上，他进一步创建和完善了茶叶生物化学学科课程体系，建立茶叶生物化学教研室，创导了茶学研究的生物化学基础理论，培养茶叶生物化学科技人才，是茶学界著名的教育家。

三、东方茶人

茶是从中国传到日本的，今天的日本茶道有了自己鲜明的风貌，是日本独特的一种文化，被誉为"东洋精神真髓"。之所以会有这样的茶文化精神花朵，正是因为日本茶人对中国茶文化的承传与发扬最为经典与传神，还因为茶文化在日本茶人努力下，形成举世称道的日本茶道，具备了茶文化的一种经典性，值得后世研究和承传。

1. 荣西（1141—1215年）

太平末期至镰仓初期，相当于中国的宋代，日本文化开始进入对中国文化的独立反刍消化时期。1168年，27岁的日本僧人荣西，在浙江明州（今宁波）登陆，到浙江天台山国万年寺，拜禅宗法师虚庵怀敞大师为师，不久归国。1187年，46岁的日本僧人荣西第二次留学中国，在天台山潜心佛学。1191年7月离开天童寺与景德寺。归国时，在登陆后的第一站九州平户岛的高春院撒下茶籽，还将茶籽送给拇尾山寺的明惠上人。明惠上人在拇尾山（今宇治）中播种了茶种。宇治后来发展成日本著名产茶地。宇治的茶被称为"真正的茶"。

1214年，镰仓幕府的第三代将军源实朝患病，荣西献茶一盏，献书一本，题曰《吃茶养生记》，为日本的第一部茶书。荣西并为其讲解吃茶养生之道，源实朝吃了茶，看了茶书后病愈。《吃茶养生记》开篇有这样的记述："茶也，养生之仙药也，延寿之妙术也：山谷生之，其地神灵也！人伦采之，其人长命也。天竺唐土均贵重之，我朝日本曾嗜爱矣。古今奇特仙药也。"《吃茶养生记》不仅引经据典地论证了茶是养生的仙药，并结合自身的实践作了论证。荣西在书中引用佛教经典关于五脏心、肝、脾、肺、肾的协调乃是生命之本的论点，同五脏对应的五味是酸、辣、甜、苦、咸。心乃五脏之核心，茶乃苦味之核心，而苦味又是诸味中的最上者。因此，心脏（精神）最宜苦味。心力旺盛，必将导致五脏六腑之协调，每日每年时常饮茶，必将精力充沛，从而获致健康。

荣西禅师在日本被尊为"茶祖"，其《吃茶养生记》比陆羽的《茶经》晚400多年，是日本茶道文化的开拓者。荣西由此被称为日本陆羽、日本茶道史的里程碑。

2. 村田珠光（1423—1502年）

1489年，日本足利氏的室町时代，将军义政隐居京都东山，展开东山文化，能阿弥作为义政的文化侍从，向他推荐说：从茶炉发出的声响中去想象松涛的轰鸣，再摆弄茶具点茶，实在是一件有趣的事情。听说最近奈良称名寺的珠光很有名声。他致力于茶道30年，对大唐传来的孔子儒学也颇为精通，将军不妨请他来吧。村田珠光就此成为足利义政的茶道老师。书院贵族茶道和奈良的庶民茶道交融在一起，日本茶道的开山之祖诞生了。

村田珠光生于日本奈良，幼年在净土宗寺院出家，19岁时进了京都的一休庵，跟着一休①参禅，这是茶道形成史上一个重要事件。

珠光身为奈良流的代表人物，又是奈良茶会的名人，从一休那里吸取了禅宗的精华后，立刻开始用禅来改造自己的茶事活动。是一休将宋代中国高僧圆悟克勤的墨迹传给珠光，珠光毕恭毕敬地挂在茶室壁龛中，每个来参加茶事的客人都要先向圆悟的手迹行礼。从此这副墨迹不仅是禅门重宝，而且也成为茶道至高的圣物：同时是珠光将禅宗与茶道相结合的见证。茶与禅的结合，是茶道形成的一大关键，"茶禅一味"从此形成。珠光以后的历代茶人，几乎都参禅，而茶事有了更为深邃的思想内涵，茶道也被认为是"在家禅"的一种。珠光开创的"草庵茶"乃是后世茶道的出发点，其晚年成为义政的茶道师后，充分了解了东山"书院茶"，并有机会接触到义政搜集的大量艺术文物珍品"东山御物"，茶道思想有了进一步的飞跃，平民奈良流"草庵茶"与贵族"书院茶"的结合，完成了由茶文化到茶道升华的最为重要的一步。正是珠光，通过禅的思想，把茶道提高为一种艺术、一种哲学和一种宗教。

茶的民间化、茶与禅的结合、贵族茶与民间茶的结合，是茶道形成的三大关键性工作，通过村田珠光的一生实践得以完成，村田珠光创立的具有禅理的茶道，经武野绍鸥等人的完善，最后由千利休集大成，确立了日本的正宗茶道。

珠光在京都建立的珠光庵，以本来无一物的心境点茶饮茶，形成了独特的草庵茶风。临终时他说：日后举行我的法事，请挂起圆悟的墨迹，再拿出小茶罐，点一碗茶吧。

3. 武野绍鸥（1502—1555年）

珠光去世的那一年，又一位大茶人武野绍鸥出生了。武野绍鸥既是千利休的老师，也是日本茶道创始人之一。

绍鸥是堺市人，地方靠海，城市繁华，父亲是个大皮革商。绍鸥24岁来到京都，跟着三条西实隆学习和歌，同时又跟着珠光的几位弟子习茶道，直到33岁，他一直作为一名连歌师，生活在京都。36岁时绍鸥回到堺市，37岁时收下了小他20岁的千利休为徒。浪漫自在的连歌生涯结束了，绍鸥成了一名严谨的茶人和商人。48岁那年，他获

---

① 一休（1394—1481年）：法名一休宗纯，是日本室町时代的大禅僧，和"恶僧"道镜，"佛法大师"空海并称日本三大奇僧。

得了"一闲居士"号，茶道生涯进入了黄金时代。以歌的道理来渗透茶道，开创新的天地，是绍鸥的贡献。把和歌裱装起来，代替茶室的挂轴，使日本茶道日益民族化，便是从绍鸥开始的。第一幅被挂出来的和歌，是唐代时日本安倍仲麻吕留学中国的思乡诗：翘首望东天，神驰奈良边。三笠山顶上，想又皎月圆。

绍鸥对珠光的茶道进行了改革和发展。素淡、典雅的风格进入茶道，高雅的文化生活又还原到日常生活。从绍鸥与茶花的故事中，或许可以领略一点精神。有一次，茶会正赶上大雪天，为了让客人们全心欣赏门外的雪景，绍鸥打破了常规，壁龛上没有摆茶花，却用他心爱的青瓷钵盛了一钵清水，放在茶室。1555年，茶道先驱武野绍鸥圆寂，跟随绍鸥学习了15年的弟子千利休继而成了绍鸥之后的大茶头。

4. 千利休（1422—1591年）

同样是堺市的千利休，也同样出生于商人之家，本名千宗易。拜绍鸥为师后，也继承珠光以来茶人参禅的传统，后来作了织田信长的茶头，织田信长死后又成为丰臣秀吉的茶头。千利休把茶与禅精神结合起来，创造了一种以简索清寂为本体的"沱茶"。这种以隐逸思想为背景的茶会与足利义政东山时代流行的书院式茶会相反，一扫豪华的风气，只是邀请几个知己在一间狭小而陈设简单的屋里，利用简单的吃茶器皿，在闲静中追求乐趣。

日本天正三年（1575年），54岁的千利休正式为织田信长的茶头。天正五年（1577年）八月，千利休在自己家里建立黑木茶屋。天正六年（1578年）织田信长参观千利休的茶室。天正十年（1582年），丰臣秀吉委托千利休建造茶室，千利休继往开来，使过去铺张奢华的茶风变成孤独清闲，休养心身的一种手段，创造了所谓"市中山居"——闹中取静的茶室。它就是天正十年十一月至次年三月完成的待庵——一所室内朴素粗糙的乡村房屋。　同年，织田信长去世，丰臣秀吉继承其统一大业。天正十一年（1583年）一月，千利休接受丰臣秀吉的邀请赴山崎参加茶会，五月为丰臣秀吉的茶头，从此得到丰臣秀吉的宠爱，彼时千利休已62岁。

千利休发展了村田珠光的所谓"和汉"境界，达到了纯日本的简素美——"和、敬、清、寂"。茶具中最高级的是挂轴，它以墨迹为主。千利休把挂轴放在茶会中间，表现了茶的精神，而墨迹又以禅僧的为多数，青年时代经常挂的是圆悟克勤的墨迹。

天正十三年（1585年）十月七日，丰臣秀吉在皇宫小御所开设茶会，先由丰臣秀吉为天皇点茶，再由千利休为天皇点茶。此次茶会，可以说是千利休人生中规格最高的一次茶会，正是在这次茶会上，他被天皇赐予"利休"的法号，意思是"名利共休"或"名利顿休"。63岁的千利休，在这一生中最高级别的茶会上，获得巨大荣誉。天正十五年（1587年），权利与茶道再次结合，千利休在丰臣秀吉的聚乐第建九间书院及一张半草垫的茶室，实现了自己的美学思想。那一年，丰臣秀吉在平定了西南、东国和东北的各路诸侯之后，在京都的北野举行了举世无双的大茶会。千利休责无旁贷地担任了此次茶会的负责工作，而丰臣秀吉则发表了一个既专横又豁达，既炫耀自己又体恤民众，既向往风雅高洁，骨子里又是趄趄武夫的文告，于10月1～10日举行10天的大茶会。

盛况空前的北野茶会，有800多个茶席，不问地位高低，不问有无茶具，强烈的热爱风雅之心，推动了日本茶道的普及。当弟子们问千利休，什么是茶道的秘诀时，他说：夏天如何使茶室凉爽，冬天如何使茶室暖和，炭要放得利于烧水，茶要点得可口，这就是茶道的秘诀。茶道中原有的娱乐性，在千利休手中被消除了，几个客人用同一个碗传着喝的"传饮法"诞生了。千利休是一位主张人性亲和的大师。他的小茶庵，小的二三主客，只能促膝而坐，做到以心传心，心心相印。千利休的茶具也别出心裁。以为从中国传来的天目茶碗、青瓷碗过于端庄华丽，表现不了他的茶境，他便用了朝鲜半岛传来的庶民们用来吃饭的高丽茶碗，且以手工做成，形状不匀称，黑色，无花纹为最上等。

宫廷茶会以后，千利休不但成为一代宗匠，而且在政治上成为丰臣秀吉的亲信。宫廷茶会以后的5年是千利休的黄金时代，在政治上享有崇高的地位，但其中埋伏了悲剧的因素。丰臣秀吉爱好奢华的"黄金茶室"美学观与千利休的爱好清淡的"草庵茶室"美学观本是水火不容的，它使两人心灵上的鸿沟越来越深，最后彻底破裂。天正十九年（1591年），丰臣秀吉以大德寺山门上有千利休的木雕像及其他原因为借口，赐予切腹。千利休则于1592年2月28日在300名武士守护下杀身成仁。临终前留下遗言说："人世七十，力因希咄，吾之宝剑，祖佛共杀。"千利休是商人出身的茶匠，但赐予武士礼法的切腹，给世人的冲击很大。这说明千利休的存在已经远远超过一个茶匠的地位了，在精神上已具备压倒性的高度了。

千利休死后，儿子道安、养子少庵、孙子宗旦、妻子宗恩及女儿们都被流放到各地，后来他们得到赦免，发挥了千家的茶道传统。现在的表千家不审庵、里千家今日庵、武者小路千家官休庵，这三千家都是千利休的后裔。千利休的茶道当时由细川三斋和吉田织部继承下来，并重新开创了利休派茶道，而以生命殉茶的千利休，最终成为了日本茶道集大成者。

四、欧美茶人

东风西渐，茶入欧美之后，也熏陶出了一批世界级的大茶人，他们在全球推动了茶的品饮，自身也进入了茶文化的历史，值得青史留名。

1. 饮茶皇后凯瑟琳（1638—1705年）

开风气之先带动英国贵族享受中国茶的功臣，当属1662年嫁给英王查理二世的葡萄牙公主凯瑟琳，人称"饮茶皇后"。当年她的陪嫁就包括了精美的中国茶和中国茶具，那个时代华茶之贵重堪与银子匹敌。新皇后高雅的冲泡品饮的表率作用，引得贵族们争相效仿，皇后在宫廷中邀请贵族夫人来宫中品茶，更使有贵夫人沙龙传统的欧洲上流社会有了时尚饮品，由此，品茗风尚迅速风行并成为高贵的象征。

2. 下午茶发明者安娜夫人

下午茶的习俗起源于18世纪，当时英国人的晚餐时间大概在晚上7点至8点半，而午餐分量又几乎都很少，长长的下午没有食物可充饥。据说，英国伦敦的贝德福特公爵夫人安娜·玛丽亚兴起一个念头，要她的婢女每天下午5点，把所有的茶具在她的起居室准备好，好让她可以享受一杯茶以及一两片面包加奶油。伯爵夫人发现这样的下午茶实在是相当完美的点心，开始邀请她的朋友在她的起居室加入她的下午茶会，展开了一种崭新的社交方式。这样的形式社会意义比餐点的内容还要大。当时的女士们，如果不约朋友一起前往去闲话家常，就不会独自喝下午茶。她们一定要在一些合适的公共场所喝下午茶，好让一些适合她们品味的人看见她们。一旦这样的趋势流行起来，上流社会就开始在任何一种场合中举办茶宴。会客室茶可以给10～20个人的小团体享用，小型较亲密的朋友也可以让3～4个朋友使用，也有在花园里喝的茶，在家里享用的茶，甚至可以接待200人的茶会，也有网球茶、槌球茶、野餐茶等，不一而足。中产阶级也开始模仿有钱的人，因为他们发现请朋友喝茶并不需要花费太多的金钱。只要几壶茶，加上一些专门在喝茶时吃的三明治、热奶油土司、小油酥和一两块蛋糕，就可以宾主畅欢了。

下午茶的传统自18世纪开始形成，到1840年左右，已经完全成熟，时间在下午4时许一直延续到如今，仍然是英国人招待邻居、朋友最理想的方式。安娜夫人无心插柳却引领时尚，创造了茶文化中重要的欧洲品茶方式。

3. 汤玛士 · 立顿（1850—1931年）

立顿红茶的创办人汤玛士·立顿出生在苏格兰中部的格拉斯哥，父母在镇上经营奶油及火腿零售店，15岁他便从故乡远渡重洋到美国闯荡，身上仅有8美元。三年后，汤玛士成为纽约一家百货公司食品部门的助手，很快脱颖而出，1869年回到家乡格拉斯哥时，已拥有500美元的积蓄。21岁的汤玛士在格拉斯哥经营起自己的食品事业，将美式经营方式和满腹的经营点子尽情发挥，到1880年，他已拥有20多间食品分店。

红茶在当时是极为特殊的饮料，在药店、五金行和咖啡屋才买得到，汤玛士是第一个决定让红茶能便于大众购买的人。他将"立顿"红茶与店里的火腿、培根、油等日常食品一起陈列出售。为了让红茶能真正成为日常饮料，他直接向茶叶进口商购买，同时自行开发独特的品牌技术，创立了原味红茶。不久，汤玛士发现红茶会因水质不同有口味上的微妙差异，如适合曼彻斯特水质的红茶来到伦敦便完全走味，于是他让各地分店定期送来当地的水，再配合各地不同的水质创立不同的品牌，打出"与您家乡的水完美组合的立顿红茶"的口号。此外，汤玛士卖茶的方式也与众不同，过去茶叶都是秤重量出卖，立顿改变为小包装出卖，分1/4磅、1/2磅、1磅等不同重量的包装。经包装的茶既可保存茶叶风味，又可在包装袋上载明茶叶品质，让买者安心。

　　经营红茶不到一年，汤玛士便明智地做出购买锡兰7 000英亩①茶园的决定。他始终在寻求一种能直接向购买者诉求的宣传手法，如在包装袋上画着锡兰当地采茶姑娘的姿态，并标明"从茶园直接进入茶壶"的字样；又如为了促销，聘请了200人穿上中国服装做活动广告人，并印制二十多国语言的广告海报。

　　1892年，立顿在美国设厂，两年后，又在印度加尔各答设立分店。1898年，汤玛士·立顿被女王授予爵位，并博得"世界红茶之王"的称号。1931年汤玛士·立顿在伦敦去世，安葬于故乡格拉斯哥。由汤玛士奠定的基础及后人秉承其求新求变的企业精神，今日以袋装红茶为主，立顿几乎成为红茶的代名词，在世界各地都能品尝到它的芳香。

---

① 英亩为非法定计量单位，1英亩=4 046.86平方米。

第四章
茶之医
——何须魏帝一丸药

示病维摩元不病，在家灵运已忘家，
何须魏帝一丸药，且尽卢仝七碗茶。

宋·苏东坡 《戏书勤师壁》

现代医学以一系列严谨的科学数据，证实了茶的药理作用。茶被誉为21世纪的饮品，正是建立在茶与人类健康之间如此亲密关系的基础之上的。

一、茶文化与中医文化的契合

"神农尝百草，遇毒茶解之"，此说不但被作为中国茶叶史的开端，也被作为中医史的源头。茶是中华民族的先民们最早接触的药，被誉为"万药之药"。茶与中医有着如此的复合，是与茶自身的药理作用分不开的。

1.中医文化基本观点

中医文化是在中国古代朴素的唯物观和自发的辩证法思想影响下形成的，尤其是深受《周易》的影响。"天人相应"是《周易》哲学思想的精髓，其"丰卦·象传"说："天地盈虚，与时消息，而况于人乎？"意思是说，人与自然是一个统一的整体，自然界是人类生命赖以生存的外在环境，人类作为自然界的产物及其组成部分，定当受自然规律的支配与制约，因而人类只有顺应自然界的变化而变化，才能与天地日月共存，达到颐养天年的最终目的。

中医学完全吸收了《周易》这一哲学思想，其特点是整体观和辨证论。整体观是中医学最基本的观点。首先认为人是一个有机整体，其次认为人体与自然界也是一个密切联系着的整体，人依赖自然界得以生存，同时自然界的运动变化又作用于人体。中医学强调社会因素对病人的影响，明确指出学医之道要上知天文，下知地理，中知人事；行医之道要入国问俗，上堂问礼，临病人问所便。中医学非常重视心理因素对人体健康和疾病的作用，极为重视医德修养和医学伦理。中国自古就有"医乃仁术"之说，认为上医医国，中医医人，下医医病，把治病、救人、济世看作三位一体。不为良相，则为良医，这句中国人的老话，是对中医这门职业胸怀和人格的评判标准。

中医学的这些基本观点，与20世纪60年代在北美兴起的一门综合性的临床医学学科——"全科医学"的整体观念是一致的。全科医学的基本特征，就是将生物医学、心理科学和社会科学有机地整合为一体，突出临床实用性、诊疗简便性和服务个体化，立足于社区和家庭，强调预防为主，重视医患关系，充分利用各种社会资源。中医学同全科医学的相似并非偶然，虽然一属古老的东方，一属当代西方前沿科学，但却有着共同的哲学基础和思维方式。

2. 茶德、茶禅、茶鼎——通过身体到达心灵

正是中医文化的这些观点，把茶纳入了其文化范畴。

中国人把心灵与肉体看做一个整体，中国人还发现，茶是一条美好的通道，通过茶这种饮品，可以经过肉体到达心灵，这就是一个人被茶所文化的过程。这里的茶显然不是纯粹作为自然物质饮料和药物的茶，而是经过儒、释、道三家文化所渗润透的茶。

儒家有一句著名的格言，千百年来成为士大夫文人的至理名言，叫作"修身齐家治国平天下"，把起点——个人身心的完美与终点——治理天下的宏伟理想完全整合在一起，而茶在这当中就起到了非常重要的亲和关系。

中国的主流传统文化有一极为重要的概念：德。德是什么？《词林正韵》①归纳

---

① 清人戈载编纂的一部词韵书，书分三卷，分平、上、去三声为十四部，入声为五部，一共是十九个韵部。是依据前人作词用韵的情况归纳而来，这就是他所说的"取古人之名词参酌而审定"。戈氏的分韵虽是归纳、审定工作，但其结论却多为后人所接受，论词韵之士多据以为准。

得好："凡言德者，善美、正大、光明、纯懿之称也。"德性的修养是人们事业成功的保证，也是趋吉避凶的法宝。德在儒家眼里，也是寿的意思，所以有"仁者寿"之说。"反身修德"是《周易》哲学思想的精华，中医养生承袭了《周易》重德的哲学思想，提出了"德全不危"的养生观。这是说，道德高尚的人虚怀若谷，宽宏大量，心地善良，为人正派，故能心安不惧，心广体舒。鲁哀公曾向孔子请教，智者寿乎？仁者寿乎？孔子回答说，智者仁者皆可以致寿。你看看这世上之人，凡气质温和者寿，质之慈良者寿，量之宽宏者寿，貌之重厚者寿，言之检点者寿。那是因为温和、慈良、宽宏、重厚、检点都是仁的表现。其寿之长，决非猛厉、残忍、褊狭、轻薄、浅燥者之所能及。

遵循德的标准，唐代刘贞亮提出了"茶十德"：以茶尝滋味，以茶养身体，以茶驱腥气，以茶防病气，以茶养生气，以茶散闷气，以茶利礼仁，以茶表敬意，以茶可雅心，以茶可行道。这十德中有七德，把身体的感觉与健康结合在一起。

在茶禅一味中，渗透着中医文化的精神。中国人的五味"苦、辛、甘、咸、中，苦为最高之味，佛教认为人生是苦，人心是苦，而茶味亦是苦的。茶在精神上配得上修行的僧人饮用。茶禅一味中，其实很关键的是讲人对现世生活欲望的节制。打坐是对睡眠的节制，故西晋张华的《博物志》①有"饮真茶，令人少眠"的说法；禁欲是对色的节制；过午不食是对美食的节制；佛教思想对人性欲望是有很清醒的认识的，并且也有控制这种欲望的途径，就是通过身体的修炼来达到灵魂的完善。所以，茶禅也是通过身体达到心灵的一种方式。茶最早从僧人喝茶开始，茶的三种效果——不睡、禁欲、消食，无一不和身体的协调有关。

我们还知道，中国茶文化的精神资源，其重要的一脉来自于中国道家思想。古人云"医道同源"，道教是与中医药学关系最为密切的一种宗教，具有浓郁的民族特

① 志怪小说集。西晋张华（232—300年）编撰，分类记载异境奇物、古代琐闻杂事及神仙方术等。内容多取材于古籍，包罗很杂，有山川地理的知识，有历史人物的传说，有奇异的草木鱼虫、飞禽走兽的描述，也有怪诞不经的神仙方技的故事，其中还保存了不少古代神话材料。

色和深厚的文化基础。道家、道教思想是对中医药学发展影响最大的思想体系，是中医药学的理论基础之一。道家、道教的道、太极、八卦、阴阳、五行、三宝（精气神）、九守、十三虚无等，如今已成为中医学药学的重要组成部分，中医的阴阳学说、养生学说、经络学说等都在很大程度上得益于道家和道教的理论和实践。

道家把人放在宇宙中总体认识，主张人要顺应自然，《黄帝内经》根据自然界"春生、夏长、秋收、冬藏"的自然变化规律，提出"四气调神"的具体措施，而"四气调神"的目的又在于保持阳气的充沛。人体阳气充沛，则生机活泼、精神焕发，就能达到预防疾病健康长寿的目的。上古真人、至人、圣人、贤人四类养生家便是实践了"智者之养生，必顺四时而适寒暑"的诺言，故能提携天地，把握阴阳、处天地之和而不危。中医养生注重内因，真气的保养是人体健康的重要标志。所以《黄帝内经》主张"恬淡虚无，真气从之，精神内守，病安从来"。道家讲究养生乐生，在天地间无限期地活下去是他们的终极目的之一。道教认为，人们可以通过修炼达到长生不老、青春永驻的境界，这就是所谓的"神仙之道"。仙道是我国特有的文化现象，要得道成仙，就得有得道的途径，所以道家是身体力行的。炼外丹炼内丹，外丹就是用鼎炉炼丹，内丹就是以人体当丹炉，吐故纳新练气功。无独有偶，饮茶也是需要火的，制茶需要火，煮茶需要火，鼎，就成了道人与茶人都须臾不可离开的道器，道人与茶人也往往合二为一。

道家们推崇茶，是把茶作为得道成仙的药，轻身换骨羽化的一剂汤来认识的。西汉壶居士在其《食忌》一书中曾说："苦茶，久食羽化。"陶弘景①则在他的《杂录》中说："苦茶轻身换骨，昔丹丘子、黄山君服之。"我们从中国古代的一系列民间传说和宗教故事中得知，天是最神圣美好的地方，是人类的终极目标。道家主张肉身飞天，就是凡人得道后直接从地上升天，实际上，这是一种变相热爱现世生活的精神态度。这样一种乐生精神被中国茶文化吸收，中国茶人精神中便深刻地包含着热爱现世

① 陶弘景（456—536年）：字通明，齐梁间道士、道教思想家、医学家，自号华阳隐居，丹阳秣陵（今江苏南京）人，卒谥贞白先生。入齐，为诸王侍读，除奉朝请，征左卫殿中将军。梁武帝永明十年（492年）辞官赴句曲山（茅山）隐居，从孙岳游学，并受符图经法，遍历名山，寻访仙药。梁武帝每每就诸朝廷大事，时人称为"山中宰相"。

生活，以此生的快乐为目的的不同佛教价值观的基本生活态度，由此产生的养生观也和茶须臾不分开。

茶作为一种药物存在5 000年的历史，它与人类的健康自下而上发生了密切关系。茶流布于全世界，无一不是从药用开始的，欧洲各国曾一度把茶当作灵丹妙药向大众宣传。直到第二次世界大战前，茶叶都是重要的消毒杀菌药物。而茶的精神性，也带来特殊的保健药理作用。中国茶人追求审美的情趣和感官的愉悦，在人类经历了两次世界大战之后，人们，尤其是西方世界的人们普遍对生命的意义失去信心，由此产生绝望和迷惘的一代。为此，茶作为中国式的乐生载体，无疑能从东方哲学的世界观出发，为人类投下一道温情脉脉的月光，亦不啻是一剂抚伤的良药。

二、茶的药理作用

我们从一首著名的诗入手，来了解茶的药理性。北宋苏东坡在杭州任太守之时，有一天身体不适，但他游湖一天，每到一寺便坐下饮茶，病竟然好了，于是留下了《游诸佛舍，一日饮酽茶七盏，戏书勤师壁》一诗：示病维摩元不病，在家灵运已忘家，何须魏帝一丸药，且尽卢仝七碗茶。苏东坡对诗作了自注："是日净慈、南屏、惠昭、小昭庆及此，几饮已七碗。"他一路喝过去，远远不止七碗茶，而且喝的酽茶，就是浓茶。诗中说的是自己治病哪里需要魏文帝的仙丹啊，只要能够喝下卢仝的七碗茶就够了。

苏东坡的这首诗往往作为茶与药之间的关系被一再引用。而我们从茶叶史的发生发展来看，人类与茶的关系，正是从药用、食用、饮用进入品饮的。茶起初就是药，这种药理功能一直伴随着人类的品饮，不但没有减弱，反而在全球化的语境上，作为一种绿色植物的环保概念，更为发扬光大。有一张健康食物名单，近年流行在国内外，其中仔细讲解了12种健康食物，其中就包括了绿茶。食单专门就绿茶作了如下说明：绿茶富含红茶所没有的维生素C，这是预防感冒、美肤所不可欠缺的营养素，除此之外，也富含防止老化的谷氨酸，提升免疫力的天冬氨酸，具滋养强身的氨基酸，还具有利尿、消除压力的作用，具兴奋作用的咖啡因，降血压的黄酮类化合物等。

1. 中国古代文献中的茶之药理

历史上有许多的文献与重要药典皆明确记载茶是良好的天然保健饮料，诸如我国重要药学图书，包括《本草纲目》、《千金要方》、《医方集论》、《摄生众妙方》、《华佗食论》、《家白馆垩志》等。

《本草·木部》中说："茗，苦茶，味甘苦，微寒，无毒，主瘘疮，利小便，去痰渴热，令人少睡。秋采之苦，主下气消食。注云：春采之。"《神农食经》中说："茶茗久服，令人有力、悦志。"三国华佗在《食论》中提出了"苦茶久食，益意思"，这是茶叶药理功效的第一次记述。陆羽的《茶经》认为茶可以治六类疾病，分别是：热渴，凝闷，脑疼，目涩，四肢烦和百节不舒。唐代著名药学家陈藏器于《本草拾遗》中所言："诸药为各病之药，茶为万病之药。"宋代钱易的《南部新书》，则以为饮茶可使人长寿。而明代的钱椿年则在他的《茶谱》上，于《茶经》的六大功效之外，又增加了六种，分别是：消食，除痰，少睡，利水道，益思，去腻。其余各类药书中，提到茶的功能，还包括醒酒，浅肥，轻身，去毒，防暑等。在日本被尊称为"茶祖"的荣西禅师在他所著的《吃茶养生记》中开章即明言："茶也，养生之仙药也，延龄之妙术也。"

我们从中国古代中药学的集大成专著《本草纲目》中，可以看到较为全面与权威的传统茶之药理诠译：茶苦而寒，阴中之阴，沉也，降也，最能降火。火为百病，火降则上清矣。然火有五火，在虚实。若少壮胃健之人，心肺脾胃之火多盛，故与茶相宜。温饮则火因寒气而下降，热饮则茶借火气而升散，又兼解酒食之毒，使人神思恺爽，不昏不睡，此茶之功也。《本草纲目》共综合了茶的八项效理功能，从《本草·木部》中总结出"主瘘疮，利小便，去痰渴热，令人少睡"；从苏恭处引语为"下气消食，作饮，加茱萸、葱、姜良"；引陈藏器语为"破热气，除瘴气，利大小肠"；引王好古语为"清头目，治中风昏愦，多睡不醒"；引陈承语为"治伤暑，合醋治泄痢，甚效"；引吴瑞语为"炒煎饮，治热毒赤白痢；同芎藭、葱白煎饮，止头痛"；引苏东坡语为"饮食后浓茶漱口，既去烦腻，而脾胃不知，且苦能坚齿消蠹"；而李时珍自己认为茶的功能则是"煎浓，吐风热痰涎"。

2. 茶的化学成分

现代医学经过科学数据的分析，剖析了茶叶中所含的成分，有将近500种。主要有咖啡碱、茶碱、可可碱、胆碱、黄嘌呤、黄酮类及甙类化合物、茶鞣质、儿茶素、萜烯类、酚类、醇类、醛类、酸类、酯类、芳香油化合物、碳水化合物、多种维生素、蛋白质和氨基酸。氨基酸有半胱氨酸、蛋氨酸、谷氨酸、精氨酸等。茶中还含有钙、磷、铁、氟、碘、锰、钼、锌、硒、铜、锗、镁等多种矿物质。茶叶中的这些成分，对人体是有益的，其中尤以锰能促进鲜茶中维生素C的形成，提高茶叶抗癌效果。

茶叶中的主要成分及其药理功能，简述如下：

（1）**生物碱**　主要包括咖啡碱，茶叶碱，可可碱，腺嘌呤等，这些成分对呼吸系统和血管运动以及抗抑郁都有用处。咖啡因可以使大脑的兴奋作用旺盛；除此之外，还有盐基、茶碱，也都含有强心、利尿的作用。

1820年，人们从咖啡中发现含有咖啡因；1827年，人们发现茶叶中也含有咖啡因。茶叶几乎是在发芽的同时，就已开始形成咖啡因，从发芽到第一次采摘时，所采下的第一片和第二片叶子所含咖啡因的含量最高，相对发芽较晚的叶子，咖啡因的含量也会依序减少。

（2）**茶单宁**　茶单宁为酚类衍生物，统称为单宁。单宁可制造颜色和涩味，茶的颜色和含在口中时的涩味，也都是靠单宁和其他诱导体的作用。单宁并不是一种单一物质，而是由多种物质混合而成，且很容易被氧化，又拥有很强的吸湿性。愈是高级的茶，单宁的含量愈多。单宁可以治烧伤，防泻，治胃病，治糖尿病，治高血压、高血脂、高胆固醇、偏头痛等。

（3）**芳香物质**　茶是最注重香气的饮料，主掌茶叶香味的是挥发性芳香植物油，但其含量很少。造成香味成分的种类很多，其中最重要的就是酒精类。新茶独特的清香味，是青叶酒精所制造出来的，因其沸点低，且容易挥发，只要碰到高温，新茶的香气就会消失。若想长期维持新茶的香味，最好贮藏在冰箱里，并保持5℃的温度。芳香物质主要是镇静祛痰的药物，也可治疗痛风，对伤口进行消毒等。

（4）维生素 茶叶中维生素种类很多，可治人体的许多病。维C是预防坏血病不可或缺的要素。1924年由日本三浦政太郎博士的有关抗坏血病研究报告中，证实茶叶中确实含有维C，他又因维C摄取多寡的问题，测量出一天当中所需要茶的量，才发现愈是新茶，维C含量愈多；相对地，茶叶贮存愈久，含量愈少。一般来说，维C都不耐高温，所以制茶时的热或泡茶时的高温开水，往往很容易破坏维C，在第一泡茶时，维C有80%，第二泡茶时，会丧失约10%，所以饮茶者务必注意第一泡茶水。

（5）儿茶素 儿茶素成分具有强力抗氧化活性，远优于维生素C与维生素E等抗氧化剂。1960年，茶中儿茶素成分具有强烈的抗氧化活性即被发现。截至目前，儿茶素成分也已被确认为是活性最强的天然抗氧化剂，目前有许多食品或商品应用儿茶素当抗氧化剂。试验证实，茶中儿茶素成分可以有效去除有害自由基，减缓细胞过氧化及脂褐产生，达到真正抗衰老作用。儿茶素有很强的抗菌作用，不仅对一些食品病原菌如肉毒杆菌、金黄色葡萄球菌、肠炎弧菌乃至口腔中导致龋齿之变形链球菌，均具有极佳的抑菌或杀菌效果。儿茶素还可以降低胆固醇吸收，抗动脉粥样化及降血脂，能有效抑制细胞突变及防癌。

3. 茶的药效

现代医学根据茶叶中草药成分及其药理功能，饮茶的效用，主要归纳出茶的以下药效：

一是有助于延缓衰老。茶多酚具有很强的抗氧化性和生理活性，是人体自由基的清除剂，能阻断脂质过氧化反应，清除活性酶的作用。

二是有助于抑制心血管疾病。茶多酚有助于使这种斑状增生受到抑制，使形成血凝黏度增强的纤维蛋白原降低，凝血变清，从而抑制动脉粥样硬化。

三是有助于预防和抗癌。茶多酚可以阻断亚硝酸铵等多种致癌物质在体内合成，并具有直接杀伤癌细胞和提高机体免疫能力的功效。

四是有助于预防和治疗辐射伤害。茶多酚及其氧化产物具有吸收放射性物质锶90和钴60毒害的能力。对因放射辐射而引起的白血球减少症治疗效果更好。

五是有助于抑制和抵抗病毒菌。茶多酚有较强的收敛作用，对病原菌、病毒有明显的抑制和杀灭作用，对消炎止泻有明显效果。

六是有助于美容护肤。茶多酚是水溶性物质，用它洗脸能清除面部的油腻，收敛毛孔，具有消毒、灭菌、抗皮肤老化，减少日光中的紫外线辐射对皮肤的损伤等功效。

七是有助于醒脑提神。茶叶中的咖啡碱能促使人体中枢神经兴奋，增强大脑皮质的兴奋过程，起到提神益思、清心的效果。

八是有助于利尿解乏。茶叶中的咖啡碱可刺激肾脏，促使尿液迅速排出体外，提高肾脏的滤出率，减少有害物质在肾脏中滞留时间。咖啡碱还可排除尿液中的过量乳酸，有助于使人体尽快消除疲劳。

九是有助于降脂助消化。茶叶有助消化和降低脂肪的重要功效，用当今时尚语言说，就是有助于"减肥"。这是由于茶叶中的咖啡碱能提高胃液的分泌量，可以帮助消化，增强分解脂肪的能力。所谓"久食令人瘦"的道理就在这里。小横香室主人在《清朝野史大观》卷3中提到纪晓岚的饮食习惯时说："公平生不食谷面或偶尔食之，米则未曾上口也。饮时只猪肉十盘，熬茶一壶耳。"

十是有助于护齿明目。茶叶中含氟量较高，每100克干茶中含氟量为10～15毫克，且80%为水溶性成分。若每人每天饮茶叶10克，则可吸收水溶性氟1～1.5毫克，而且茶叶是碱性饮料，可抑制人体钙质的减少，这对预防龋齿、护齿、坚齿，都是有益的。据有关资料显示，在小学生中进行"饭后茶疗漱口"试验，龋齿率可降低80%。另据有关医疗单位调查，在白内障患者中有饮茶习惯的占28.6%；无饮茶习惯的则占71.4%。这是因为茶叶中的维生素C等成分，能降低眼睛晶体混浊度，经常饮茶，对减少眼疾、护眼明目均有积极的作用。

三、茶与养生

中华养生学产生于上古先民为抗御严酷的自然环境，调整体力，防治疾病的需要，那恰是神农尝百草的时代，也正是人类发现茶的时代。养生学在中国有古老的传统，中华民族的始祖黄帝也正是养生学的开山鼻祖，《黄帝内经》中以君臣问答形式提出的养生精论，比如认为个体生命只有顺从自然，才得以长生，至今仍是真知灼见，足以启迪后人。

养生一词最早见于《庄子》内篇。所谓生，就是生命、生存、生长的意思；所谓养，即保养、调养、补养的意思。养生就是根据生命的发展规律，达到保养生命、健康精神、增进智慧、延长寿命为目的的科学理论和方法。

历史上的圣贤们无不关注人生的最大命题：生与死。《黄帝内经》中黄帝说："生者，理之必终者也；终者不得不终，亦如生者之不得不生。而欲恒其生，画其终，惑于数也。"荀子则说："生，人之始也；死，人之终也。终始俱善，人道毕矣。"魏晋时期的文学家、思想家嵇康在他著名的《养生论》中写道："夫神仙虽不目见，然记籍所载，前史所传，较而论之，其有必矣。似特受异气，禀之自然，非积学所能致也，至于导养得理，以尽性命，上获千余岁，下可数百年，可有之耳。而世皆不精，故莫能得之。"宋代大政治家、大文学家欧阳修说："道存，自然之道也。生而必死，亦自然之理也。以自然之道，养自然之生，不自戕贼夭瘀，而尽其天年，此自古圣者之所同也。"

养生的观点，是把健康长寿作为终极目标，生命是第一性的，长寿者被称为人瑞，就是人中的极品。自古以来长寿都有雅称：60岁称为花甲之年、耳顺之年、还乡之年；70岁称为古稀之年、悬车之年、杖国之年；80、90岁称为朝杖之年、耄耋之年；寿得3位数100岁的称为期颐之年。人们为长寿老人祝寿，还有喜、米、白、茶寿之说。喜寿：指77岁，草书喜字看似七十七；米寿：指88岁，因米字看似八十八；白寿：指99岁，百字少一横为白字；茶寿：指108岁，茶字的草头代表二十，下面有八和十，一撇一捺又是一个八，加在一起就是108岁！1983年，88岁的大哲学家冯友兰写了两副对联，一副给自己，一副送给同庚的金岳霖。给自己的一副是："何止于米，相期以茶；胸怀四化，意寄三松。"意思是不能止于"米寿"，期望能活到"茶寿"，意寄陶渊明抚松而徘徊的境界。给金岳霖的对联是："何止于米，相期以茶；论高白马，道超青牛。"前两句同，后两句是对金岳霖逻辑和论道方面的赞叹：论辩比公孙龙的"白马非马"论要高，论道超过骑着青牛的老子。

饮茶长寿，正史也有记载。《旧唐书·宣宗纪》记，洛阳来了位130多岁的僧人，宣宗问他："服何药如此长寿？"僧答："贫僧素不知药，只是好饮香茗，至处唯茶是求。"长寿的秘诀是饮茶。孙中山先生也赞茶"是为最合卫生最优美之人类饮料"。人要健康长寿，清志调畅是一个重要条件，饮茶毫无疑问能够达到这个目的。陶弘景在其《养生延寿录》中提出："养性之道，莫大忧愁大哀思，此所谓能中和，能中和者必久寿也。"现代文化名人林语堂也说："我毫不怀疑茶具有使中国人延年益寿的作用，因为它有助于消化，使人心平气和。"日本科学家发现，茶抗衰老的作用约为维生素E的20倍。日本曾有专家这样说："中国患动脉粥样硬化和心脏病的比例比西方低，除了遗传因素、生活方式、饮食结构外，与中国人爱饮绿茶有关。"

综上所述，可见茶是名副其实的长寿之饮，养生之饮。

四、如何饮茶

常饮茶确实有益人体健康，然而不当饮茶是有害无益的，应该注意以下一些方面：

（1）**失眠症患者**　茶能利尿、提神、兴奋，主要是茶中含咖啡因，但过量摄入咖啡因对人体的弊大于利，冲泡一杯茶平均约含30～70毫克咖啡因，每天每人纯咖啡因的摄取"可容许限量"为0.65克，即相当于每人每天至少要喝30克以上的茶。咖啡因是中枢神经兴奋剂，摄入人体后在血液中的半衰期可长达数小时乃至数天，因此患有失眠症或精神衰弱的人最好睡前数小时避免喝茶。

（2）**贫血及服用含铁剂药物的人**　茶中之儿茶素很容易与铁结合而生成不可溶的复合物，阻碍了人体对铁的吸收，因此患有贫血症或服用含铁剂药物的人最好避免长久喝茶。

（3）**素食者**　应该尽量避免长久饮茶。虽然自古以来饮茶的历史与僧侣有密切的关系，但一般素食者很容易患缺铁症及蛋白质缺乏症，有报告指出，素食者常饮茶更容易患贫血或缺铁症。

（4）**太瘦及营养不良和患蛋白质缺乏症之人**　常饮茶的好处之一是可以抑制肥胖，透过儿茶素对淀粉水解酵素和蔗糖换酵素性的抑制，及抑制体脂肪积聚，可以有效防止肥胖，但茶中之多元酚类亦会阻碍人体对蛋白质的吸收，因此长久饮茶很容易造成蛋白质吸收障碍，同时亦抑制人体对钙和B族维生素的吸收，因此太瘦或饮食缺乏蛋白质的人最好能避免过量和长久喝茶。

（5）**空腹及低血糖患者**　儿茶素可以在很短时间内迅速降低人体血液中血糖和血中胰岛素含量，即空腹饮茶常令人引起"茶醉"；人体空腹时血糖含量原已偏低，再饮茶则血糖含量短时间内降得更低，结果很容易导致晕眩、呕心、反胃、心悸等现象，所以空腹及患低血糖症者应忌喝茶。

（6）**孕妇和小孩**　过量或长久饮茶除了可能会导致蛋白质吸收障碍，也可能会阻碍人体对钙和铁的吸收。孕妇和小孩急需钙和铁以助成长，摄取太多茶，很容易患缺铁性贫血及阻碍成长，所以要科学饮茶。

（7）**刚动手术的病人**　虽然绿茶的成分能有效对付恶性肿瘤，但是对于一些手术病人就不适用了。因为根据一项最新的研究显示：绿茶里含有的一种物质会阻止"新生血管生成"。患有糖尿病的患者可以多喝绿茶来预防产生失明的后遗症，而刚动过手术的病人喝绿茶会使伤势痊愈得较缓慢。

（8）**喝茶与吃中药的关系**　茶本身就是一味中药，至于其他药物和茶的相互作用，在《本草纲目》中只提到"服威灵仙、土茯者忌饮茶"，医药学专著中还提到服土茯苓期间忌饮茶，否则可致脱发。除了上述威灵仙、土茯苓二味药，一般喝茶是不会和吃中药相抵触，但用来配药服，仍是不宜。

（9）**如何品新茶的问题**　新茶并非越新越好，喝法不当易伤肠胃。由于新茶刚采摘回来，存放时间短，含有较多的未经氧化的多酚类、醛类及醇类等物质。这些物质对健康人群并没有多少影响，但对胃肠功能差，尤其本身就有慢性胃肠道炎症的病人来说，会刺激胃肠黏膜，使原本胃肠功能较差的人更容易诱发胃病。对这部分人，新茶不宜多喝。此外，新茶中还含有较多的咖啡因、活性生物碱以及多种芳香物质，这些物质会使人的中枢神经系统兴奋，有神经衰弱、心脑血管病的患者应适量饮用，而且不宜在睡前或空腹时饮用。

附药茶方：

1. 养生茶

材料：枸杞子、白菊花、绿茶各10克。

做法：用沸水泡浸10分钟，即可饮用。

功效：菊花味甘苦，枸杞甘平，滋阴润燥；视力不好、口干、头晕目眩者适合服用。手足冰冷、脾虚、易腹泻者不适合饮用。

2. 消脂茶（姜醋红糖茶）

材料：生姜10克，醋5克，茶叶5克，红糖5克。

做法：姜片用醋（用米醋）浸泡一夜，再与茶叶、沸水同泡，饮时加红糖。

功效：对食滞胃寒的人特别合适，红糖可用蜜糖代替。

3. 癌症患者的药茶疗法

（1）芦笋茶

材料：鲜芦笋100克、绿茶5克。

做法：鲜芦笋洗净，切成1厘米的小段，沙锅内加水后。中火煮沸放入芦笋，加入用纱布裹扎的绿茶，煎煮20分钟，取出茶叶袋即成。

功效：茶可频频饮服，鲜芦笋可同时嚼服。可润肺祛痰，解毒抗癌，适用于鼻咽癌、食道癌、乳腺癌、宫颈癌等。

（2）生姜茶

材料：鲜生姜300克、茶叶5克。

做法：鲜生姜洗净，在冷开水中浸泡30分钟，压榨取汁，装瓶放入冰箱备用。将茶叶放入杯中，用沸水冲泡，加盖焖15分钟。每次加3滴生姜汁，搅拌后即可代茶频饮。

功效：可解毒散寒，止呕，适用于各类癌症放疗、化疗中出现的恶心、呕吐等症。

第五章
茶技艺
——事茶的精道与品茶的浪漫

我们所见的固然美好，

我们明了的愈加美妙，

我们尚未悟彻的更是不胜其美，美不可言。

[丹麦] 尼尔斯·斯坦森

"茶艺"，在我们这一章的概念中，特指制茶的技艺和品茶的艺术，它包含了有关茶的技术与艺术，是研究如何制好茶和如何享受茶的技艺。茶艺具有一定的程式和技艺，它与文学、绘画、书法、音乐、陶艺、瓷艺、服装、插花、茶席、建筑等相结合，构成茶文化的重要组成部分。

中国茶艺的内容古已有之，不过有实无名，没有"茶艺"的叫法罢了。《封氏闻见录》记载："楚人陆鸿渐为茶论，说茶之功效，并煎茶炙茶之法。造茶具二十四事，以都统笼贮之。远近倾慕，好事者家藏一副。有常伯熊者，又因鸿渐之论广润色之。于是茶道大行，王公朝士无不饮者。"这里所谓的"茶道"，应该被理解为制茶的技艺和品茶的艺术。

陆羽是中国茶艺的奠基人。《茶经》"四之器"与"五之煮"中，记录煎茶二十四器并煎茶之法，对唐代流行的煎茶茶艺有详细的描述。宋代蔡襄《茶录》、赵佶《大观茶论》、明代朱权《茶谱》、张源《茶录》、许次纾《茶疏》等，对茶艺内容都有详实讨论记载，虽无"茶艺"一词，其意尽在其中。

一、制茶技艺

中国制茶历史悠久，自发现野生茶树，从生煮羹饮，到饼茶、散茶，从绿茶到各种茶类，从手工制茶到机械化制茶，期间经历了复杂的变革。各种茶类的品质特征形成，除了茶树品种和鲜叶原料的影响，加工和技艺是重要决定因素。

茶之用，最初从咀嚼茶树的鲜叶开始，所以采摘是第一道工艺。唐时封演说："茶自江淮而来，舟车相继，所在山积，色额甚多。"这里所说的"色额"应该是茶叶的不同产地和不同种类。而这些不同品种的茶叶和如何采摘是有关系的。茶树品种不一，各地气候以及土壤等条件亦不同，如何采摘是门学问。有的茶早发芽，如浙江永嘉的茶树品种"乌牛早"；有的茶发芽较晚，如睡美人一般不愿醒来，被人称为"梦茶"；还有的茶耐寒，便被取名"迎霜"。晋人杜育在《荈赋》中记录了秋茶的采法与吃法，说："月惟初秋，农功少休，结偶同旅，是采是求。……惟兹初成，沫沈华浮，焕如积雪，晔若春敷。"唐人陆羽说："凡采茶在二月、三月、四月之间……始抽凌露采焉。"还详细记载了当时采茶所有的工具。事实上，长江以南生长的茶树，大致在每年春、夏、秋三季均可采摘柔嫩新茶。北宋苏辙说："昔茶未有榷，民间采茶，凡有四色，牙茶、早茶、晚茶、秋茶是也。采茶既广，茶利自倍，自榷茶以来，宫中只要早茶，其余三色茶，遂弃而不采，民失茶利过半，今既通商，则四色茶俱复采。"当然，一般说来，茶叶采摘过嫩，会减少产量；采摘过老，产量虽多，又要影响成茶的品质。因此，要做到适时采摘新茶，借以保证茶的质量。

宋时制作龙凤团茶，采茶极为讲究，用指甲断茶，而不用手指。因为手指多温，茶芽受汗气熏渍不鲜洁，指甲可以速断而不揉。为了避免茶芽因阳气和汗水而受损，采茶时，还曾要求每人背一桶清洁的泉水，茶芽摘下后，就放入水里浸泡。采摘标准是茶芽或一芽一叶。这种采摘上芽叶的标准，随着茶叶科技进步，可说是越来越讲究。诸如雀舌、旗枪等美丽的茶名，其实都与采摘有着直接的关系。

古人将鲜叶采摘后，起初生煮羹饮，都是直接取用茶树鲜叶，以后自然而然地将采来的鲜叶晒干或烘干，然后收藏起来，这是晒青茶工艺的萌芽。散茶不便储藏和运输，于是将茶叶和以米膏而制成茶饼，这就是晒青饼茶，其产生及流行的时间约在两晋南北朝至初唐。

初步加工的晒青饼茶仍有很浓的青草味，蒸青制茶应运而生，即将茶的鲜叶蒸后捣碎，制饼穿孔，贯串烘干。蒸青饼茶工艺在中唐已经完善，陆羽《茶经》"三之造"记述："晴，采之。蒸之，捣之，拍之，焙之，穿之，封之，茶之干矣。"《茶经》还记载了唐代茶叶加工所用之灶、甑、杵臼、规（捲）、朴等工具。唐人诗文中也有很多谈论加工茶叶内容的，如白居易的诗云："春泥秧稻暖，夜火焙茶香"；顾况诗云："莫嗔焙茶烟暗，却喜晒谷天晴"。我们都可以从中看到一副鲜活的民间制茶图。

蒸青饼茶虽去青气，但仍具苦涩味，于是又通过洗涤鲜叶，压榨去汁以制饼，使茶叶苦涩味降低，这是宋代龙凤团茶的加工技术。宋人熊蕃所著的《宣和北苑贡茶录》记述说："（宋）太平兴国初，特置龙凤模，遣使即北苑造团茶，以别庶饮，龙凤茶盖始于此。"龙凤团茶的制造工艺，据宋代赵汝励的《北苑别录》一书记述，共有六道工序：蒸茶、榨茶、研茶、造茶、过黄、烘茶。茶芽采回后，先浸泡水中，挑选匀整芽叶进行蒸青，蒸后冷水清洗，然后小榨去水，大榨去茶汁，去汁后置瓦盆内兑水研细，再入龙凤模压饼、烘干。其工序中，冷水快冲可保持绿色，而压榨去汁却夺走茶的真味，且整个制作过程耗时费工，这样便促使了蒸青散茶的出现。

在蒸青饼茶的生产中，为了改善苦味难除、香味不正的缺点，逐渐采取蒸后不揉不压，直接烘干的做法，将蒸青团茶改造为蒸青散茶，保持茶的香味。这种改革出现在宋代，元代王祯[①]《农书》对当时制蒸青散茶工序有详细记载："采讫，一甑微蒸，生熟得所。蒸已，用筐箔薄摊，乘湿揉之，入焙，匀布火，烘令干，勿使焦。"

由宋至元，饼茶和散茶同时并存。到了明代初期，由于明太祖朱元璋下诏，废龙团贡茶而改贡散茶，蒸青散茶在明朝前期大为流行。

使用蒸青方法依然存在香气不够浓郁的缺点，于是出现了利用干热发挥茶叶香气的炒青技术。明代炒青制茶法日趋完善，在张源的《茶录》、许次纾的《茶疏》、罗

---

① 王祯（1271—1368年）：字伯善，元代东平（今山东东平）人。中国古代农学、农业机械学家。大约在元成宗大德四年（1300年）著成《农书》。

廪的《茶解》中均有详细记载。其制法为：高温杀青、揉捻、复炒、烘焙至干。这种工艺与现代炒青绿茶制法已非常相似。炒茶原本只是一种技艺，但发展到当代，已经复合进入了可供观赏的艺术领域。春茶下来之际，城市的大街小巷茶店，或者春茶之乡的村口路旁，往往放一只炒茶锅，一位炒茶工就当众炒茶，让大家饶有兴趣地看着鲜嫩的绿叶是如何在茶锅里散发出香气，变成可供冲泡的新茶。尤其是在杭州西湖茶乡，龙井茶炒制手法完全成为一种艺术化的劳动。如果把全程的炒茶动作分解开来，龙井茶炒制法大体还可以归纳为12种手法，即抖、搭、拓、捺、甩、抓、推、磨、压、荡、扣、扎。杭州市政府已经把龙井茶的炒制手法申报为世界非物质文化遗产项目，此时的炒茶，已经完全作为文化的象征。

　　在制茶的过程中，通过不同的制造工艺，制成色、香、味、形、品质特征不同的六大茶类，即绿茶、红茶、青茶、白茶、黑茶、黄茶，另有拼配制作而成的花茶。绿茶的基本工艺是杀青、揉捻、干燥。当绿茶杀青后不做及时摊晾、及时揉捻，或揉捻后不做烘干炒干，使其堆积过后叶子变黄，产生黄叶黄汤，黄茶便由此诞生。因此，黄茶的产生是从绿茶制法演变而来的，明代许次纾《茶疏》记载了这种演变历史。绿茶杀青时叶量多、火温低，使叶色变为近似黑色的深褐绿色，更以毛茶堆积后发酵，渥成黑色，这是产生黑茶的过程。黑茶的制造始于明代中叶，而宋代时所谓的白茶，是以白叶茶树采摘制作而成的茶。直至明代，出现了类似现在的白茶，有干茶表面密布白色茸毫、色泽银白的福鼎白茶，"白毫银针"，后来经发展又产生了白牡丹、贡眉、寿眉等其他花色。亦有人以为宋代时所指白茶是绿茶树的一种变异，春时发芽叶呈浅黄色，如今在安吉山中，还有一株1 000多年前的白茶祖，其无性繁殖的白茶已遍布全县10多万亩茶园。这种茶虽名白茶，其实还是绿茶。

　　而红茶则起源于16世纪的明朝。在茶叶制造过程中，事茶者发现用日晒代替杀青，揉捻后叶色变红而产生了红茶。最早的红茶生产从福建崇安的小种红茶开始。自星村小种红茶出现后，逐渐演变产生了工夫红茶。中外著名的红茶有印度的大吉岭红茶、阿萨姆红茶、中国的祁门红茶、云南的滇红茶以及广东英德的英红茶等。红茶是当今世界主要的品饮茶类。

青茶介于绿茶、红茶之间，起源于明朝末年至清朝初年，最早在福建武夷山创制。清初王草堂《茶说》："武夷茶……茶采后，以竹筐匀铺，架于风日中，名曰晒青，候其青色渐收，然后再加炒焙。……烹出之时半青半红，青者乃炒色，红者乃焙色也。"青茶也就是今天的乌龙茶，最有名的当属武夷大红袍、安溪铁观音和台湾冻顶乌龙。

说到从素茶到花茶的经历，也是源远流长。茶加香料或香花的做法已有很久的历史，北宋蔡襄的《茶录》中提到加香料茶："茶有真香，而入贡者微以龙脑和膏，欲助其香。"而南宋已有茉莉花焙茶的记载，明代窨花制茶技术日益完善，且制茶的花品种繁多，而据《茶谱》一书记载，有桂花、茉莉、玫瑰、蔷薇、兰蕙、橘花、栀子、木香、梅花九种之多。现代窨制花茶，除了上述花种外，还有白兰、玳玳、珠兰等。

二、烹（煮、煎、点、泡）茶技艺

西汉以来，茶的烹饮方法不断发展变化。大体说来，从西汉至今，有煮茶、煎茶、点茶、泡茶四种烹饮方法。

1. 烹茶之茶

烹茶技艺中包括茶、水、火等部分，我们先谈茶。

（1）**煮茶法** 所谓煮茶法，是指茶入水烹煮后饮，往往杂以其他的配料。自三国以降，鲜茶采摘后被制作成紧压茶，饮时捣碎碾成粉末入沸水煮饮。西汉王褒《僮约》说"烹茶尽具"；西晋郭义恭《广志》说"茶丛生，真煮饮为真茗茶"；东晋郭璞的《尔雅注》说"树小如栀子，冬生，叶可煮作羹饮"；晚唐杨华的《膳夫经手录》说"茶，古不闻食之。近晋、宋以降，吴人采其叶煮，是为茗粥"；同为晚唐的皮日休则在他的茶组诗《茶中杂咏》序中云："然季疵以前称茗饮者，必浑以烹之，与夫瀹蔬而啜饮者无异也。" 可见这种饮法从三国时就开始了。三国张揖著《广雅》说："荆巴间采叶作饼，叶老者，饼成以米膏出之。欲煮茗饮，先炙令赤色，捣末置瓷器中，以汤浇覆之，用葱、姜、橘子芼之。"芼茶即茶粥，源于荆巴之间，制作方法是将茶末置于容器中，以汤浇覆，再用葱姜杂和为芼羹。

唐代以后，茶叶品种渐多，但煮茶旧习依然因袭，特别是在少数民族地区较流行。陆羽《茶经》"六之饮"中记载："或用葱、姜、枣、橘皮、茱萸、薄荷之等，煮之百沸，或扬令滑，或煮去沫，斯沟渠间弃水耳，而习俗不已。"晚唐樊绰的《蛮书》记："茶出银生成界诸山，散收，无采造法。蒙舍蛮以椒、姜、桂和烹而饮之。"宋代的苏辙《和子瞻煎茶》诗有"又不见北方俚人茗饮无不有，盐酪椒姜夸满口"之句。宋代，北方少数民族地区以盐酪椒姜与茶同煮，南方也偶有煮茶。这种煮茶时往里加盐葱、姜、桂等佐料的方式，被称之为芼饮，直到今天，依然在中国民间少数民族生活中广泛流行，是中华民族茶品饮习俗中重要的内容。

　　（2）**煎茶法**　陆羽之后，人间相学事新茶，这个新茶正是"煎茶法"，是指陆羽在《茶经》里所记载的一种烹煎方法。具体做法是将饼茶经炙烤、碾罗成末，候汤初沸投末，并加以环搅、沸腾则止。煎茶法的主要程序有备器、选水、取火、候汤、炙茶、碾茶、罗茶、煎茶（投茶、搅拌）、酌茶。

　　煎茶法在中晚唐很流行，唐诗中多有描述。有茶文化学者总结说：有刘禹锡《西山兰若试茶歌》诗吟"骤雨松声入鼎来，白云满碗花徘徊"；有释皎然"文火香偏胜，寒泉味转嘉；投铛涌作沫，著碗聚生花"的雅句；有白居易"白瓷瓯甚洁，红炉炭方炽，沫下曲尘香，花浮鱼眼沸"的煎茶描绘；有卢仝《走笔谢孟谏议寄新茶》诗"碧云引风吹不断，白花浮光凝碗面"的赞叹；五代徐夤《谢尚书惠蜡面茶》诗说"金槽和碾沉香末，冰碗轻涵翠缕烟。分赠恩深知最异，晚铛宜煮北山泉"；而北宋苏轼《汲江煎茶》诗更以其"雪乳已翻煎处脚，松风忽作泻时声"的茶意千古流芳。

　　需求刺激了供应，唐玄宗时，长安城东运来了各地的土特产，其中豫章郡船装运的名瓷多为茶釜、茶铛、茶碗，这种类型的茶具大量运到华北，显然是应了社会上煎茶法制茶的需要。

　　（3）**点茶法**　宋朝流行点茶法。点茶法是将茶碾成细末，置茶盏中，以沸水点冲而成的冲茶方法。具体方法是先注少量沸水调膏，继之量茶注汤，边注边用茶筅击拂（图5-1）。

　　艺术化的点茶又被称之为分茶、水丹青，从蔡襄《茶录》、宋徽宗《大观茶论》

图5-1 宋代茶磨

等书看来，点茶法的主要程序有备器、洗茶、炙茶、碾茶、磨茶、罗茶、择水、取火、候汤、熁盏、点茶（调膏、击拂）。点茶法奉行宋元时期，《荈茗录》记载了点茶盛行时的风雅之举。"沙门福全生于金乡，长于茶海，能注汤幻茶，成一句诗。并点四瓯，共一绝句，泛乎汤表。其诗曰：'生成盏里水丹青，巧尽工夫学不成。却笑当年陆鸿渐，煎茶赢得好名声'。"一个点茶的僧人可以因为自己高超的技艺而看不起茶圣了。

《荈茗录》乃陶谷《清异录》"荈茗"部中的一部分，陶谷历仕晋、汉、周、宋，所记茶事大抵都属五代十国并宋初事，所以点茶法的起始当不会晚于五代。

点茶法虽在明代起因为散茶出现而退出历史舞台，但在文人中间，一直保留着余绪。明朱权在《茶谱》中就记载了这种品饮法："命一童子设香案携茶炉于前，一童子出茶具，以瓢汲清泉注于瓶而饮之。然后碾茶为末，置于磨令细，以罗罗之。候汤将如蟹眼，量客众寡，投数匕入于巨瓯。候茶出相宜，以茶筅摔令沫不浮，乃成云头雨脚，分于啜瓯。"这是对点茶法非常细致的描述。

（4）泡茶法　泡茶法是以茶置茶壶或茶盏中，以沸水冲泡的简便方法。泡茶法直到明清时期才流行。朱元璋罢贡团饼茶，遂使散茶（叶茶、草茶）独盛，茶风也为之一变。明代陈师曾所著的《茶考》记载说："杭俗烹茶，用细茗置茶瓯，以沸汤点之，名为撮泡。"这种用沸水冲泡瓯、盏之中干茶的方法，沿用至今。

明清更普遍的还是壶泡，即置茶于茶壶中，以沸水冲泡，再分奉到茶盏或瓯、杯中饮用。据张源《茶录》、许次纾《茶疏》等书的记载，壶泡的主要程序有备器、择水、取火、候汤、投茶、冲泡、酾茶等。现今流行于闽、粤、台地区的"工夫茶"，正是典型的壶泡法（图5-2）。

2. 烹茶之水

茶好，水知道，茶界历来就有水为茶之母之说。谈茶就要论水。陆羽在《茶经》

图5-2 潮州工夫茶具

里评说："山水为上，江水为中，井水为下。"明代许次纾在《茶疏》中说："精茗蕴香，借水而发，无水不可与论茶也。"清代张大复在他的笔记《梅花草堂笔谈》中也说："茶性必发于水，八分之茶，遇十分之水，茶亦十分；八分之水，试十分之茶，茶只八分耳。"说的是在茶与水的结合体中，水的作用往往会超过茶，这不仅因为水是茶的色、香、味的载体，而且饮茶时，茶中的各种物质的体现，愉悦快感的产生，无穷意会的回味，都是通过水来实现的；茶的各种营养成分和药理功能，最终也是通过茶水的冲泡，经眼看、鼻闻、口尝的方式来达到的。

水有软、硬之分，是以水中含的矿物质和氧化物多与少来区分。硬水是指每升水中含有8毫克以上钙镁离子，软水是指每升水含有不到8毫克的钙镁离子。从前的天然水中只有刚下的雨水、雪水是软水，其余的多是硬水。从现代科学角度分析，泡茶要用软水。用软水泡茶，色汤明亮，香味俱佳；用硬水泡茶使茶叶中某些成分氧化和凝合，导致茶汤变色，失去鲜味，茶汤变黑，又苦又涩，不能饮用。古代没有自来水、瓶装水、纯净水，但古代有明月松间照，更有清泉石上流，水是至关要紧的审美对象。圣人誉其性凡有九则，曰德、义、道、勇、法、正、察、善、志。水之境界高乎哉！

关于宜茶之水，早在陆羽所著的《茶经》中便曾详加论证。陆羽对水的要求，首先是要远市井，少污染，重活水，恶死水，故认为山中乳泉、江中清流为佳。而沟谷之中，水流不畅，又在炎夏者，有各种毒虫或细菌繁殖，当然不易饮。而究竟哪里的水好，哪里的水劣，还要经过茶人反复实践与品评。自陆羽开头，后代茶人对水的鉴别一直十分重视，以至出现了许多鉴别水品的专门著述，最著名的有：唐代张又新的《煎茶水记》；宋欧阳修的《大明水记》、叶清臣的《述煮茶小品》；明代徐献忠的

《水品》、田艺蘅的《煮泉小品》；清代汤蠹仙还专门鉴别泉水，著有《泉谱》。

唐代张又新在其《煎茶水记》中记载了陆羽对天下二十名水次第的排列：

庐山康王谷水帘水第一；
无锡县惠山寺石泉水第二；
蕲州兰溪石下水第三；
峡州扇子山下有石突然，泄水独清冷，状如龟形，俗云虾蟆口水，第四；
苏州虎丘寺石泉水第五；
庐山招贤寺下方桥潭水第六；
扬子江南零水第七；
洪州西山西东瀑布水第八；
唐州柏岩县淮水源第九；
庐州龙池山岭水第十；
丹阳县观音寺水第十一；
扬州大明寺水第十二；
汉江金州上游中零水第十三；
归州玉虚洞下香溪水第十四；
商州武关西洛水第十五；
吴松江水第十六；
天台山西南峰千丈瀑布水第十七；
郴州圆泉水第十八；
桐庐严陵滩水第十九；
雪水第二十。

对于这二十等水的秩序，是否真为陆羽评定，尚值得商榷。历代鉴水专家对水的判第很不一致，但归纳起来有许多共同之处，就是强调源清、水甘、品活、质轻。最早被命名为天下第一泉者，据说是经唐代刘伯刍鉴定的"扬子江南零水"。此泉位于镇江金山以西扬子江心的石弹山下，由于水位较低，江水一涨便被淹没，江落方能泉出，所以取水不易。江水浩荡，山寺悠远，景色清丽，故为茶人和大诗人所重。著名民族英雄文天祥即有诗曰："扬子江心第一泉，南金来北铸文渊，男儿斩却楼兰首，闲品茶经拜羽仙。"

可见，和品茶一个道理，择水也是一种参有主观意识的审美活动。比如古人以为水须活水，但瀑布够活了吧，却是不能用的，因为气盛而脉涌，无中和之气，与茶的品质相去甚远，反倒是和酒的旨趣相近相谐了。又说梅雨如膏，其味独甘，煮茶最宜，梅后便不堪饮。因为梅雨季节，万物赖以滋养，此水必甜。古人又好雪水，因其寒故，说不寒则躁，而味必啬，但又不可太寒，故雪

图5-3 天下第一泉——北京玉泉山泉眼

水隔年为宜，取的依旧是中庸之道。比如"敲冰煮茗"①之典，喻的却是敲冰人一片冰心。再比如《红楼梦》中的妙玉，5年前从梅花瓣上扫落的一小罐雪，恰是十分象征她好高愈过洁，为她日后堕尘注下一笔②。

清朝皇帝乾隆每次出游，带有银质方斗，精量各地泉水秤，轻者为上，终以北京玉泉山水为冠，封为天下第一泉（图5-3）。皇帝亲自树碑立传，日后出辇必带玉泉山水，时久，又用当地泉水冲洗。以水洗水，也是一大发明。百姓爱水无此奢侈，但也敢挖天子的墙脚。宫人去玉泉山打水，百姓拿钱贿赂了，分得几勺。杭州人天时地利，日日可去虎跑取水，贮之缸中。成都茶馆中从前卖一种茶水，叫玻璃水，送上一看，就是白开水。嘉兴文人为喝好水，凑钱定期派人去无锡舟载泉水泡茶。

天下如此之大，哪能处处有佳泉，所以不少茶人主张因地制宜，学会"养水"。如取大江之水，应在上游、中游植被良好幽静之处，于夜半取水，左右旋搅，三日后自缸心轻轻舀入另一空缸，至七八分即将原缸渣水沉淀皆倾去。如此搅拌、沉淀、取舍三遍，即可备以煎茶了。有些讲究的要扔一块曾在灶膛中经长年烧烤的灶土砖，美

---

① 唐朝一位叫王沐的嗜茶高士，一直隐居在太白山中。每到冬季，溪水结冰，他便敲开冻冰取回煮茶，并且拿来招待友朋，甚得人们的赞赏。世人传之为"敲冰煮茗"。
② 见《红楼梦》第四十一回"贾宝玉品茶拢翠庵 刘姥姥醉卧怡红园"。

其名曰伏龙肝，说是可防水中生虫。

元人项圣谟作琴泉图一幅，上有琴一架，罐数只，中贮有泉水，又有题诗一首，从"我将学伯夷，则无此廉节"说起，最后无奈叹曰："思比此十哲，一一无能为，或者陆鸿渐，与夫钟子期，自笑琴不弦，未茶先贮泉，泉或涤我心，琴非所知音，写此琴泉图，聊存以自娱。"先贮泉等待未到的清茶，对水的期待，可谓足矣。

3. 烹茶之火

苏东坡词云："休对故人试故国，且将新火试新茶，诗酒趁年华。"在他的《汲江煎茶》诗中写道："活水还须活火烹，自临钓石取深清。"火与茶水的关系可谓描述的细致。

人类品饮的习惯并非热饮一种。历史上最初的饮用，除了生水之外，有啤酒、葡萄酒、烧酒、咖啡，还有今天的碳酸饮料，如可口可乐等。今天的中国人完全习惯了热饮，即使是最贫困的乡村，也养成了烧水饮用的习惯。中国人即使今天出国在外，也常常会为在国外喝不到热茶而苦恼，因为大多数欧美国家的人习惯了喝消毒的凉水。

人类发展史上曾经有过许多次大规模的疾病袭击，造成了人口大幅度的下降，这是与饮用不洁之生水有着密切关联的。生水煮沸之后会消灭诸多细菌，如在沸水中又加以可作药用的茶叶，那就更是如虎添翼。恰恰是热饮茶这种方式，为人类的生命健康、保健带来至关重要的作用。只有当社会普及饮茶之时，开水、沸水的意识才成为一种约定俗成的可能。而正因为水的高温消毒，杀死了生水中的许多有害病菌，使人类的生命与生活得以安全地延续。

水的高温消毒饮用并非一开始就被人类选择和界定。在中国和一些有饮茶习俗的亚非国家，人口众多，环保形势严峻，历史上循环往复的大规模战争，天灾人祸，城市人口的高度集中，以及人类生活带来的种种弊端，由此带来的水的严重污染，如果没有因为泡茶所强制性的需要沸水冲泡，有许多人依然会在喝生水中被感染，被传染。须知生水和熟水之间的口感差别，远远不如生菜与熟菜之间那样分明。有国外专家论证，以为中国在唐宋之后不再出现特别大的传染病感染，以至于人口猛增，是与喝茶有重大关系的。喝茶使人们不得不饮用沸水，得传染病的概率大大降低。

而沸水则是用火炉烧出来的，而火炉同时又可用为炼丹的器具。中国神话中的太上老君，正是道教的鼻祖老子的化身。正因如此，陆羽《茶经》"四之器"中开门见山介绍的第一件茶器，便是一只燃烧着道家文化火焰的风炉。

　　煮茶器具不仅仅是煮水用的炭炉、还包括水煲、燃料等，古人以为煲水使用铜煲容易起化学作用，而且有铜臭异味，所以最好还是用瓦煲，既可保温，又可以保持水质原味。而使用什么燃料还极有讲究，用松柴、杂草等燃料，水会带有焦青异味，最好用木炭为燃料，其次是谷壳、粗糠、蔗渣等，易于掌握火候。而现在的城市生活中，一般使用煤气、天然气、电。

　　煮茶是要技巧的，需要恰当的火候。茶圣陆羽是个煮水泡茶的能手，他认为水要"三沸"，第一沸即微闻水声，水面冒出蟹眼般大的水泡，第二沸边缘有如涌泉连珠，第三沸则如波涛鼓浪，过了三沸则属"老水"，不宜泡茶。以现代科学眼光分析，不无道理。因为不同的茶叶所含的化学成分，如茶多酚、咖啡碱、蛋白质、维生素等物质构成茶叶色味也不同。一杯理想的茶汤，必须掌握不同茶叶的质与量的多寡，与水的比例，水温高低和泡水时间的长短，比例协调才能芬芳可口，甘醇润喉。比如高档的绿茶水温须控制在90℃以下，方不会破坏茶的鲜嫩品质，而乌龙茶、普洱茶水温则需要100℃的沸水。所有这些都是有科学道理的。

　　历代茶艺家对茶水与火的关系，多有论著与实践，其中尤以唐代苏廙的《十六汤品》为最。

三、品茶之艺

　　把一个劳作的完整过程艺术化、道德化、游戏化，是可以从茶的冲泡中鲜明体现出来的。对茶的艺术的冲泡，便这样超越了茶的直接的、功利的冲泡。在这里，目的不是目的的全部，过程则构成目的的内涵，品饮中茶艺每一个分解开来的动作，都是意味深长、耐人寻味的。

1. 煎茶之艺

　　在茶圣陆羽的《茶经》那里，茶的煮饮是专门有两章来讲解的，其中对茶、对器皿、对水、对火候、对品茶的人、对品饮的次数都有了专门的界定。以精选佳水置釜中，以炭火烧开，但不能全沸，加入茶末。茶与水交融，二沸时出现沫饽，沫为细小之花，饽为大花，皆为茶之精华。此时将沫饽舀出，置熟盂之中，以备用。继续烧煮，茶与水进一步融合，波滚浪涌，称为三沸。此时将二沸时盛出之沫饽浇烹茶的水与茶，视人数多寡而严格量入。茶汤煮好，均匀的斟入各人碗中，包含雨露均施，同分甘苦之意。陆羽评论说："茶有九难：一曰造，二曰别，三曰器，四曰火，五曰水，六曰炙，七曰末，八曰煮，九曰饮。阴采夜焙非造也，嚼味嗅香非别也，膻鼎腥瓯非器也，膏薪庖炭非火也，飞湍壅潦非水也，外熟内生非炙也，碧粉缥尘非末也，操艰搅遽非煮也，夏兴冬废非饮也。夫珍鲜馥烈者，其碗数三；次之者，碗数五。若坐客数至五，行三碗；至七，行五碗；若六人已下，不约碗数，但阙一人而已，其隽永补所阙人。"

茶圣的意思，是说品茶者不易多，比喻知音难觅，二三素心人即可。这里品饮的，正是他心目中的君子之茶。

2. 斗茶之艺

宋代品茶，以斗茶为最，郑板桥说："从来名士能评水，自古高僧爱斗茶。"

斗茶是始于晚唐、盛于宋代的品评茶叶质量高低和比试点茶技艺高下的一种茶艺。这种以点茶方法进行评茶及比试茶艺技能的竞赛活动，在"材、具、饮"上都不厌其精、不厌其巧，是流行于宋代的一种游戏。《荈茗录》记载说："近世有下汤运匕，别施妙诀，使汤纹水脉成物象者，禽兽虫鱼花草之属，纤巧如画。"注汤幻茶成诗成画，谓之茶百戏、水丹青，宋人又称"分茶"。分茶是以点茶为基础发展起来的茶之冲泡技艺，其艺术含量很高，惜今日已失传。

白居易《夜闻贾常州崔湖州茶山境会欢宴》诗中云："紫笋齐尝各斗新"，其中的"斗新"已具斗茶的某些特点。而"境会"则可以理解为唐代为确保贡茶能按时保质保量送到京城举行的品尝茶叶质量的鉴定会。

五代和凝的汤社，开斗茶先声。而到北宋的盛世之期，说茶论水，风气鼎盛，上自帝王，下到平民百姓，都喜欢斗茶，宋徽宗就是一位斗茶高手。

宋人诗词中对点茶、分茶之艺多有描写。南宋杨万里《澹庵坐上观显上人分茶》诗有"分茶何似煎茶好，煎茶不似分茶巧。蒸水老禅弄泉手，隆兴元春新玉爪。二者相遭兔瓯面，怪怪奇奇真善幻。纷如擘絮行太空，影落寒江能万变。银瓶首下仍尻高，注汤作字势嫖姚"。宋释惠洪《无学点茶乞诗》有"银瓶瑟瑟过风雨，渐觉羊肠挽声度；盏深扣之看浮乳，点茶三昧须饶汝"。

斗茶的核心在于竞赛茶叶品质的高下、点茶技艺的高低，除了要比较茶叶的品种、制造、出处、典故和对茶的见解外，还要比较烹茶的用水和水温以及汤花等。斗茶赢家的茶可作御茶进贡，献茶人也能升官发财。

斗茶器具中，汤瓶是点茶的标志性器具，在造型上的特点为：瓶口直，使注汤有力；宽口、长圆腹，口宽便于观汤，腹长能使执把远离火，用时不致烫手，且能有效控制汤的流量，使注汤落点准确。其次是茶臼、茶碾、茶磨。茶臼体积小、重量轻、价格低、携带方便，使用始于隋唐。唐代茶臼因适应多人聚饮，较大。入宋盛行"斗茶"，自点自饮，一般较小，质地多为瓷，制作亦更精巧。

比茶臼更常用的是茶碾。宋代要求茶碾槽深而峻，则底有准而茶常聚；轮锐而薄，则运边中而槽不夏。其用料以银为上，铜、铁、瓷、石等次之。

茶磨在宋代常用，一般是石制的，以不损茶色。而茶罗的罗底面要细密，罗底要绷紧。茶筅是击拂用具，多用老竹制成，要求根部宽大，尾部略细。

茶盏最能象征宋代茶文化内涵。其中建窑黑釉茶盏胎质敦厚，保温性好，能延长咬盏时间，使白色汤花鲜明。盏大多浅底，喝茶时能把茶末喝尽，盏稍宽，能使茶筅充分搅拌。

斗茶之程序一般如下：

一是炙茶，先将茶饼"以沸汤渍之"，刮去膏油，用微火炙干。二是碾茶，用干净的纸包裹，槌碎，然后碾细。三是罗茶，把碾好的细木过筛，筛上粗末再碾、再罗。四是烘盏，凡是点茶，必须先熁盏使之热。五是点茶，先投茶，然后注汤，调成膏状。第一汤沿盏壁注水，不要让水直接接触到茶，然后搅动茶膏，渐渐加力击拂，手轻筅重；第二汤从茶面上注水，先绕茶面注入一周，然后再急注，用力击拂，茶面上升起层层细泡；第三汤时注水要多，击拂要轻而匀；第四汤注水要少，搅动稍慢；第五汤稍快一些，搅动匀而透彻；第六汤用筅轻轻拂动乳点；第七汤分出轻清重浊，茶液稀稠适中，就可停止拂动。

斗茶胜负的标准：一比茶汤表面的色泽与均匀程度，汤花越白越厚越好；二比汤花与盏内壁相接处出现水痕的快慢，汤花紧贴盏壁不散退叫"咬盏"，汤花散退后在盏壁留下水痕叫"云脚散"，为了延长"咬盏"时间，茶人必须掌握高超的点茶技巧，使茶与水交融似乳。谁的茶盏先现水痕谁输。比赛规则一般是三局二胜，两条标准以第二条更为重要。品尝茶味也是重要的，蔡襄《茶录》中记载以为"茶味主于甘滑"。

随着散茶的崛起，斗茶之风消亡，但斗茶留下的丰富的经济及文化遗产至今鲜活地存在。斗茶对当时茶叶的加工起到了极大的促进作用，而斗茶倡导的评茶标准影响深远。蔡襄《茶录》中首先提出了评品茶叶品质的标准，即色、香、味三个方面，与当今色、香、味、形的评茶标准基本相符。

斗茶是古代茶文化的高峰。无论在所用之茶、所用之器具、程序及规模上均达到了前所未有的高度，给我们今天的茶人留下了一座茶文化景观的高峰。

3. 工夫茶艺

自明清散茶兴起，随之而起的品茶之艺，工夫茶便成为楚翘。所谓工夫茶，乃是一种由主、客数人共席、沸水冲之蓄茶小壶后再注入小杯品饮的方式。它有一套严格的程序，其品饮的流域，随着工夫茶方式的源起到成熟，从最初的唐代的长安，到宋代的洛阳，到江浙的苏杭，再到明末清初的闽粤，至清中期以后转之岭南广东一带，形成以潮州工夫茶为典型的工夫茶成熟风格。

中国工夫茶的滥觞，脱胎于唐代的煎茶法，俞蛟在《梦厂杂著·工夫茶》中说："工夫茶，烹治之法，本诸陆羽《茶经》，而器具更为精致。"它也是宋人斗茶法精神的延伸。元人多开始饮用散茶，而一旦进入明代，散茶时代全面来临，也给散茶冲泡法的中国工夫茶的鼎盛，带来了宏大的时代契机。

传统工夫茶技艺，除选茶、择水、养水、活火之外，对泡茶与饮茶之具有着其特殊要求。有煮水用的小风炉，有被称作玉书碨的水壶，有泡茶用的茶壶孟臣罐，有贮茶汤用的公道杯，有品茶用的小杯若琛瓯，现代又发展出了闻香杯。

在烹茶的过程中有择器、涤器、候汤、洗茶、熁盏、烹点、饮啜、涤器等一整套过程，诸如 "关公巡城"、"韩信点兵" 等一系列手法，都将在整个冲泡过程中体现。而充足的空闲时间加上茶人的素养以及茶艺的造诣，会将工夫茶的冲泡过程推向深远的人文意境。故而，工夫茶的冲泡法，今天已经惠及大江南北、中外国度，成为中国当代茶文化的重要表现内容（图5-4）。

现代茶艺的大行其道，与20世纪90年代以来茶艺馆的大行其道密切相关，在这样的一种氛围中品饮，讲究茶艺、欣赏茶的艺术冲泡，仿佛成了一件理所应当的事情。虽然茶文化界对这样一种动作烦琐的样式一直持有不同的争议，但真正从业于茶，尤其是开茶艺馆，搞茶旅游的人们，却乐此不疲，互相呼应，形成了吾道不孤的态势。

当代人在各种各样的茶艺茶道表演中，充分而又淋漓尽致地体现茶的这种特有的审美层面，这其中，深深地渗透了一个地域、一个民族，甚至一个国家的文化习俗。后来的人，对其发扬光大，加以实践，形成流派，这才有了今天百花齐放、争相斗妍的局面。

图5-4 冲泡后的潮州工夫茶

第六章
茶习俗
——柴米油盐酱醋茶

> 教你当家不当家，及至当家乱如麻；
> 早起开门七件事，柴米油盐酱醋茶。
>
> 元·杂剧《刘行首》

茶俗是风俗的一个支系，而风俗则是指因自然条件不同而形成的风尚和习俗。茶俗作为中国民间风俗的一种，既是中华民族传统文化的积淀，也是人们心态的折射，它以茶事活动为中心贯穿于人们的生活中，并且在传统的基础上不断演变，成为人们文化生活的一部分。

柴、米、油、盐、酱、醋、茶，论及茶文化之习俗，往往会以日常生活中的这"开门七件事"说起。元人杂剧中《刘行首》第二折中就有这样的台词："教你当家不当家，及至当家乱如麻；早起开门七件事，柴米油盐酱醋茶。"明朝著名的画家、文学家唐寅有首《除夕口占》的诗，劈头便用此七字："柴米油盐酱醋茶，般般都在别人家；岁暮清淡无一事，竹堂寺里看梅花。"诗人借此来反映穷困不堪的景况，亦借以解嘲，这是别有情趣。还有一首民间诗人的诗云："书画琴棋诗酒花，当年件件不离它；而今七字都变更，柴米油盐酱醋茶。"诗人由充满闲情逸致的富裕生活，落魄到为生活奔波，可谓苦也，因此长吁短叹。

从日常生活中的七件事提炼出来的茶文化习俗，成就了今天茶文化中俗文化的主要事像。中国饮茶习俗数不胜数，但归纳起来大致可以分为以下几个大方面。

一、祭祀茶俗

中国人以茶为祭礼之物，《周礼》中有所记载，但《周礼》成书何时尚未定论，所以无法确定周朝是否已经以茶作为祭品。我们已知，以茶为祭的正式记载见《南齐书·武帝本纪》："永明十一年七月诏：我灵上慎勿以牲为祭，唯设饼、茶饮、干饭、酒脯而已，天上贵贱，咸同此制。"齐武帝萧颐的这一遗嘱，是现存茶叶作祭的最早可靠史料记载。

把茶叶用作丧事的祭品，只是祭礼的一种。中国人的祭祀活动，还有祭天、祭地、祭祖、祭神、祭仙、祭佛等。茶叶用于丧祭之品，从长沙马王堆出土的茶笥中，我们可知汉时便有。而茶作为祭祀用品，时间上大致在两晋南北朝期间。晋《神异记》讲的余姚虞洪在瀑布山遇到道士，引其采大茗，要求分点尝尝，虞洪回家以后，"因立奠祀"，每次派家人进山，也都能得到大茶叶。另《异苑》中也记有这样一则传说：剡县陈务妻，年轻时和两个儿子寡居。她好饮茶，院子里面有一座古坟，每次饮茶时，都要先在坟前浇点茶奠祭一下。两个儿子很反感，说古坟知道什么，白费心思。要把坟挖掉，母亲苦苦劝说才止住。一天夜里，母得一梦，见一人说："我埋在这里三百多年了，你两个儿子屡欲毁坟，蒙你保护，又赐我好茶，我虽已是地下朽骨，但不能忘记，稍作酬报。"天亮，在院子中发现有十万钱，看钱似在地下埋了很久，但穿的绳子是新的。母亲把这事告诉两个儿子后，二人很惭愧，自此祭祷更勤。透过这些故事，不难看出在两晋南北朝时，茶叶也开始广泛地用于各种祭祀活动了。

中国古代用茶作祭，有这样几种形式：一是在茶碗、茶盏中注以茶水；二是不煮泡只放干茶；三是不放茶，只置茶壶、茶盅作象征。但也有例外者，如明代徐献忠的《吴兴掌故集》中记载说："我朝太祖皇帝喜顾渚茶，今定制，岁贡奉三十二斤，清明年（前）二日，县官亲诣采造，进南京奉先殿焚香而已。"这里的祭茶采用的是焚烧的特殊形式，说明永乐迁都北京以后，宜兴、长兴除向北京进贡芽茶以外，还要在清明前二日，各贡几十斤茶叶供南京奉先殿祭祖焚化。

中国少数民族中也有以茶为祭品的习惯。如云南西双版纳的布朗族认为日月星辰、风雨雷电、山林河路、村寨房屋、生老病死、庄稼畜禽，无不都是由神鬼主宰的。据约略统计，他们平时祭奠的鬼名有80多种。至于农业的祭祀活动，更是频繁，从烧山开地一直到收获进仓，都要举行一系列的祭祀活动。所有上述各种祭祀，一般都只用饭菜、竹笋和茶叶这三种祭品，将它们分成三份，放在芭蕉叶上，只有较大的祭祀活动才杀牲宰牛。

云南布依族人的祭祀活动，祭品很简单，主要是用茶。从前居住在云南丽江的纳西族人，临终前都要往嘴里放些银末、茶叶和米粒，分别代表钱财、喝的和吃的，他们认为只有这样，死者才能到达"神地"。

由祭祀引伸出来的通过茶对彼岸世界的冥想，还有一种"国粹"，被叫做孟婆汤的茶，实则是迷魂汤，因店主叫孟婆而名之。《太平广记》引《玄怪录》云："崔绍至阴司，有王判官降阶相见。茶到，判官云：'勿吃，此非人间茶'。"这里的意思是说，在阴间的人若喝孟婆汤茶，便忘却前生，再不得轮回阳世，只得永远做鬼。

为了不让死者到阴间后大意喝下孟婆汤，民间丧俗中有未雨绸缪的做法，《中华全国风俗志》中说到浙江湖州之习俗："俗传人死后，须食孟婆汤以迷其心。故临死时，口衔银锭之外，并用甘露叶做成一菱附入，手中又放茶叶一包，以为死去有此两物，似可不食孟婆汤。"而安徽寿春则略有简化：成殓时，以茶叶一包，加之土灰，置于死者之手中。以为死者有此物，即可不吃迷魂汤矣。《北京丧俗》中说到送葬时之所以有摔瓦盆之习俗，就认为把盆摔了，死者在阴间没有饮具，就没法误饮迷魂汤了。

以茶入祭品，去其糟粕，留其精华，在今天的殡葬文化中，依然是可以有其积极意义的。今天的人们祭祀先人，清茶一杯，亦可追思，正是从茶的祭祀传统中得来。

二、客来敬茶

"寒夜客来茶当酒，竹炉汤沸火初红"，宋人杜耒在《冷夜》一诗中以这样一种款款深情，传递了民俗中的待客之道。中国乡村城市普遍的茶俗便是"客来敬茶"，表达了主人对客人的问候和敬意。

客来敬茶的礼仪，几乎是伴随着饮茶习俗的诞生而诞生的。西汉末已萌生，两晋南北朝时已经有此礼仪，如果说唐朝还多局限于文士僧道，那么自宋代以降，已完全浸透于宫廷、上流社会与民间。

　　武夷山民间古来就流传着"客至莫嫌茶当酒"的风俗，客人来后先寒暄问候，邀请入座，主人家中立即洗涤壶盏，升火烹茶，冲沏茶水，敬上一杯香茶。主人要讲究如何奉茶的程序，客人则留意如何接受的举动；客人饮毕后主人不能立刻将余泽倾倒，要待客人走后方可清理、洗涤茶具。

　　中国江南一带则有"打茶会"的待客习俗。年轻的嫂嫂、年长的婆婆每年在本地村坊里，要相互请喝茶3～5次，一般事先约好到哪家。主人在约好的那天下午，劈好柴，洗净茶碗和专煮茶水的茶罐，在家等候着姐妹们的到来。客人一到，主人就拿出她珍藏在家中石灰缸、髻、罐里的细嫩芽茶，撮上一撮放在茶碗里，并加入各色佐料，再冲入沸水，双手一碗碗地端到客人面前的桌上。花花绿绿的茶汤，边品茶边拉家常。她们之中，有的拖儿带女，有的手拉孙儿孙女，有的边做针线边品茶叶，谈笑风生，热闹非凡。

　　中国南方云、贵、川一带的各民族之间，还流行着一种"喝擂茶"的习俗，是农家招待客人必备的饮料。其原料一般只用茶叶、大米、橘皮擂制，讲究的还放入适量的茵陈、甘草、川芎、肉桂等中药材，喝起来特别香甜，是一种可口的饮料，特别是在炎夏具有清凉解暑的功效。在喝擂茶的同时，还备有佐茶的食品，如花生、瓜子、炒黄豆、爆米花、笋干、南瓜干、咸菜等，具有浓厚的乡土气息。敬茶时擂茶碗内溢出的阵阵酥香、甘香、茶香扑鼻而来，是待客的佳品。

　　少数民族习俗中，待客上茶，也是重要的礼仪，无论藏族、蒙古族、维吾尔族还是汉族，都有这样的传统。有的地方客人来要敬三次茶，有的地方则行二次茶，习俗虽不一样，心情是一样的。

　　中国清代，在某些时候和某些场合，官场敬茶有特殊的程序和含义，如表示送客之意。据传此习沿自宋代，因下属向上级汇报工作完毕后不知何时下场，久而久之摸索出这样一套长官敬茶谢客、下属心领神会告辞的肢体暗语，并流行于官场。

客来敬茶，体现了中国人重情好客的美德和传统礼节，千年来传习至今，已经成为中华民族最基本的礼仪方式。今天的中国，上至国事，下至家事，与客接洽，无一不是从一杯清茶开始的。

三、婚姻茶俗

茶与婚俗的关系，简单来说，就是在缔婚中应用、吸收茶或茶文化作为礼仪的一部分。旧时男娶女嫁时，茶在其中扮演重要角色，在明清的文艺作品中也有反映。如《红楼梦》第25回，王熙凤送给林黛玉茶后，诙谐地说："你既吃了我家的茶，怎么还不做我家的媳妇。"明汤显祖《牡丹亭》"硬拷"一折中说："我女已亡故三年，不说到纳彩下茶，便是指腹裁襟，一些没有。"清孔尚任的《桃花扇》"媚座"中则写道："花花彩轿门前，不少欠分毫茶礼。"

以茶缔婚是有其内在缘由的。中国古代认为茶树不宜移栽，故大多采用茶籽直播种茶。"不宜移栽"逐渐被诠释为"不可移植"，最后又演变成"从一而终"，这种品质使茶获得象征，代表整个婚姻的意义。明人郎瑛在《七修类稿》中就此说明："种茶下子，不可移植，移植则不复生也，故女子受聘，谓之吃茶。又聘以茶为礼者，见其从一之义。"从中可以看到当时彩礼中的茶叶，已非如米、酒一样，只是作为一种日常生活用品列选，而是赋予了封建婚姻中的"从一"意义，从而作为整个缔婚过程中的象征而存在了。

由于茶在中国古代婚礼中被作为重要的彩礼。以往中国农村习俗，往往把订婚、结婚称为"受茶"、"吃茶"，把订婚的定金称为"茶金"，把彩礼称为"茶礼"等，俗称"女子受聘"。专家论证，以为这种习俗极有可能是宋以后的事情。由于宋朝是我国理学或道学最兴盛的时期，要求妇女嫁夫"从一而终"的道德观，很可能是此一阶段由道学者们倡导的，随之而起这种以茶为媒的习俗，便也就应运而生了。

婚姻茶俗可以细分为这样一些步骤。

（1）**订婚茶**　订婚也叫订亲、定亲、送定、小聘、送酒和过茶等。旧时订婚是确定婚姻关系的重要仪式，只有经过这一阶段，婚约才算成立。中国各地订婚的仪式相差很大，但有一点却是共同的，即男方都要向女家送一定的礼品，以把亲事定下来。清代阮葵生的《茶余客话》记载，淮南一带人家，男方下给女方聘礼，"珍币之下，必衬以茶，更以瓶茶分赠亲友"。清人福格《听雨丛谈》则记载说："念婚礼行聘，以茶为币，满汉之俗皆然，且非正（室）不用。"可见这是很普遍而且是很严肃的礼仪。

订婚茶这种习俗一直延续了下来。中国北方天津一带乡村青年男女订婚，礼品中除首饰、衣料和酒与食品之外，茶是不可少的，所以，旧时问姑娘是否订婚？也称是否"受茶"。女方收到男家的彩礼以后，随即也要送嫁妆和陪奁，经过这些程序以后，才算完聘。女方的嫁妆也随家庭经济条件而有多寡，但茶叶罐和梳妆盒是必须有的。浙江西部地区把说亲叫"走媒"，媒人说合，倘女方应允，则泡茶、煮蛋招待，俗称"食茶"。嘉兴一带，由媒人将男方的礼品送往女方，女方受礼，称"受茶"，就不可再另许他人。湖北黄陂、孝感一带的"行茶"很有特点，当男家备礼通知女家，决定缔结婚姻时，在备办的各种礼品中，除果味而外，必须有茶和盐。因茶产于山，盐出于海，故名之曰"山茗海沙"，谐方言中"山盟海誓"之音。

少数民族订婚亦少不了茶。云南西北纳西族称订婚为"送酒"，送酒时除送一罐酒外，还要送茶2筒、糖4盒或6盒、米2升。云南白族订婚礼物中少不了茶，如大理洱海边西山白族"送八字"的仪式中，男方送给女方的礼物中就都有茶。而甘肃东乡族人订婚前，男家请媒人到女家说亲，应允后，男方送给女方一件衣料、几包细茶，即算定了亲，故称"定茶"。蒙古族订婚、说亲都要带茶叶表示爱情珍贵。回族、满族、哈萨克族订婚时，男方给女方的礼品都包含茶叶。回族称订婚为"定茶"、"吃喜茶"，满族称"下大茶"。总之，不论汉族、少数民族，凡是女方接受了男方茶以后，一般来说，婚姻就不能更移了。

（2）婚礼茶　婚礼茶即迎亲或结婚仪式中所用之茶，其中有作礼物的，但主要用于新郎、新娘的"交杯茶"、"和合茶"，或向父母尊长敬献的"谢恩茶"、"认亲茶"等，所以，有的地方也直接称结婚为"吃茶"。

中国汉族的婚礼，早就形成了一套规范全面的茶礼程序，而专门操持茶事的则形成了专业队伍，被称为"茶司"，一般以4人为一套，配以茶箱，里面置放各种茶具、炊具，专司红白喜事中的炊事与茶事。而专门掌管婚礼程序的司仪，亦一并指挥着婚礼中的茶仪。

中国各民族之中的婚礼用茶各有风习。云南大理区的白族结婚，新娘过门以后第二天一早，新人们先向亲戚长辈敬茶、敬酒，接着是拜父母、祖宗，然后夫妻共吃团圆饭，至此再撤棚宣告婚礼结束。从前，洱源白族人结婚，一般头天是迎亲，第二天正式招待客人，第三天新娘拜客，新婚夫妇向客人敬茶是在第三天。

而普米族人结婚，还残留有古老的"抢婚"风俗。男女两家先私下商定婚期，届时仍叫姑娘外出劳动，男方派人偷偷接近姑娘，然后突然把姑娘"抢"了就走。边跑边高声大喊："某某人家请你们去吃茶！"女方亲友闻声便迅速追上"夺回"姑娘，然后再正式举行出嫁仪式。

甘肃裕固族人的传统婚礼，结婚第一天只把新娘接进专设的小帐房，由女方伴新娘同宿一夜。第二天早晨吃过酥油炒面茶，举行新娘进大帐房仪式。新娘进入大帐房时，要先向设在正房的佛龛敬献哈达，向婆婆敬酥油茶；进房仪式结束后，就转入欢庆和宴饮活动，其中最具特色的是向新郎赠送羊小腿的礼俗。仪式开始，由两位歌手，一位手举羊小腿，一位端一碗茶，茶碗中间放一大块酥油和四块小酥油。茶代表大海，大块酥油代表高山，然后说唱大家喜爱的本民族婚庆民歌。第三天，新娘到厨房点燃灶火，叫"生新火"，新娘要用新锅熬一锅新茶，谓之"烧新茶"。由新郎请来全家老小，一一向新娘介绍，新娘则为全家人舀酥油茶，每人一碗。若为怀中婴儿，则由新娘喂一小块酥油，以示新娘善良贤惠。这整个过程，自始至终有茶相伴，显示出茶的不可或缺的重要地位。

青海、甘肃等地的撒拉族传统结婚礼俗，婚日迎娶新娘途经各个村庄时，这些村庄中曾与新娘同村而已出嫁的妇女们，端出熬好的茯茶，盛情招待新娘及送亲者，表示对新娘的热情迎送，称"敬新茶"。行至靠近男方的最后一个村庄时，该村的女乡亲除了敬新茶外，还要把男家迎亲的一些情况透露给新娘一行，使其有所准备。据说此俗由来已久，是撒拉族先民初到此地时与藏族联姻时产生的。茶在此不仅是一种礼仪，更是一种族群悠久历史的回声。

　　浙南一带的畲族，旧时有这样一种习俗，娶亲日，新娘到了男家，婆家会挑选一位父母健在的姑娘，端上一碗甜蛋茶，送给新娘吃，叫"吃蛋茶"。按习俗，新娘只能低头饮茶，不能吃蛋。若吃蛋，则被认为不稳重。此种喝茶时不能将添加食物吃掉的习俗，在当地汉族的待客之道中亦有。人们将那种把食物一并吃掉的行为叫"捞茶泡"，是不懂规矩的败家子所为。

　　汉民族的传统婚姻关系与茶紧密相关，而江南长兴的茶俗多半是与女子有关的，主要形式有几种：①亲家婆茶：女儿出嫁后的第三天，父母亲要去看望女儿，称为"望朝"。望朝时，父母亲要随身带去一两左右的"雨前"茶、半斤烘青豆、二两橙子皮拌野芝麻，这种茶称为"亲家婆茶"。②新娘子茶：望朝之后，婆婆要到新娘子的娘家请亲家的亲属好友和长辈们到新娘子家去喝"新娘子茶"。③请新娘子茶：新娘子家的亲戚、好友和客气的老邻居，都要在新娘子出嫁的当年请新娘子去喝茶。如系远亲，也可在一年的正月里新娘子回娘家做头趟时补请。④毛脚女婿茶：还未出阁的大姑娘家里，来串门作客的小伙子特别多，因此姑娘家都要备上好茶，招待来客中的"未来女婿"。

　　而在贵州天柱、剑河、三穗一带，过去还流行过一种"退茶"的婚俗。姑娘婚事由父母包办，如果姑娘实在不愿意，即用纸包一包干茶叶，送到男家去，以此表示：自己没有福来嫁入您家，请另找一位好媳妇。姑娘把茶叶放在堂屋，转身就走，如果不被未婚夫或他房族的人抓住，婚就退成；若被抓住，可以马上杀猪成婚。这种行动，对姑娘来说，既要有胆量，又要有计谋。成功者，会得到妇女们的称赞和崇敬。虽然父母会对女儿骂或打，但还得办退婚手续，下次订婚，也须对女儿作适当让步。

　　在有的地方、有些民族中，茶贯穿于婚礼的始终。如湖南等地的汉族中有"三茶"，它是提亲、相亲和洞房前所沏茶水的合称。媒人上门提亲，女家以糖茶甜口，含美言之意；男子上门相亲，双方目成，女子递茶一杯，男方喝茶后，置钱钞或其他贵重物于茶杯中送还女方，女方收受，是为心许；洞房前，经大枣、花生、桂子、龙眼泡入茶中，并拌以冰糖招待客人，取早生贵子跳龙门之意。这三次喝茶，统称"三茶"。

四、节日茶俗

华夏民族的各种茶俗，一年四季均有所闻，尤其集中在节日岁时之中，信手拈来，都是例子。

（1）**大年初一元宝茶** 一些茶楼、茶室、茶店，无论通衢大道还是里巷小街，大年初一，老茶客总会得到"元宝茶"的优惠。所谓"元宝茶"，一是茶叶比往常提高一个档次，如原来喝的是"茶末"，这天便喝"茶梗大叶"，并在茶缸中添加一颗"金橘"或"青橄榄"，这就是"元宝"，象征新年"元宝进门，发财致富"；二是茶缸上贴有一只红纸剪出的"元宝"，大致意思也无非是"招财进宝"。在一些上档次的茶室茶楼中，大年初一，不仅能喝"元宝茶"，而且还供给瓜子、花生、寸金糖、芝麻糕之类的茶食。茶具也比较讲究，茶食用碟子装，氛围自然比小茶店要雅致。而老茶客们也往往会在茶壶下压个小红包，以示回礼。

大年初一这一天，一般人家待客也是"元宝茶"，备有金橘或橄榄，只是茶杯上不一定贴红纸元宝而已。至于瓜子花生是户户必备的，考究的人家还用"什锦盒"装十色糕点饷客。

（2）**尝新茶** 旧时没有大棚培植茶叶，如遇天时适宜，清明前采摘头档茶虽不会多，但总可采到一些。这种"明前茶"最为名贵。因茶树刚吐新芽，采新芽而制成的新茶，往往只绽一芽一叶。如果此时人在产茶区，欲品新茶，用溪流之净水为汤，以松子实做燃料，紫铜茶壶煮水，将新茶在紫砂壶中泡开，芽叶舒展，香味浓郁，茶色碧绿清莹，连泡五次，仍能保存良好茶味。品尝"明前茶"是茶区很高的礼遇，因为这种茶售价很高，数量很少，一般茶农不会轻易饷客。但清明这一天，一些来茶区的贵客，茶农大都会请客品尝"新茶"。清明尝新茶，以茶祭祖，作为一种茶俗，人所向往之。

（3）**端午茶** 端午节又称端阳、重午、重五。中国人习俗除吃端午粽外，还在中午餐桌上摆出"五黄"，即黄鱼、黄鳝、黄瓜、黄梅和雄黄酒。雄黄酒性热，饮后燥热难当，必须喝浓茶以解之。一般人口较多的家庭，总是泡一茶缸浓茶供家人饮用，端午茶由此而成为不可缺少的"时令茶"，相沿成习。

（4）**盂兰盆会茶**　七月十五古谓中元，俗称鬼节。这夜中国人要设席宴鬼，摆茶供鬼饮。家家户户从七月十三夜间到七月十八午夜，在天井设七至九碗茶水，供过往鬼魂饮用，名之曰"盂兰盆茶"。而民间这段时间，多演"目莲戏"，所以戏台旁必置大缸盛"青蒿茶"，供看客饮用。

（5）**春节三碗茶**　春节期间作客，女主人往往先给客人端上一碗甜茶（糖汤），然后送上一碗烘青豆加胡萝卜丝的咸茶，再后泡上一碗细嫩的香绿茶；西北一带往往上的是八宝茶；而西南白族人的节日茶则是闻名遐迩的三道茶。

五、日常生活茶俗

（1）**满月剃头茶俗**　中国人有出生满月剃头的习俗，茶在其中扮演着重要角色。浙江嘉兴旧时剃满月头时，大人要用手指蘸绿茶水轻轻在婴儿额头和头发上揉搓，口念"茶叶青白，头皮青白"，将剃下胎毛收集好，又分别集狗毛和猫毛，附以祝辞，将三种毛发混合一起，喷发茶水，搓圆，以红线穿固，再与其上穿以红枣，其下穿以桂圆，做成一个"头发圆"，挂在床檐，起辟邪作用。

（2）**幼儿季节护身符**　端午节期间，人们用各种方式祈求幼儿健康。贵州等地有这样的习俗，在家门口倒贴一张写于红纸上的"茶"字，认为这样可以驱除蛇虫百毒。

（3）**茶祭床公床母**　唐宋以来，中国民间形成床公床母这对保佑房帏的神。宋时已有"买糖迎灶君，酌水祀床公"的诗句。《清嘉录》记载："荐茶酒糕果于寝室，以祀床神，云祈终岁安寝。"而在杨循吉的《除夜杂咏》诗中则云："酌水祀床公。"这个习俗是说民间习俗床公喜欢喝茶，而床母喜欢喝酒，所以被称为"男茶女酒"。在魏嶹的《钱塘县志》中，也专门记载了除夕用茶酒果饼祀床神的习俗。

（4）**茶树符**　此习俗从茶树象征的婚姻关系而来。传说安徽黄山有特殊的"喝茶定亲"习俗，三月三对歌后男女可共度一夜，分别后直至女方确证怀孕才能够正式与男方成婚，否则只能住进寡妇村，终身不得嫁人。为了打破这种习俗，有一对青年男女想出一法，谷雨时采茶姑娘采茶之后要求喝茶，果然在茶树下找到茶壶与茶水，众人认为此为神仙吕洞宾所祝福，便祝贺他们成婚。从此采茶季节，茶树下到处是各式各样的茶壶，均为求婚小伙子准备。采茶姑娘认准谁的茶壶，就同意谁的求婚。这个茶壶就成了茶树符，在周围一带形成习俗。

（5）祭茶神　中国历史上民间各行业都有保护神，茶行亦如此。一般都将茶圣陆羽供为茶神。直至今天，全世界茶人都以陆羽为至高神圣敬奉。但历史上民间亦有功利事茶神的习俗。筑茶神塑像，名陆鸿渐，供于案间，茶事盛时奉祀，茶事衰时以沸水浇之。茶神也有各地各自供奉的人物，比如浙江古玉山茶场的茶神便是道家人物许逊；武夷山的茶神则为当地一位历史上的茶人。

（6）唱茶戏　民间唱茶戏的活动流传甚广，我们已有专门章节介绍。唱茶戏一旦与节日结合，会呈现出特别的风貌，比如温州苍南县霞关镇库下村的元宵佳节唱茶戏活动。清乾隆年间，有人把供奉在别处的"采茶佛"偷抱到库下宫供奉。这采茶佛爱热闹，喜欢听"采茶戏"。自此，每年除夕夜，爱热闹的人就会乘着家家户户忙于吃年夜饭，悄悄躲到库下宫，把供奉在神坛上的采茶佛抱下神坛。为保地方平安，村里的头人就会召集人马，置办茶灯、排演采茶戏给采茶佛看，使乡人过年平添一番热闹。

六、茶馆习俗

中国地大物博，民风各异，但哪里都有茶馆。茶馆的前身是茶铺，唐代已有，发展至宋，已经城乡遍布，出现茶户、茶市、茶坊。

茶馆的本质意义在于它为公众提供了公共生活的场景，即人们在家庭圈子之外的活动，茶馆给朋友和不相识的人提供了社交场合，实际是整个社会活动的微观缩影。

中国茶馆与西方的咖啡馆、酒吧和沙龙有许多相似之处，而且其社会角色更为丰富复杂，其功能已远远超出休闲的范围。追求闲逸只是茶馆生活的表面现象，茶馆是各种人物的活动舞台，并经常成为社会生活和地方政治的中心。陈独秀在北京早期的革命行动——散发传单，就是在茶馆中完成的。1949年新中国成立前夕，山城重庆的地下党接头也多在茶馆进行。文学作品中有许多场景就选择了茶馆：在刘鹗《老残游记》的"裕举茶馆"中，可欣赏鼓书艺人王小玉的演出；在鲁迅《药》的"华老栓茶馆"里可听到杀革命党的传闻并目睹华小栓吃人血馒头的场景；在老舍《茶馆》的"北京老茶馆"里你更可见到清末社会各色人等，包括闻鼻烟的、玩鸟的、斗蛐蛐的、保镖的、吃洋教的、特务、打手等，最后是精明一生的王掌柜解下腰带在茶馆的房梁上了此一生。总之，一个小茶馆就是人间大社会的舞台。

中国的茶馆，中西部可以成都为代表，岭南可以广州为代表，江南可以苏杭为代表，而北方则可以北京为代表。围绕着这些大城市，又有无数乡村城镇的小茶馆，星罗棋布地在中国民间的各个聚集地，构成特有的乡风民俗，成就中华民族一幅纷杂而浩瀚的民俗画卷。

1. 成都茶馆

中国著名的民主人士黄炎培民国时期访问成都时，写有一首打油诗描绘成都人日常生活的闲逸，其中两句说："一个人无事大街数石板，两个人进茶铺从早坐到晚。"20世纪30年代成都给他印象最深刻的是人们生活的缓慢节奏，在茶馆里，无论哪一家，自日出至日落，都是高朋满座，而且常无隙地。成都人自嘲这个城市有三多：闲人多、茶馆多、厕所多。茶馆的常客一是"有闲阶级"，包括那些地方文人、退休官员、有钱寓公和其他社会上层；二是"有忙阶级"，包括在茶馆演出的艺人，借茶馆为工作场所的商人、算命先生、郎中、手工工人，以茶馆为市场、待雇的小商小贩和苦力等。

旧时成都形成了十分独特的开办茶馆的方式。不需很多资本，只要有桌椅、茶具、灶和一间陋室条件便基本具备。开张前老板已把厕所的"掏粪权"租给了挑粪夫，把一个屋角租给了理发匠，如果有人想在此茶馆提供水烟和热帕服务，也必须先交押金。这些预付定金正好用来开办之资。另外，像肉店、饮食摊也常靠茶馆拉生意，亦愿意参加投资。所以只要计划得当，客观条件具备，开办茶馆可以白手起家。这种集资方式，反映了一个社区中人们间的相互依赖关系。

堂倌是成都茶馆文化的一绝，人称"么师"或者就叫"茶博士"。堂倌是成都茶馆的"灵魂"，有着招呼客人热情、掺水及时、清理桌子茶具干净快捷、找钱准确等特点。他们拎着长嘴壶隔桌传送茶水，茶馆付堂倌工资一般按其所售茶的碗数来计。一首民谣形容他们时唱道："日行千里未出门，虽然为官未管民，白天银钱包包满，晚来腰间无半文。"他们的掺茶技术可谓中国一绝。一手提紫铜茶壶，另一手托一叠茶具，经常多达20余套。未及靠近桌子，便把茶船茶碗撒到桌面，茶碗不偏不倚飞进茶船，而且刚好一人面前一副。顾客要求的不同种类的茶也分毫不差。只见他们距数尺之外一提茶壶，开水像银蛇飞入茶碗，无一滴水溅到桌面。然后向前一步，用小指把茶盖一一勾入茶碗。整个过程一气呵成，令外乡人瞠目结舌，如看一场魔术表演。这种掺茶技艺，发展至今，已成为可供观赏的一门表演艺术。

茶馆的茶具和家具也别具一格。茶具一般由茶碗、茶盖和茶船（即茶托或茶盘）三件组成，这也是为何川人称其为"盖碗茶"的原因。桌椅也具地方色彩，一般是小木桌和有扶手的竹椅。

历史上的成都茶馆有别于其他城市茶馆，在于它的下里巴人性。对于一个男人来说，这是一个毫无拘束的地方。如果他感觉燥热，可以剥掉衣服赤裸上身；如果他需理发，理发匠可在他座位上服务；脱下鞋让修脚师修趾甲在茶馆也无伤大雅，推拿按摩掏耳朵都可以。如果寂寞，或听别人闲侃，或加入其中"摆龙门阵"；如有急事，只需把茶碗推到桌中央并告诉堂倌"留着"，数小时后，回来继续品饮。

成都茶馆也曾是一个"民事法庭"，市民间的冲突一般不到法庭解决，调解地点在茶馆，方式叫"吃讲茶"。茶馆更有它的政治性，近现代历史上四川著名的会党哥老会的茶馆活动亦可视为一种"秘密的政治"。一些茶馆实际上即为袍哥所开，是袍哥最便于联络的地点，最常用的方法是摆"茶碗阵"，有首民谣就透露了这种密语："双龙戏水喜洋洋，好比韩信访张良，今日兄弟来相会，先饮此茶作商量。"

历史发展到今天，成都茶馆中的许多文化事像已经消亡，但其大众性、随意性和广泛性，至今犹在。数千家成都茶馆中的麻将声声，依旧传递着那已经远去的茶馆喧闹。

2. 广州茶馆

广州茶馆之所以可雄居一方，其特点一在他的工夫茶冲泡法，二在于它与点心之间那种合二为一的关系。在广州喝早茶，实际上就是吃早饭，茶是帮助点心下肚的饮料。

广州茶馆又叫茶楼、茶居、茶艺乐园、茶艺馆、茶道馆。清代咸丰、同治年间，广州城乡普遍开设"二厘馆"，因茶价低廉，每位只收二厘（约相当于2文铜钱）而得名。这些茶馆供应清茶和充饥的大饼、松糕，被称为"一盅两件"，即一盅茶，两件点心。光绪前期，这种风格的茶楼开始讲究起来，出现了在食谱上推陈出新的茶楼，楼高三四层，继而出现了不仅楼高而且装饰得体名贵的茶居，如陶陶居、陆羽居等。"陶陶居"的招牌还是康有为题的字。

今天的广州，出现了以茶楼为主的各式茶馆，"水滚茶靓"招徕四方茶客。茶类丰富，其中以香高味醇的乌龙茶类为多，还有红茶、普洱茶、寿眉、龙井、花茶等。茗茶与精美食品、点心相得益彰。茶楼在装潢上争妍斗丽，食谱上花样翻新，已发展到点心数百种，堪称全国之冠，形成广州茶楼的特色，具有很浓的岭南色彩。

在广州，无论你在酒店的餐厅中就餐，还是在食肆吃饭，侍者迎上来首先问你喝什么茶，并跟着向你奉上所需要的茶。20世纪90年代初，茶艺馆在广州兴起，茶艺馆的兴起标志着广州人对茶的消费有了新的升华。因为在茶楼、酒家的"饮茶"，毕竟是配合菜肴、点心，尽管是"三茶两饭"（广州人由当初饮早茶吃点心，发展到午餐、晚餐都饮茶），还是以菜肴点心为主，茶为次。而茶艺馆是对茶的专注细品，是追求品茗的美妙境界。今日的广州茶艺馆大小树立，形态丰富多彩，茶事像琳琅满目，堪称中国茶文化重镇。

3. 杭州茶馆

杭州为江南水乡泽国，丘陵群山是产茶的绝佳处，城市与乡野山水连成一体，有茶有水有人群，茶馆便应运而生。最早记载的杭州茶馆在南宋时代，当时杭州为世界上最大的城市，人们生活得相当艺术化，所以宋代著名词人柳永在《望海潮》中开门见山就说："东南形胜，三吴都会，钱塘自古繁华。"当时的茶馆集中开在皇城根边，非常热闹，已经分出各种不同的种类，有听琴说书就着茶的，文人雅士聚会开茶话会的，市井引车卖浆者则常常在街头茶摊上边斗茶边谈天说地。那时已经出现了花茶坊，也就是妓院与茶楼的结合。南宋画家刘松年专门画有《茗园赌市图》和《斗茶图》，记录了这一宋时的民俗场景。

图6-1 龙井品茗

南宋的杭州也已经出现了一种称之为瓦肆的游艺场所，说书人说书，坐着的人品茶听书，入迷之极。岳飞被平反昭雪之后，事迹立刻搬入瓦肆，有"一市秋茶说岳王"之诗句，把茶与英雄极其优雅地结合在了一起。此种将艺术与茶的结合，催生了以后江、浙、沪一带茶馆孕育的戏曲与演唱艺术，比如越剧、评弹等。

明代茶肆茶楼依然在杭州林立，成为这个城市的一种生活象征。有茶馆老板，每逢花事兴起，便在茶馆开花展，以此招揽茶客，一时也博得这个以休闲著称的城市的传颂，并被史书记载了下来。清末民国初年的杭州，茶馆业十分兴旺，不少革命志士比如秋瑾、陶成章之辈，也经常在茶馆中谋划革命。各个茶馆分工也往往不同，有专门斗鸟的，专门作人力市场的，专门下棋的，专门搜集信息的。当时的茶馆大约有200多家，在这样的传统与氛围影响下的杭州茶馆，在中国茶馆中独树一帜，自然可以理解（图6-1）。

今天杭州的茶馆差不多已近千家，不过茶馆大多已经成了茶艺馆。这当中虽多了一个字，却也在继承中有了发展，质的飞跃，其茶文化的涵量愈发丰富了。

4. 北京茶馆

北京是文化古都，是中国的心脏，其茶文化当也集"天下之大成"。各种茶馆种类繁多，功用齐全，文化内涵极为深邃。清代时饱食终日的八旗子弟经常泡在茶馆中，消磨时光，而北洋政府和民国时期，各式茶馆又成了官僚政客、有闲阶层经常出没的场所。茶馆大多供应香片花茶、红茶和绿茶，茶具大多是古朴的盖碗、茶杯。茶馆为茶客准备了象棋、谜语等，供茶客消遣娱乐。茶馆也常常融饮食、娱乐甚至浴室为一体，卖茶水兼供茶点，还有评书茶馆，说的多是《包公案》、《雍正剑侠图》、《三侠剑》等。至于艺茶社，看杂耍，听相声、单弦等，品品茶，乐一乐，笑一笑，顾客正好茶瘾书瘾一块儿过了。

旧北京茶馆有各种类型，常见的有大茶馆、清茶馆、书茶馆、野茶馆和戏茶馆、杂耍馆、坤书馆等。

大茶馆门面开阔，前堂后院，内部陈设考究，有的茶馆前还有空地，在空地上也置茶桌供茶客品茗、下棋、聊天。作家老舍笔下的《茶馆》，即是描写的此等茶馆。大茶馆的头柜，管外卖及条桌账目，二柜管账目，后柜管后堂及雅座账目，各有各的岗位和职责。茶座前都用盖碗，品茶的人以清淡为主。冬日里茶客们带着蟋蟀、蝈蝈等，边喝边玩边观赏，等喝到中午回家吃饭或临时有事儿外出，将茶碗扣在桌儿上，吩咐堂倌后，回来还可继续品用。因用盖碗，一包茶叶可分两次用，茶钱一天只付一次，且极低廉。

清茶馆以卖茶为主，环境幽雅，茶具清洁，门面古色古香，店内设方桌、条凳，还有免费提供的棋具。檐下挂小木招牌，上写"龙井"、"雨前"、"毛尖"等茶叶名目，小木牌下坠以红布条，如果是清真茶馆则坠以蓝布条。清茶馆中的茶客很复杂，有遛早儿归来的老者，有遛鸟儿歇脚的公子哥儿，有经纪人、掮客。有的在此休息、闲谈，有的以此为交易场所，专供生意人、手艺人集会聚谈生意、行情，互通信息。

书茶馆文化气息较浓厚。每日两场评书开讲，书前卖茶，并兼售茶点、瓜子佐茶，开书后即不卖茶。书茶馆中除喝茶外兼说评书。茶客除照付茶资外，另付评书费。说评书者一般在下午和晚上，俗称"灯晚儿"。评书界的许多名艺人，当初都是在书茶馆中献艺的。清朝末年，北京的"书茶馆"达60多家。

野茶馆是设置于乡村野外的小茶坊，泥坯土房、芦苇屋顶、内砌桌凳、砂包茶壶、黄沙茶碗。所沏茶色黑味苦，而饮茶环境则清雅幽静，富有田园野趣，空气也清新自然。桌椅茶具都十分简陋，茶水也无"龙井"、"毛尖"之类的讲究，有的只是醇郁醉人的乡野情趣。还有一种十分简陋的小茶摊，专为过往行人解渴用。

北京的茶馆曾经衰落过一段时期，由于茶文化的再次兴起，现在北京的茶艺馆发展迅速，其中老舍茶馆最能体现北京的地方特色，成为北京的一张"金名片"，中外游客了解北京的重要窗口。老舍茶馆环境典雅，陈设古朴，漏窗茶格，玉雕石栏，顶悬华丽宫灯，壁挂名人字画，清式的桌椅，充满了传统的京式风味。男女服务生身着长衫、旗袍，提壶续水、端送茶点，穿梭不停。上、下午售卖饭菜，入晚茶馆还有北京琴书、京韵大鼓、口技、快板、京剧、昆曲票友彩排等文艺表演。

七、民族茶俗

中华56个民族，在茶的泡制、饮法，历史的传承习俗仪礼中，有多种方法和类型。但归纳起来，就茶饮的制作而言，大概不外乎以下几种。

1. 茶与辛辣型佐料合饮

在茶汤中放上姜、葱、茱萸、苏桂、花椒、薄荷甚至酒等辛辣性佐料，这是把茶作为一种药物来饮用的。李时珍的《本草纲目》中，列出了多种以茶和中草药配合而成的药方。如茶和茱萸、葱、姜一块煎服可以帮助消化，理气顺食。茶和醋一块煎服可以治中暑和痢疾。茶和芎藭、葱一块煎服，可以治头痛。至今人们以茶、姜、红糖相煎治痢，并能消暑解酒食毒。云南有一种茶叫"龙虎斗"，是把热茶与烫酒放在一起饮用，是专门用来治瘴气的。

2. 茶与花香型佐料合饮

现代流行的茉莉花茶，仅是其中之一，古代人往往把梅、兰、桂、菊、莲、茉莉、玫瑰、蔷薇之属杂入茗饮。茉莉茶花为明人所制，清代得到充分发展，并进入商品市场。今天已扩散至全国各地，多为市民、知识阶层所饮用。

3. 茶与食物型佐料合饮

把食物放在茶汤中伴饮，历史也很悠久。宋代，核桃、松子、芝麻等，都可作为食物型的佐料。明代佐料就更多了，有核桃、榛子、杏仁、榄仁、菱米、栗子、鸡豆、银杏、新笋、莲肉等。

云南大理白族以"三道茶"闻名天下。若到白族人家作客，主人会架好火，煨上水壶，拿一小沙罐在火盆上预热，放入茶叶，快速抖动，等茶叶成微黄色，发出茶香后，冲入沸水，斟入茶盅，每盅斟少量茶水，再冲水，即可品茗。罐内倒水，稍煨后再斟，如此三番，"头道苦、二道甜、三回味"，有的地方，在二道茶内还放入核桃仁、红糖，三道茶内加蜂蜜和几粒花椒，喝起来别有异趣（图6-2）。

图6-2 白族茶俗

在吃茶中别具一格的是西南少数民族的"吃油茶"，此茶已接近茶食，就是事先把苞谷、黄豆、蚕豆、红薯片、麦粉团、芝麻和糯米花等分样炒熟，用清亮的菜油炸好，分放在钵里备用。客人来家，用茶锅烧好一锅滚茶，泡茶时，先在每碗里放一点上述油品，茶泡下去，再放一点盐、蒜、胡椒粉。这样，一碗清香扑鼻、又辣又脆的油茶就端到你面前来了。吃油茶传统，一端起就得连喝四碗，取"四季平安"之意。吃过第四碗，就要把碗叠放起来。否则，主人以为你还没有喝够，要泡来第五碗，这样也就显得客人不太懂礼貌了。

这种与食物一起喝的茶类在汉族中也有，流传在江南的咸茶就是其中之一，是以醅青豆为主，加上各种佐食，芝麻，豆腐干，橘皮，蜜饯等，农闲时妇女们常在一起品饮（图6-3）。而在广东广州一带，更有一种节日做"茶朝"的习俗，妇女们清晨起来做各种茶点，与茶共食，形成传统。

4. 浓茶

中华民族民间日常流行的茶俗，基本还是单一茶水，但不管品种、冲泡、煎熬，因地因人而异。陕西关中地区人饮茶，不管青茶、香片、茉莉、壶叶、沙果叶，均以冲泡为主。城里人喜冲淡，乡里人爱浓烈。秦岭山区的略阳、凤县和甘肃、宁夏部分

图6-3　芝麻豆香茶

地区还有一种"罐罐茶"，罐有大小之分，是用特制的沙罐在火边煨煮，使茶成黏状浓汁而饮用，以量少为佳，表现出山区和游牧民族的饮食习俗。西北民歌"花儿"中就有这样的描述：十三省家什都找遍，找不上菊花碗了；清花熬成牛血了，叶儿熬成个纸了；双手递茶你不要，哪嗒些难为你了？

浓茶虽味苦，但有消胀、提神作用，积久成习，成了一些山区广泛的茶俗。佤族人喜欢吃浓苦茶，煮茶时用一大沙罐（或大茶缸），一般用粗制绿茶或自制大茶叶，煮一次放茶叶50克左右，放在火塘上像煮菜一样细煮慢熬，要把茶叶煮透，直到罐中仅剩下三五口为止。有时茶水几乎浓得成了茶膏，喝上几口就足解渴了。喝这种茶，一天不喝水也不觉渴，对在气候炎热中远离山寨劳动的佤族人，具有神奇的提神解渴作用。

5. 奶茶

中国边疆民族有着喝奶茶的悠久传统，藏族、蒙古族，都把奶茶当做主食而饮。蒙古族在奶茶中放炒米和盐，形成特有的蒙古咸奶茶。西藏是世界屋脊，藏族是全世界人均饮茶最多的民族之一，藏族人民摸索出了独特的冲泡茶的方式，在茶中放酥油，发明了酥油茶。藏族妇女的日常生活中，打酥油茶是一项日复一日的日常家务。至今藏族有一个习惯，早上可以什么都不下肚，但是茶非喝不可。藏族把送茶敬酒作为阔别的重礼，敬祝亲人一路平安。去医院探视亲友，带上一壶浓浓的酥油茶，病人会因此感到莫大安慰。藏民外出，带一个木碗，走到哪里的帐篷，拿出碗来，就能够喝到酥油茶。来客，先敬茶后议事，请喝茶是好客的表示。藏族有一句谚语："茶渣如油，让孩子吃。"连茶渣都这么贵重，清茶、奶茶、酥油茶的价值就不用说了（图6-4）。

八、国际茶俗集掇

中国的饮茶习俗流布世界之后，与各国各民族的习俗相结合，形成了自己的独特风貌，其中亚洲以日本茶道、韩国茶礼为代表；非洲和欧洲亦各自构成自己的茶文化风景线。在此选择各大洲一些具有代表性的国家茶俗，给予介绍。

图6-4 藏族妇女打酥油茶

（1）摩洛哥人茶俗 摩洛哥人饮茶往往在街头地角，或者就在家中席地而坐。煮沸了水之后，置入绿茶，放几勺白糖，再撒一把新鲜的薄荷，从茶壶中冲水入杯，漂亮的银器是他们最向往的茶具，品茶是他们日常生活中须臾不可分割的重要内容（图6-5）。

（2）巴基斯坦茶俗 巴基斯坦气候炎热，居民多食牛、羊肉和乳制品，缺少蔬菜，因此，长期以来养成了以茶代酒、以茶消腻、以茶解暑的生活习惯。巴基斯坦人饮茶的习俗带英国色彩。饮红茶时，普遍爱好的是牛奶红茶，而且喝得

图6-5 摩洛哥茶具

多、喝得浓。除了工厂、商店等采用冲泡法，大多采用茶炊烹煮法。在巴基斯坦的西

北高地也有饮绿茶的，多数配以白糖，并加几粒小豆蔻，以增加清凉味。倘有亲朋进门，多数习惯用烹煮的牛奶红茶招待，而且还伴以糕点。

（3）**阿富汗茶俗** 阿富汗绝大部分居民信奉伊斯兰教，提倡禁酒饮茶。因其民族饮食以牛、羊肉为主，少吃蔬菜，而饮茶有助于消化，又能补充维生素的不足。阿富汗人红茶与绿茶兼饮，通常夏季以喝绿茶为主，冬季以喝红茶为多，街上也有类似于中国的茶馆，用当地人称之为"萨玛瓦勒"的茶炊煮茶。茶炊多用黄铜制成，圆形，顶宽有盖，底窄，装有茶水龙头，其下还可用来烧炭，中间有烟囱，有点像中国的传统火锅。

（4）**土耳其茶俗** 都以为土耳其人擅长煮咖啡，其实他们也喜欢喝茶，尤其是喝红茶。土耳其茶人早晨起床，未曾用餐，先得喝杯茶。煮茶时，使用一大一小两把铜茶壶，待大茶壶中的水煮沸后，冲入放有茶叶的小茶壶中，浸泡3～5分钟，将小茶壶中的浓茶按各人的需求倒入杯中。最后再将大茶壶中的沸水冲入杯中，加上一些白糖。土耳其人煮茶讲究调制，认为只有色泽红艳透明、香气扑鼻、滋味甘醇的茶才恰到好处。

（5）**英国茶俗** 以下午茶为代表。下午4时开始，成为生活中雷打不动的制度。学术界的交流被称之为"茶壶与茶杯精神"，电视台下午4时的节目谓之"饮茶时间"，英国大文豪萧伯纳调侃说：破落户的英国绅士，一旦卖掉了最后的礼服，那钱往往还是饮下午茶用的。而一首英国民歌则这样总结：当那时钟调动第四响，一切的活动皆因饮茶而终止。

在家中泡茶接待客人通常是女主人的责任（除非是独居男士）。通常喝茶的时候所吃的点心，大多是一小片面包和奶油，现在的点心则不但精致更发展得琳琅满目，有面包、土司、松饼、茶叶蛋糕、煎饼以及其他类似面包类的点心，在正统的喝茶礼仪中必不可少。

下午茶习俗自19世纪定型之后，英国上流社会立刻开始追随这种时尚，举办茶宴是他们常常进行的社交活动。有在花园里喝的茶，在家里享用的茶，甚至可以接待200个人的茶会，也有网球茶、槌球茶、野餐茶等，不一而足。这样的传统在英国一直延续到如今，下午茶仍然是招待邻居、朋友，甚至是商务交往最理想的方式。英国人数百年来所喝的下午茶，至今仍不断制造出相同优雅、精致、安静的气氛，引人心驰神往。

今天全球有2/3的人喝茶，包括了一百多个国家。民族繁杂众多，生活习惯千差万别，且各地区经济发展又很不平衡，饮茶习俗也千姿百态，各有特色。如果说古老文明的华夏民族文化是一串耀眼的宝石项链，那么，茶俗文化则是这串项链上一颗璀璨的明珠，加之世界茶俗的相互渗透，人类的饮茶习俗，呈现出了美不胜收的生活长卷，永远滋润着热爱生活的人们的心灵。

第七章
茶文艺
——琴棋书画诗酒茶

不羡黄金罍，不羡白玉杯。

不羡朝入省，不羡暮入台。

千羡万羡西江水，曾向竟陵城下来。

唐·陆羽 《六羡歌》

茶和柴米油盐酱醋过日子的同时，也能与琴棋书画诗酒发雅兴，且在那个浪漫天地担任缺一不可的角色，可分两大类分别介绍。

一、茶与文学

所谓茶文学，是指以茶为主题而创作的文学作品，亦包含了主题不一定是茶，但是有歌咏茶或描写茶的片段，其门类包括了茶诗、茶词、茶文、茶对联、茶戏剧、茶小说等。

1. 茶与诗

中国最早的诗集《诗经》中已有"荼"这个古茶字，"谁谓荼苦，其甘如荠"。屈原的《悲回风》中也出现了"荼"字，曰："故荼荠不同亩兮，兰芷幽而独芳。"此处的"荼"是否是茶，尚待进一步论证。三国、两晋、南北朝，以茶为题的诗赋不多，唐、宋、元、明、清，涌现大批以茶为题材的诗篇。据统计，就茶诗词计算，唐代有500多首，宋代有1000余首，金、元、明、清和近代有500余首，共约有2000首以上。

（1）**唐以前茶诗** 根据陆羽《茶经》所辑，唐以前有4首诗提到了茶。

一为西晋张载的《登成都楼》诗，其中写道："借问杨子舍，想见长卿庐；程卓累千金，骄侈拟五侯。门有连骑客，翠带腰吴钩；鼎食随时进，百和妙且殊。披林采秋橘，临江钓春鱼；黑子过龙醢，果馔踰蟹婿。芳茶冠六清，溢味播九区；人生苟安乐，兹土聊可娱。"此诗描述成都食物丰富及在繁华之都饮茶的情形，其中有嗅觉，味觉，将茶的地位和影响力以诗意的方式做了精确的表达。

一为西晋孙楚的《出歌》："茱萸出芳树颠，鲤鱼出洛水泉。白盐出河东，美豉出鲁渊。姜桂茶荈出巴蜀，椒橘木兰出高山。蓼苏出沟渠，精稗出中田。"这一首是列举山川风物土特产的诗，常在茶叶史中作为史料运用。

一为西晋左思《娇女诗》，长诗中专门有一段描述两个女儿的形象："吾家有娇女，皎皎颇白皙。小字为纨素，口齿自清历。有姊字惠芳，眉目粲如画。驰骛翔园林，果下皆生摘。贪华风雨中，倏忽数百适。心为荼荈剧，吹嘘对鼎铄。"左思此诗，夹叙夹议，在中国文学作品中第一次刻画了可爱的烹茶女性形象，也有不可或缺的史料价值。

一为南朝宋王微《杂诗》中的段落："寂寂掩高阁，寥寥空广厦，待君竟不归，收颜今就槚。"以少妇闺怨孤寂的心寻找慰藉的茶，茶的精神性亦已从诗中隐现出来。

（2）**唐代茶诗** 中国文人品茶者在魏晋之前不算太多，但唐以后凡著名文人不喝茶者几乎没有，他们不仅品饮，还咏之以诗。魏晋之前文人多以酒为友，入唐后酒茶并重，以茶代酒一时蔚为时尚，这一转变有其深刻的社会原因和文化背景。

陆羽出现之后，茶文化具有代表性标志之一，就是茶诗的创造进入了一个空前繁荣时期，陆羽对唐代茶文化发展的推动作用，由茶诗的激增也可见一斑。据不完全统计，在唐代286年历史中，在陆羽成名之前的100多年中，茶诗仅数十首。而从陆羽成名到唐朝灭亡的另100多年里，茶诗多达500多首。

隋唐科举制起，无官不诗，在茶区任职的州府和县两级的官吏，近水楼台先得月，因职务之便大品名茶。茶助文思，令人思涌神爽，笔下生花。又适逢陆羽《茶经》问世，饮茶之风更炽，茶与诗词，两相推波助澜，咏茶佳诗应运而生。

唐代诗圣杜甫在《重过何氏五首》中吟道："落日平台上，春风啜茗时"之句，读来潇洒闲适，大有其名句"随风潜入夜，润物细无声"的意蕴。杜甫的茶诗尤具特色的是《进艇》中的诗句："茗饮蔗浆携所有，瓷罂无谢玉为缸。"诗圣是说，作为饮料，苦茶与甜蔗一样能令人欢乐，这里的茶是放入用瓷器做的容器中的。诗仙李白豪放不羁，听说荆州玉泉真公因常采饮"仙人掌茶"，虽年逾80仍颜面如桃花，不禁在《答族侄僧中孚赠玉泉仙人掌茶》一诗中对茶唱出赞歌："尝闻玉泉山，山洞多乳窟。仙鼠白如鸦，倒悬清溪月。茗生此中石，玉泉流不歇。根柯洒芳津，采服润肌骨。丛老卷绿叶，枝枝相接连。曝成仙人掌，以拍洪崖肩。举世未见之，其名定谁传……"名茶入诗，是从中国最伟大的诗人开始的，可见茶是一种具有何等诗意的饮料。

唐代，王维曾留下三首茶诗，《赠吴官》有"长安客舍热如煮，无个茗糜难御暑"，可见茶能消夏的功能已很普遍。至于储光仪的《吃茗粥作》，说"淹留膳茶粥，共我饭蕨薇"，则把三国的茶茗饮延续到了唐代。

唐开元年间，饮茶之风由于泰山降魔师的影响而在全国迅速、广泛地普及，因此唐诗中所咏之茶一开始即与佛教有着密切的联系。开元初蔡希寂的诗《登福先寺上方然公禅室》有"晚来恣偃俯，茶果仍留欢"诗句，是唐代咏茶最早的一例。李华的《云母泉寺》也体现了茶禅间的关系："泽药滋畦茂，气染茶瓯馨，饮液尽眉寿，餐和皆体平。"描述在岳阳的山寺中，经名水云母泉滋润过的药和茶有长生之效，暗示了茶与仙药的关系。表现为脱俗性的饮料。

韦应物《喜园中茶生》诗，有"洁性不可污，为饮涤尘烦，此物信灵味，本自出山原"之句，赞美茶不单有驱除昏沉的作用，而且有荡涤尘烦，忘怀俗事的功能，这与《茶经》"为饮最宜精行俭德之人"的精神极为接近。而写过"突如一夜春风来，千树万树梨花开"的边塞诗人岑参，描写夜宿寺院之际饮茶及观茶园的情形，一样精致细微。在《暮秋会严京兆后厅竹斋》诗中他说："瓯香茶色嫩，窗冷竹声干。"一个"嫩"字，茶的色香味俱全。

中唐时期，正是从酒居上风到茶与争锋的一个转折点，而唐代诗人广结茶缘还是在陆羽、皎然等饮茶集团出现之后。大书法家颜真卿在湖州任职时，曾集结陆羽、皎然、张志和、孟郊、皇甫冉等数十位诗人，吟诗品画作文，一时花团锦簇，茶艺、茶道精神则通过诗歌得以渲染。茶人陆羽结识了许多文人学士和有名的诗僧，他自己也是一个优秀的诗人，《全唐诗》载他的《六羡歌》，就是茶诗杰作。诗云："不羡黄金罍，不羡白玉杯。不羡朝入省，不羡暮入台。千羡万羡西江水，曾向竟陵城下来。"后人说他这首诗是为了纪念他的禅门师父智积而作。但茶圣的诗中意境显然已经超越了对某个个人的怀想，进入了茶人超越俗世的人生境况。

颜真卿作为湖州刺史，集合地方文人在席上作联句，《五言月夜啜茶联句》约定以茶为主题，其中颜真卿作有"流华净肌骨，疏瀹涤心原"，表现了茶清净身心的作用。而作为大历十才子之一的耿湋，在他的《连够暇赠陆三山人》中，则称陆羽"一生为墨客，几世作茶仙"，以诗句为陆羽作了千秋评价。

皎然留下来的茶诗较多，作为僧侣，他的茶诗的重要特点，是将茶禅之理作了精微的阐发。他吟道："投铛涌作沫，著碗聚生花。稍与禅经近，聊将睡网赊。"这是在唐诗中见到的具体描述煎茶法的最早的例子。《饮茶歌送郑容》中有"丹丘羽人轻玉食，采茶饮之生羽翼"，将茶比作仙药，可见皎然佛道合一的思想。

皎然茶诗最重大的贡献，是在茶诗中首次出现茶道的概念。他的《饮茶歌诮崔石使君》中说："越人遗我剡溪茗，采得金牙爨金鼎。素瓷雪色缥沫香，何似诸仙琼蕊浆。"喻茶如仙药、玉浆，对应于诗的末尾"孰知茶道全尔真，唯有丹丘得如此"。诗中还说："一饮涤昏寐，情来朗爽满天地；再饮清我神，忽如飞雨洒轻尘；三饮便得道，何须苦心破烦恼。此物清高世莫知，世人饮酒多自欺。"说明依靠茶可以清精神甚至得道。

作为陆羽的知己，皎然当然也会作诗论述茶与陆羽的关系，在《后世九日与陆处士羽饮茶》中有"俗人多泛酒，谁解助茶香"之句。另一个陆羽的好友皇甫冉是研究陆羽者必定要关注的人物。他写过一首《送陆鸿渐栖霞寺采茶》的诗，很有意境："……旧知山寺路，时宿野人家，借问王孙草，何时泛碗花。"王孙草指茶，碗花指茶汤沫饽。

张志和与陆羽也有交往，他因一首诗被日本天皇酷爱而享誉东瀛："西塞山前白鹭飞，桃花流水鳜鱼肥，青箬笠，绿蓑衣，斜风细雨不须归。"皇帝见他名气大，赏了他奴、婢各一人，张志和把他们配成夫妻，男的叫渔童，女的叫樵青，并说："男的可以帮我钓鱼划船，女的帮我种花煎茶。"

写过《游子吟》的孟郊是湖州德清人氏，与陆羽关系甚洽，陆羽晚年与他在江西上饶相见，孟郊有《陆鸿渐上饶新辟茶山》记之，其中"乃知高洁情，摆脱区中缘"，是对陆羽茶样人生的高度评价。

唐代诗人的饮茶诗中，最著名的当属较陆羽晚些时候的卢仝。他自号玉川子，作诗豪放怪奇，独树一帜，名作《走笔谢孟谏议寄新茶》描写饮七碗茶的不同感觉，步步深入："一碗喉吻润，两碗破孤闷。三碗搜枯肠，惟有文字五千卷。四碗发轻汗，平生不平事，尽向毛孔散。五碗肌骨清，六碗通仙灵。七碗吃不得也，唯觉两腋习习清风生。蓬莱山，在何处？玉川子，乘此清风欲归去。……"诗中从个人的穷苦想到亿万苍生的辛苦，在古今茶诗中，无论意境、诗的文学性，此诗都可谓茶诗中的扛鼎之作。

关于贡茶或宫中饮用的茶，中唐王建的诗《宫词一百首》中第七首有"天子下帘亲考试，宫人手里过茶汤"之句，另外在王建诗中有不少关于茶的具体资料，如将茶碗装箱运输、以姜茶供僧、将茶装入密封容器以及茶商赈灾等，很有史料价值。

中唐诗人袁高的《茶山诗》非常重要，其中咏茶农的辛劳"……阴岭芽未吐，使者牒已频，心争造化功，走挺麋鹿均，选纳无昼夜，捣声昏继晨。……"，值得当政者反省。在唐代这种主题的诗较少。

刘禹锡是中唐著名文学家，大诗人，他写过的茶诗中，有一首名叫《西山兰若试茶歌》，不但在唐诗中留下了重要印记，还以诗人独特的观察力记录下了唐人制茶的过程，其中"期须炒成满室香，便酌沏下金沙水"两句，将采摘、炒制和品饮的细节一一展现，是唐代出现炒青茶的重要史料，在制茶史里有着不可或缺的史料价值。

把茶大量移入诗坛，使茶与酒能够在诗坛中并驾齐驱的是大诗人白居易。白居易是唐代作茶诗最多的诗人，在他留世的2 800多首诗作中，大约有60首可以看见和茶有关的语句。他的诗作中写到早茶、午茶和晚茶，更有饭后茶、寝后茶，可说一天到晚茶不离口，是一个爱茶且精通茶道、识得茶味的饮茶大行家。在《山泉煎茶有怀》中，他说："坐酌泠泠水，看煎瑟瑟尘。无由持一碗，寄与爱茶人。"其《食后》云："食罢一觉睡，起来两瓯茶；举头看日影，已复西南斜。乐人惜日促，忧人厌年赊；无忧无乐者，长短任生涯。"诗中写出了他食后睡起，手持茶碗，无忧无虑，自得其乐的情趣。白居易茶诗中最为广泛引用的为《琴茶》中的那两句："琴里知闻唯渌水，茶中故旧是蒙山"，以琴茶自娱，充分传递了他内心对高洁生活的想往。诗、酒、茶、琴为白居易的生活增加了许多的情趣。在他的《琵琶行》中，有"商人重利轻别离，前月浮梁买茶去"，说明他对茶业这一行的了解，成为茶文化史上不能不提的重要史料。

唐时与白居易并称的元稹，也喜好茶，并给我们留下了以茶为主题的一首著名的宝塔诗《赋茶》（一七令）："茶。香叶，嫩芽。慕诗客，爱僧家。碾雕白玉，罗织红纱。铫煎黄蕊色，碗转曲尘花。夜后邀陪明月，晨前命对朝霞。洗尽古今人不倦，将至醉后岂堪夸。"元稹对茶的造诣很深，用碾和罗代表茶道器具是适当的，而将铫与碗并举，则抓住了煎茶的特征，宝塔诗的体例给人美的趣味。

晚唐时期，最有名的吟茶诗人，当推皮日休和其友人陆龟蒙，他们留下的茶诗相当多。皮日休甚至在《茶中杂咏并序》中以陆羽的继承人自任，分别以茶坞、茶人、茶笋、茶、茶舍、茶灶、茶焙、茶鼎、茶瓯、煮茶为题连续作诗，对于考察当时茶的制造方法有一定的参考作用。其中在《煮茶》诗中，使用连珠、蟹目、鱼鳞等词语详细作了叙述，可看出他的确是继承发展了《茶经》的方法。

和皮日休齐名的陆龟蒙，隐居在茶山中，还在吴兴顾渚山下买了一块茶园，新茶上来，自己先品一番，写些隐居的茶诗，比如《茶人》一诗中道："雨后探芳去，云间幽路危"等。他在《奉和袭美茶具十咏》中也以相同的题目作了连咏。从前顾渚山土地庙有副对联写他：天随子杳矣难追遥听渔歌月里，顾渚山依然不改恍疑樵唱风前。这个天随子，就是陆龟蒙。

唐代诗人共同留下了不少茶的诗篇，开创了唐代茶诗的宏大意境。

（3）**宋代茶诗词**　宋人茶诗较唐代还要多，有人统计可达千首。由于宋代朝廷提倡饮茶，贡茶、斗茶之风大兴，朝野上下，茶事更多。同时，宋代又是理学家统治思想界的时期。理学在儒家思想的发展中是一个重要阶段，强调文人自身的思想修养和内省；而要自我修养，茶是再好不过的伴侣。宋代各种社会矛盾加剧，知识分子经常十分苦恼，但他们又总是注意克制感情，磨砺自己。这使许多文人常以茶为伴，以便经常保持清醒。所以，文人儒者往往都把以茶入诗看作高雅理性之事，这便造就了茶诗、茶词的繁荣。像苏轼、陆游、黄庭坚、徐弦、王禹偁、林逋、范仲淹、欧阳修、王安石、梅尧臣、苏辙等，均是既爱饮茶，又好写茶的诗人，前期以范仲淹、梅尧臣、欧阳修为代表，后期以苏东坡和黄庭坚为代表。

北宋斗茶和茶宴盛行，所以茶诗、茶词大多表现以茶会友，相互唱和以及触景生情、抒怀寄兴的内容，最有代表性的是欧阳修的《双井茶》诗："西江水清江石老，石上生茶如凤爪。穷腊不寒春气早，双井茅生先百草。白毛囊以红碧纱，十斤茶养一两芽。长安富贵五侯家，一啜尤须三日夸。"

即便是那些金戈铁马的将军，大义凛然的文相，在激越的生活中也无法忘怀闲适的茶。唱着"将军白发征夫泪"的范仲淹，历史上一直作为儒家杰出代表，他写过一首很长的《和章岷从事斗茶歌》，共42行，堪称茶诗之最。至于写过"人生自古谁无死，留取丹心照汗青"的文天祥，谁又会想到，他也写过这样的诗行呢："扬子江心第一泉，南金来北铸文渊。男儿斩却楼兰首，闲品茶经拜羽仙。"原来诗人保家卫国之后，是要回到一盏茶下来，以陆羽为人生楷模的。

宋代是词的鼎盛时期，以茶为内容的词作也应运而生。大文豪苏东坡以才情名震天下，他的茶诗多有佳作，如《惠山谒钱道人烹小龙团登绝顶望太湖》中的"独携天上小团月，来试人间第二泉"，常为人所引用；其七律《汲江煎茶》为茶诗中楚翘，诗云："活水还须活火烹，自临钓石取深清。大瓢贮月临春瓮，小杓分江入夜瓶。雪乳已翻煎处脚，松风忽作泻时声。枯肠未易禁三碗，坐听荒城长短更。"杨万里高度评价道："七言八句，一篇之中，句句皆奇；一句之中，字字皆奇，古今作者皆难之。"

苏东坡在仕途上虽几升几贬，却高唱"大江东去"，游山玩水，煮酒烹茗，只作为一件乐事来对待。诗人爱茶，固然因为他们喝茶，但更多是把饮茶作为一种淡泊超脱的生活境界来追求的。"休对故人思故国，且将新火试新茶，诗酒趁年华"。在这首《望江南》词中，享乐与忘却的情绪交替出现，茶，无疑成了忘忧草。

南宋政权由于苟安江南，所以爱国文人在茶诗、茶词中出现了不少忧国忧民、伤事感怀的内容，最有代表性的是陆游的咏茶诗。陆游是诗人中茶诗最多者，他一生写了300多首茶诗，当过茶官，他和陆羽同姓，取了个和陆羽一样的号叫"桑苎翁"，说："我是江南桑苎翁，汲泉闲品故园茶。"作为一生不得志的大诗人，在豪气与郁闷中不免求助于茶，过着"饭白茶甘不知贫"的日子，却由此而得长寿。陆游在他的《秋晚杂兴十二首》诗中谈到："置酒何由办咄嗟，清言深愧谈生涯。聊将横浦红丝碾，自作蒙山紫笋茶。"反映了作者晚年生活清贫，无钱置酒，只得以茶代酒，自己亲自碾茶的情景。而他的《临安春雨初霁》对宋人品茶的技艺和环境，有了更加精确的评价。诗云："世味年来薄似纱，谁令骑马客京华？小楼一夜听春雨，深巷明朝卖杏花。矮纸斜行闲作草，晴窗细乳戏分茶。素衣莫起风尘叹，犹及清明可到家。""晴窗细乳戏分茶"一句，历来就是宋代"分茶"技艺的可靠史料，被专家反复运用。

（4）元明清茶诗 元代文人茶诗有两个特点，一是马上民族统治天下，带来了草原豪迈、乐观的粗犷之气；二是汉族文人被压到最底层，饮茶之风也从文人雅士吹到民间，所以，元代诗人不仅以诗表达个人情感，也注意到民间饮茶风尚。另外，元代散曲小令也纳入了诸多茶事的内容，应该说是茶诗体例的一种开拓。而明代，虽然也有一些皓首穷茶的隐士，但大多数人饮茶是忙中偷闲，既超乎现实，又基于现实。因此，强调茶中凝万象，从茶中体味大自然的好处，体会人与宇宙万物交融之时的感受较多。清代朝廷茶事很多，但大多数是歌功颂德，就诗品而言，似不及前朝，但亦有不少文人写下了同情茶农百姓的诗行，表达了以诗言志的情怀。

元代不仅茶艺、茶道走向民间，而且文学中也有茶的知音。如耶律楚材的《西域从王君玉乞茶》共7首，达390余字；而李德载所作散曲《喜春来•赠茶肆》，共由10首小令组成。试选一首表达茶俗之生动情趣："茶烟一缕轻轻飏；搅动兰膏四座香，烹煎妙手赛维扬。非是谎，下马试来尝。"这些小令运用众多典故，广泛讲述了煎茶、饮茶的乐趣，写出了茶博士的妙手和风流，仿佛是一幅洋溢着民间生活气息的风俗画。

明代的咏茶诗比元代为多，其中黄宗羲的《余姚瀑布茶》将采茶到品茶的劳动过程绘声绘色写来，十分传神。诗云："檐溜松风方扫尽，轻阴正是采茶天。相邀直上孤峰顶，出市都争谷雨前。两筥东西分梗叶，一灯儿女共团圆。炒青已到更阑后，犹试新分瀑布泉。"而以徐渭、唐寅、文徵明等人为典型的明代文人，也留下了大量文气沛然的茶诗。其中，徐渭的《谢钟君惠石埭茶》，细点名茶，如数家珍："杭客矜龙井，苏人伐虎丘。小筐来石埭，太守赏池州。午梦醒犹蝶，春泉乳落牛。对之堪七碗，纱帽正笼头。"

明代社会矛盾激烈，文人不满政治，茶与僧道、隐逸的关系更为密切，从诗歌中也体现出来。如陆容的《送茶僧》："江南风致说僧家，石上清泉竹里茶。法藏名僧知更好，香茶烟晕满袈裟。"

明代茶诗中特别值得一提的是还有不少反映人民疾苦、讥讽时政的咏茶诗。如高启的《采茶词》："雷过溪山碧云暖，幽丛半吐枪旗短。银钗女儿相应歌：筐中摘得谁最多？归来清香犹在手，高品先将呈太守。竹炉新焙未得尝，笼盛贩与湖南商。山家不解种禾黍，衣食年年在春雨。"诗中描写了茶农把茶叶供官后，其余全部卖给商人，自己却舍不得尝新的痛苦，表现了诗人对人民生活极大的同情与关怀。又如明代正德年间身居浙江按察佥事的韩邦奇，根据民谣加工润色而写成的《富阳民谣》，揭露了当时浙江富阳贡茶和贡鱼扰民害民的苛政，其深刻激愤之程度，是历代茶之诗文中不曾见到的。诗云："富阳江之鱼，富阳山之茶，鱼肥卖我子，茶香破我家。采茶妇，捕鱼夫，官府拷掠无完肤。昊天胡不仁？此地亦何辜？鱼胡不生别县？茶胡不生别都？富阳山，何日摧？富阳江，何日枯？山摧茶亦死，江枯鱼始无。山难摧，江难枯，吾民不可苏！"

这两位同情民间疾苦的诗人，后来都因赋诗而惨遭迫害，高启腰斩于市，韩邦奇罢官下狱，几乎送掉性命。但这些诗篇，却长留在人民心中。

清代也有许多诗人如郑燮、金田、陈章、曹廷栋、张日熙等的咏茶诗，亦为著名诗篇。清陈章的《采茶歌》同情茶农："凤凰岭头春露香，青裙女儿指爪长。度涧穿云采茶去，日午归来不满筐。催贡文移下官府，那管山寒芽未吐。焙成粒粒比莲心，谁知侬比莲心苦？"

清代茶事多，清高宗乾隆，曾数度下江南游山玩水，也曾到杭州的云栖、天竺等茶区，留下不少诗句。他在《观采茶作歌》中写道："火前嫩，火后老，惟有骑火品最好。西湖龙井旧擅名，适来试一观其道……"乾隆写过许多茶诗，相对而言，史料价值大，艺术价值少。

（5）现当代茶诗　现当代以来，中国历史上一些著名的风云人物，对茶兴亦都不浅，在诗词交往中，也每多涉及茶事。1926年，毛泽东的七律诗《和柳亚子先生》中，就有"饮茶粤海未能忘，索句渝州叶正黄"的名句。1941年，柳亚子在《寄毛润之延安》一诗中说："云天倘许同忧国，粤海难忘共品茶。"朱德在品饮庐山云雾茶以后，写《庐山云雾》一诗赞扬此茶云："庐山云雾茶，味浓性泼辣，若得长时饮，延年益寿法。"20世纪60年代诗人李瑛曾写过一首长诗《茶》，是歌颂茶在中非人民之间的友谊关系。作为现代诗，是我们目前看到的最长一首以茶为主题的诗了。至于当代诗人写茶的诗那就更多了，如应忆杭的《诗陆羽茶经》："……现在我离尘嚣和烦忧很远，离心灵很近，离小人很远，离君子很近，先生，且让我们一杯一杯慢斟细品……"，都是非常好的诗句。

2. 茶与散文

茶作为一种寓意清新的题材，除了在诗词中有大量表现外，在辞赋和散文中也屡见不鲜，辞赋和散文具有表现手法灵活，语言优美的特点，在表现茶的品性上，似乎更为合适。茶的种种特征，在辞赋和散文的铺陈、描述下，亦显得格外动人。

茶的散文类作品，人们所常见的名篇有宋欧阳修的《大明水记》和《浮槎山水记》，宋唐庚的《斗茶记》、元代杨维桢的《煮茶梦记》等。与茶有关的传记有《陆文学自传》以及拟人化的《叶嘉传》。随意性极大的笔记有陆游的《老学庵笔记》、徐珂编的《清稗类钞》等。"表"这种体例也属于散文，如唐韩翃的《为田神玉谢茶表》、唐刘禹锡的《代武中丞谢赐新茶表》、梅尧臣的《进新茶表》；"启"属于奏章之类的公文，如宋杨万里的《谢傅尚书惠茶启》，也归入茶散文；信札涉及茶事，如刘琨的《与兄子南兖州刺史演书》常为人征引；茶之于赋，如杜育的《荈赋》、顾光的《茶赋》、宋丁谓的《南有嘉茗赋》、黄庭坚的《煎茶赋》；颂，如周履靖的《茶德颂》；铭，如李贽的《茶夹铭》、张岱的《瓷壶铭》；以及檄，如张岱的《斗茶檄》，更是有影响的茶文名篇了。

中国历史上第一篇以茶为主题的散文开山之作，当推晋代诗人杜育的《荈赋》，赋中所涉及的范围已包括茶叶的自生长至饮用的全部过程，其中第一次写到"弥谷被岗"的植茶规模，第一次写到秋茶的采掇，第一次写到陶瓷的茶具，第一次写到"沫沉华浮"的茶汤特点。这四个第一，足以使《荈赋》成为我国文学宝库中的珍贵财富。

唐代诗人顾况作有《茶赋》一首，赞茶之功用："此茶上达于天子也，滋饭蔬之精素，攻肉食之膻腻，发当暑之清吟，涤通宵之昏寐；杏树桃花之深洞，竹林草堂之古寺；乘槎海上来，飞锡云中至……"此文亦属唐代茶叶散文中的名篇。

从敦煌出土文物中发现了一篇著名的唐代变文[①]——王敷的《茶酒论》，记叙了茶叶和酒各自夸耀，论辩不休，最后由水出来调停这样一个内容。全文以一问一答的方式，并且都用韵，也有对仗，读来饶有趣味。

至宋，有苏轼的《叶嘉传》，以拟人方式传记体裁歌颂了茶叶的高尚品德："叶嘉，闽人也，其先处上谷。曾祖茂先，养高不仕，好游名山。至武夷，悦之，遂家焉。……"这种独特的原创体例，可谓匠心独具。有黄庭坚的《煎茶赋》，善用典故，写尽茶叶的功效和煎茶的技艺："汹汹乎如涧松之发清吹，皓皓乎如春空之行白云。宾主欲眠而同味，水茗相投而不浑。苦口利病，解醪涤昏，未尝一日不放箸。"

---

① 变文：是中国唐朝受佛教影响而兴起的一种文学体裁，由于佛经经文过于晦涩，僧侣为了传讲佛经，将佛经中的道理和佛经中的故事用讲唱的方式表现，这些故事内容通俗易懂，写成稿本后即是变文。

元代文学家杨维桢，字廉夫，号铁崖，浙江会稽今绍兴人。他的散文《煮茶梦记》充分表现了饮茶人在茶香的熏陶中，恍惚神游的心境。如仙如道，烟霞璀璨，在他的笔下，饮茶梦境犹如仙境，给人以极大的审美享受。

而明代茶之散文佳文迭出，其中著名的有朱权的《茶谱》。在《茶谱》序中，他写道："挺然而秀，郁然而茂，森然而列者，北园之茶也。……以东山之石，击灼然之火。以南涧之水，烹北园之茶，自非吃茶汉，则当握拳布袖，莫敢伸也！本是林下一家生活，傲物玩世之事，岂白丁可共语哉？"实在是一篇美不胜收的茶之佳文。

此外，明代周履靖的《茶德颂》，张岱的《斗茶檄》、《闵老子茶》、《礼泉》、《蓝雪茶》，都是不可多得的佳作。张岱作为一代大茶人，写下过许多小品文式的茶文，几乎篇篇都为佳作。后人研究茶，没有一个不提到他的。

清代文学家全望祖，作有《十二雷茶灶赋》更是气势非凡，描写浙江四明山区的茶叶盛景，其境界浪漫灿烂，发人遐想。而在现代散文中，鲁迅的《喝茶》和周作人的《吃茶》都是别具一格的美文，均具有浓重的艺术个性。由于两人的思想和生活方式的不同，在散文中出现的"茶味"也是各不相同。

当代散文中出现过不少名篇，有汪曾祺诸多茶散文，具备非常细致的生活观察能力，行文生动有趣。而张承志写的内蒙古生活，喝奶茶的心境，则博大雄浑，一扫传统隐逸之气。其余众多名家的各篇茶散文，见诸报纸杂志，较为著名的有袁鹰主编的《清风集》等。

3. 茶与小说传奇

茶与小说，可分有关茶事的小说和小说中写有茶事的两种。一般而言，以小说中写有茶事的类别具多。唐代以前，小说中的茶事往往在神话志怪传奇故事里出现，如东晋干宝《搜神记》中的神异故事"夏侯恺死后饮茶"；隋代以前《神异记》中的神话故事"虞洪获大茗"；南朝宋刘敬叔《异苑》中的鬼异故事"陈务妻好饮茶茗"，还有《广陵耆老传》中的神话故事"老姥卖茶"，这些名篇开了小说记叙茶事的先河。

至唐宋时期，有关记叙茶事的著作渐多，但其中多为茶叶专著或茶诗茶词；直至明清时代，记述茶事的话本小说和章回小说开始盛兴。在中国的许多优秀古典小说名著中，有很多关于茶的细腻描述，反映出茶在各个时代人民生活中的地位。如《水浒传》中，对宋代各阶层人民以茶待客，及当时寺院和城镇开设的茶坊招待顾客等情况有生动的描绘，其中王婆开茶坊的情景非常生动。

清代小说大量描写茶事，蒲松龄大热天在村口铺上一张芦席，放上茶壶和茶碗，用茶会友，以茶换故事，《聊斋志异》众多的故事情节里，多次提及茶事。吴敬梓的《儒林外史》中，详细描写了马二先生上吴山一路喝茶的景象；刘鹗的《老残游记》中，有专门写茶事的"申子平桃花山品茶"一节；李宝嘉的《官场现形记》、李汝珍的《镜花缘》等著名作品，几乎都有关于茶在当时书场、茶馆以及在喜庆婚丧和官场中应酬等情况的不同表述，都写到"以茶待客"、"以茶祭祀"、"以茶为聘"、"以茶赠友"等茶风俗。明代冯梦龙的《喻世明言》中有"赵伯升茶肆遇仁宗"，以茶肆作为场景，但从侧面反映了宋代茶事之盛。兰陵笑笑生的《金瓶梅》有大量描写茶事的内容，其中经典的当推"吴月娘扫雪烹茶"一回，故清人张竹坡旁批为"是市井人吃茶"。

在众多的小说中，描写茶事最细腻、最生动的莫过于《红楼梦》。《红楼梦》全书一百二十回，谈及茶事的就有近300处，细腻、生动的描写和丰富的审美价值，都是其他作品无法企及的。其中，最被后人研究引用的，当推第四十一回的"栊翠庵茶品梅花雪"中的妙玉品茶论茶，被视为中国文人品茶的实践经典。

中国当代文学史上，著名女作家陈学昭在中华人民共和国成立后，长期深入西湖龙井茶乡，创作出版了长篇小说《春茶》，用小说形式表现茶农生活。当代小说作品中，以茶人茶事为主题的，代表作有王旭烽的《茶人三部曲》，三卷130万字，描述江南六代茶人与中国近现代社会发生的重大历史事件，获第五届茅盾文学奖，影响较大。

4. 茶与戏剧文本

如果说茶事小说还只是平面地绘声绘色，那么，茶事戏剧则是立体的、栩栩如生的。以茶为题材或者情节与茶有关的戏剧很多，明代著名戏剧家汤显祖在他的代表作

《牡丹亭》里，就有许多表达茶事的情节。如在《劝农》一折，当杜丽娘的父亲、太守杜宝在风和日丽的春天下乡劝勉农作，来到田间时，只见农妇们边采茶边唱道："乘谷雨，采新茶，一旗半枪金缕芽。学士雪炊他，书生困想他，竹烟新瓦。"杜宝见到农妇们采茶如同斗草一般的情景，不禁喜上眉梢，吟曰："只因天上少茶星，地下先开百草精，闲煞女郎贪斗草，风光不似斗茶清。"

在中国传统戏剧节目中，还有不少表现茶事的情节与台词。如昆剧《西园记》的开场白中就用"买到兰陵美酒，烹来阳羡新茶"之句。昆剧《鸣凤记·吃茶》一折，杨继盛乘吃茶之机，借题发挥，怒斥奸雄赵文华可谓淋漓尽致。宋元南戏《寻亲记》中有一出"茶访"，元代王实甫有《苏小卿月夜贩茶船》，明代计自昌《水浒记》中有一出《借茶》，高濂《玉簪记》中有一出《茶叙》。清代洪昇则将其富有文化艺术情趣的家庭生活写进杂剧《四婵娟》，成为其中的第三折"斗茗"。老舍的话剧《茶馆》，通过三个旧时代，描写京城老茶馆的兴衰和它的主人以及各种人的遭遇，都是文学中的经典名著。现代戏剧与电影《沙家浜》的剧情就是在阿庆嫂开设的春来茶馆中展开的。当代歌剧有谭盾创作的《茶》，在国际舞台上演出，有很大影响。浙江农林大学茶文化学院创作演出的大型茶文化舞台艺术《中国茶谣》，把中国茶事、节气和中国人的生命轨迹融于一体，给予表现，取得了很好的效果。而后推出的大型新编原创话剧《六羡歌》以茶圣陆羽生平为主题，展示中国茶人的内心境界，影响很大，也发人深省。

5. 茶与外国文学

我们已知，茶在国外的小说和戏剧中也有不少动人的描写。9世纪中叶，中国的茶叶传入日本不久，嵯峨天皇的弟弟淳和亲王就写了一首茶诗《散怀》，诗中曰："幽径树边香茗沸，碧梧荫下滴琴谐。"17世纪茶叶传入欧洲后，也出现了一些茶诗，内容多是对茶叶的赞美。1663年，艾德蒙特·沃勒献给英王的《饮茶王后》是第一首英文茶诗。诗云："花神宠秋色，嫦娥矜月桂。月桂与秋色，美难与茶比。"在小说中，作家狄更斯的《泼克维克传》、女作家辛克蕾的《灵魂的治疗》中，对茶都有动人的描写。在埃斯米亚、格列夫等的作品中，提到饮茶的多至40多次。英国著名女作家简·奥斯汀的不少名篇中都离不开茶，把茶席作为了重要的小说场景。如在《诺桑觉寺》中，她写道："大家坐下来吃饭时，那套精致的早餐餐具引起了凯瑟琳的注意。幸好，这都是将军亲自选择的。凯瑟琳对他的审美力表示赞赏，将军听了喜不自胜，老实承认这套餐具有些洁雅简朴，认为应该鼓励本国的制造业。他是个五味不辨的人，觉得用斯塔福德郡的茶壶沏出来的茶，和用德累斯顿或塞夫勒的茶壶沏出来的茶没什么差别。"从这段描写中我们看到英国茶文化的一斑。俄国小说家果戈理、托尔斯泰、屠格涅夫各自作品中的茶事也不亚于英国作家。普希金在其伟大的作品《欧根·奥涅金》中专门写到了俄国特有的茶具"茶炊"，说："天色转黑，晚茶的茶炊，闪闪发光，在桌上咝咝作响，它烫热着瓷茶壶里的茶水，薄薄的水雾在四周荡漾。……"

茶在国外戏剧中也有反映，1692年英国剧作家索逊在《妻的宽恕》剧本中，就有关于茶会的描述，英国剧作家贡格莱的《双重买卖人》、喜剧家费亭的《七副面具下的爱》中，都有茶的场面。美国舞台剧《你的叶子》，特别讨论了如何泡茶，荷兰阿姆斯特丹1701年开始上演的戏剧《茶迷贵妇人》，从中可以看到他们对这种来自东方的美好饮料的喜爱。

6. 茶与民间文学

（1）**民间茶谣**　茶谣属于民谣、民歌，为中华民族在茶事活动中对生产生活的直接感受，不但记录了茶事活动的各个方面，而且自身也构成了茶文化的重要内容。其形式简短，通俗易唱，喻义颇为深刻。

茶谣类型分山歌、情歌、采茶调、采茶戏、劳动号子、小调等，表达的形式多种多样，内容有农作歌、佛句歌、仪式歌、生活歌、情歌等。

茶谣是民间的文化形式，在情感表达和内容陈述上，带有明显的民间"以物作比"的思维方式。它们是茶区劳动者生活情感自然流露的产物，没有经过文人的采用和润色，故而较多保留着原有的真美以及茶乡的民风民俗。这些在地头山坡露天茶园中诞生的歌曲，带着直白式的口语，白描式的直抒情怀，片刻间便击中人们心灵，有着强烈的感染力量。

茶谣的艺术特点中，大约包括以下几个方面：

　　从茶事活动中掇取生动无比的鲜活素材是茶谣的基本特色。比如采茶，从姑娘们上山采茶，喜悦与辛苦都可以产生茶谣。广西的《采茶调》改编后进入电影和歌剧《刘三姐》，至今传唱，成为经典："三月鹧鸪满山游，四月江水到处流，采茶姑娘茶山走，茶歌飞上白云头。草中野兔窜过坡，树头画眉离了窝，江心鲤鱼跳出水，要听姐妹采茶歌。"比如炒茶，一夜到天亮，信阳茶区的炒茶工，在辛苦中产生了炒茶歌："炒茶之人好寒心，炭火烤来烟火醺，熬到五更鸡子叫，头难抬来眼难睁，双脚灌铅重千斤。"比如卖茶也有茶谣，益阳茶歌《跑江湖》这样唱道："情哥撑篙把排开，情妹站在河边哭哀哀。哥哎！你河里驾排要站稳，过滩卖茶要小心；妹哎！哥是十五十六下汉口，十七十八下南京，我老跑江湖不要妹操心。"对生活的艰辛也在茶谣中体现。皖南茶谣说："小小茶棵矮墩墩，手扶茶棵叹一声。白天摘茶摘到晚，晚上炒茶到五更，哪有盘缠转回城？"透露着种茶人经济窘困、生活贫困的沉重哀叹。

　　强烈的叙事构成了近代以来茶谣的歌唱风格。《采茶调》是民间歌谣中一种特殊的民谣体例，尤其是十二月采茶调，分顺采茶和倒采茶，分别从一月到十二月，或者从十二月到一月，其叙事性极强。这是因为近代歌谣发展到一定时机，人们的叙事要求增强，所以借重"十二月"这样一种时间结构，也是一种结构意识的觉醒。无论是"十二月"还是"十月"，甚至是"四季"，都向我们昭示了以时序为基本框架的线性结构模式，其不同只是依叙事需要的大小而作的容量调整，通常是一月一事，一节一例，如："三月采茶茶叶青，红娘捧茶奉张生。张生拉住莺莺手，莺莺抿嘴笑盈盈。"寥寥28字将一部《西厢记》故事核心内容全部写尽。"四月采茶茶叶长，韩信追赶楚霸王。霸王逼死乌江上，韩信功劳不久长。"楚汉纷争在这节采茶调中显得十分悲怆，给为大汉江山立下汗马功劳的韩信进行了概括，让人读后不禁为英雄的生死长叹一声。"五月采茶五月团，曹操人马下江南。孔明曾把东风借，庞统先生献连环。"这节讲的三国赤壁之战，采茶调中没去刻画宏大激烈的战场，而是将在此役中两个谋士"借东风"、"连环船"的掌故进行破译，我们不得不感叹此调创作者对历史人物和历史事件的亮点捕捉。

强烈质朴的情感，用不加文饰的口语喷发，是茶谣的最具魅力之处。在茶谣中，人们对生活有着极为强烈的表达方式，首先就体现在爱情上，出现了大量茶谣中的情歌。青年男女茶农在劳动时产生了爱情，往往用茶谣表示，茶谣成了他们倾诉衷肠的文化形式与文明途径。比如"安徽茶谣"中的情歌唱道："四月里来开茶芽，年轻姐姐满山爬，那里来个小伙子，脸儿俏，嗓音好，唱出歌儿顺风飘，唱得姐姐心扑扑跳。"湖南的《古丈茶歌》生动地描述了约会的心情："阿妹采茶上山坡，思念情郎妹的哥；昨夜约好茶园会，等得阿妹心冒火。昨夜炒茶摸黑路，迟来一步莫骂奴；阿妹若肯嫁与哥，哪有这般相思苦。"河南的茶谣火辣辣："想郎浑身散了架，咬着茶叶咬牙骂，人要死了有魂在，真魂来我床底下，想急了我跟魂说话。"四川的《太阳出来照红岩》与河南茶谣也有一拼："太阳出来照红岩，情妹给我送茶来。红茶绿茶都不爱，只爱情妹好人才。喝口香茶拉妹手！巴心巴肝难分开。在生之时同路耍，死了也要同棺材。"

茶谣中塑造的艺术形象，鲜明饱满，有耳目一新之感。比如四川茶谣《茶堂馆》里的店小二："日行千里未出门，虽然为官未管民。白天银钱包包满，晚来腰间无半文。"比如《掺茶师》中的掺茶师："从早忙到晚，两腿多跑酸。这边应声喊，那边把茶掺。忙得团团转，挣不到升米钱。"《丑女》中的茶女十分胆大："打个呵欠哥皱眉，姐问亲哥想着谁。想着张家我去讲，想着李家我做媒，不嫌奴丑在眼前。"其大胆与直露，足使缙绅雅士瞠目结舌。而聪明姑娘的心机也在茶谣中一目了然："早打扮，进拣场，拿手巾，包点心，走茶号，喜盈盈，拣四两，算半斤，这种人情记在心。"采茶姑娘打扮得漂漂亮亮到茶号买茶，卖茶的小伙子见是姑娘来啦，情有所动，过秤时四两算半斤，显然加进了"情感成分"。老板哪里晓得，姑娘倒是心中有数。有一首茶歌，犹如一个小故事，一幅风情画："温汤水，润水苗，一桶油，两道桥。桥头有个花娇女，细手细脚又细腰，九江茶客要来谋。"一个到外地卖茶的年轻商人，看上了站在桥头的苗条少女，决心娶她，不禁使人想起《诗经》300篇开首：关关雎鸠，在河之洲，窈窕淑女，君子好逑。

茶谣在修辞上的民间性，也带来别具风格的美感。茶谣在句式、章段、结构、用韵、表现手法方面，和民歌一样，都有自己的特点，比兴、夸张、重叠、谐音等手法，也多有运用。揭露抨击性的时政歌谣，常用谐音、隐语。双关语在情歌中运用较多，拟人化手法，儿歌中较为常见。比如江西安福表嫂茶歌就很典型：一碗浓茶满冬冬，端给我的好老公，浓茶喝了心里明，不招蝴蝶不惹蜂。其女子以碗盖伴奏，这是以暗喻的方式告诉丈夫不得变心。

（2）**民间茶故事**　中国产茶历史悠久，名茶众多，因而茶的传说也题材广泛，内容丰富。在关于茶的传说里，或讲其来历，或讲其特色，或讲其命名，同时与各种各样的人物、故事、古迹和自然风光交织在一起，利用茶的功效编织成情节奇特的故事，大多具有地方特色和乡土感情。如民间传说唐代雷太祖救峨眉山老和尚，老和尚用峨眉山茶种寺边，并留下一联：此身难报福恩惠，留下寺茶照山明，遂有惠明寺和惠明茶。而杭州龙井茶更有许多故事，其中说到龙井茶为什么是扁的，正是因为皇帝把茶压在书中送到京城，这样的传说直到今天还广为流传。近年来各地茶文化组织搜集编撰的民间茶文化故事集出版不少，丰富和拓展着我们的茶文学领域。

7. 茶与应用文学

所谓茶与应用文学，实际上是指文学在茶事活动中有着最直接结合的事像，在此，文学与经济等社会活动难以剥离地联系在了一起。

（1）**茶叶命名中的文学性**　茶的命名基本有三种方式：一是以地名之，如著名的蒙顶茶，产于四川雅州蒙山，峨眉茶产于四川峨眉山，其他如青城山茶、武陵茶、沪溪茶、寿阳茶、径山茶、天竺茶、岭南茶、溪山茶、龙井茶等，均以地名冠之。二是以形名之，如著名的仙人掌茶，是一种佛茶，李白在诗中描写过，其形如仙人掌，产于荆州，今湖北当阳。其他如产于四川雅安蒙山的石花茶，蜀州、眉州产的蝉翼，蜀州产的片甲、麦颗、鸟嘴、横牙、雀舌，产于衡州的月团，产于潭州、邵州的薄片，产于吴地的金饼等。以上诸茶，均以形名之。三是以形色名之，如著名的紫笋茶，色近紫，形如笋，符合《茶经》的名茶标准，故倍受推崇，"牡丹花笑金钿动，传奏吴兴紫笋来"，湖州茶叶打色彩牌，有黄芽，紫笋白茶，不仅茶美，其名也雅。其他如产于鄂州的团黄，产于蒙山的鹰嘴芽白茶，产于岳州的黄翎毛等；四是其他命名法，如蒙顶研膏茶、压膏露芽、压膏谷芽，包含着地名、外形和制作特点。瑞草魁、明月、雷鸣、瀑布仙茗，其名富有诗意。有的茶早采，有叫鸟牛早的；有的茶晚采，叫迎霜的。有的茶芽开的慢，就叫梦茶；有的茶完全由科研配制成功，按号码叫，比如龙井43。

取茶名也要有文学性，美名方能传扬。

（2）茶联中的诗意　茶联，即指与茶有关的对联，是文学与书法艺术的结合。它对偶工整，联意协调，是诗词形式的演变、精化。在中国，城乡各地的茶馆、茶楼、茶室、茶叶店、茶座的门庭或石柱上，茶道、茶艺、茶礼表演的厅堂墙壁上，甚至在茶人的起居室内，常可见到悬挂有以茶事为内容的茶联。茶联常给人古朴高雅之美，也常给人以正气睿智之感，还可以给人带来联想，增加品茗情趣。茶联可使茶增香，茶也可使茶联生辉。

茶联挂在茶馆，首先是要起到广告作用的。旧时广东羊城著名的茶楼"陶陶居"，店主为了扩大影响，招揽生意，用"陶"字分别为上联和下联的开端，出重金征茶联一副，终于作成茶联一副。联曰：陶潜喜饮，易牙喜烹，饮烹有度；陶侃惜分，夏禹惜寸，分寸无遗。这里用了四个人名，即陶潜、易牙、陶侃和夏禹；又用了四个典故，即陶潜喜饮，易牙喜烹，陶侃惜分和夏禹惜寸，不但把"陶陶"两字分别嵌于每句之首，使人看起来自然、流畅，而且还巧妙地把茶楼饮茶技艺和经营特色，恰如其分地表露出来，理所当然地受到店主和茶人的欢迎和传诵。

蜀地早年有家茶馆，兼营酒业，但因经营不善，生意清淡。后来，店主请一位当地才子撰写了一副茶酒联，镌刻大门两边："为名忙，为利忙，忙里偷闲，且喝一杯茶去；劳心苦，劳力苦，苦中作乐，再倒一杯酒来。"此联对追名求利者不但未加褒贬，反而劝人要呵护身体，潇洒人生，让人颇多感悟，既奇特又贴切，雅俗共赏，人们交口相传。

茶联的文学性很强，是文学审美的绝好对象，品茶识茶联，只觉静中有动，茶中有文，眼界大开。如最为人称道的"欲把西湖比西子，从来佳茗似佳人"，系集苏东坡《饮湖上初晴后雨》与《和曹辅寄壑源试焙新茶》诗句而成。据《杭俗遗风》

记载，昔时杭州西湖藕香居茶室就曾挂此联。明清时期茶联极为丰富，许多名家都侧身其中。清杭世骏撰写并以行草书录："作客思秋议图赤脚婢，品茶入室为仿长须奴。"江恂撰写并以隶书录："几净双钩摹古帖，瓯香细乳试新茶。"郑板桥为扬州青莲斋题："从来名士能评水，自古高僧爱斗茶。"何绍基为成都望江楼题书："花笺茗碗香千载，云影波光活一楼。"杭州西湖龙井处有一名叫"秀翠堂"的茶堂，门前挂有一副茶联，自明人陈眉公《试茶》一诗中来，联云："泉从石出情宜冽，茶自峰生味更圆。"该联把龙井所特有的茶、泉、情、味点化其中，奇妙无比。扬州有一家富春茶社的茶联也很有特色，直言："佳肴无肉亦可；雅淡离我难成。"福建泉州市有一家小而雅的茶室，其茶联这样写道："小天地，大场合，让我一席；论英雄，谈古今，喝它几杯。"此联上下纵横，谈古论今，既朴实，又现实，令人叫绝。

北京前门老舍茶馆的门楼两旁挂有这样一副对联："大碗茶广交九州宾客，老二分奉献一片丹心。""大碗茶"和"老二分"都是老舍茶馆当年创业时的基业，以此入联，这不仅刻画了茶馆"以茶联谊"的本色，而且还进一步阐明茶馆的经营宗旨。

有许多民间茶联撰者无名，但茶联却闻名天下。旧时绍兴驻跸岭茶亭曾挂过一副茶联，曰："一掬甘泉好把清凉洗热客，两头岭路须将危险话行人。"此联语意深刻，既有甘泉香茗给行路人带来的一份惬意，也有人生旅途的几分艰辛。福州南门外茶亭悬挂一联："山好好，水好好，开门一笑无烦恼；来匆匆，去匆匆，饮茶几杯各西东。"通俗易懂，言简意赅，教人淡泊名利，陶冶情操。贵阳市图云关茶亭有一副茶联："两脚不离大道，吃紧关头，须要认清岔道；一亭俯着群山，站高地步，自然赶上前人。"既明白如话，又激人奋进。

最有趣的恐怕要数这样一副回文茶联了，联文曰："趣言能适意，茶品可清心。"倒读则成为："心清可品茶，意适能言趣。"前后对照意境非同，文采娱人，别具情趣，不失为茶亭联中的佼佼者。

目前有记载的，而且数量又比较多的，乃出自清代，而留有姓名的，尤以郑板桥为最。郑板桥能诗、会画，又懂茶趣、喜品茗，他在一生中曾写过许多茶联，其中有一茶联写道："扫来竹叶烹茶叶，劈碎松根煮菜根。"这种粗茶菜根的清淡生活，是普通百姓日常生活的写照，使人看了，既感到贴切，又富含情趣。

（3）**茶回文**　所谓回文，是指可以按照原文的字序倒过来读、反过来读的句子，在中国民间有许多回文趣事。茶回文当然是指与茶相关的回文了。

有一些茶杯的杯身或杯盖上有四个字："清心明目"，随便从哪个字读皆可成句："清心明目"、"心明目清"、"明目清心"、"目清心明"，而且这几种读法的意思都是一样的。这就叫"杯随字贵、字随杯传"，这种汉字特有的文字游戏，着实增强了品茶的情趣美。

"不可一日无此君"，是挺有名的一句茶联，它也可以看成是一句回文，从任何一字起读皆能成句："不可一日无此君"，"可一日无此君不"？"一日无此君不可"，"日无此君不可一"，"此君不可一日无"，"君不可一日无此"。无论怎么开头，都能够得到同样的结果。

有些茶联也可以倒着读，如上文茶馆中的对联："趣言能适意，茶品可清心。"回过来读，则成为："心清可品茶，意适能言趣。"

北京老舍茶馆的两副对联也是回文对联，顺读倒读妙手天成。一副是："前门大碗茶，茶碗大门前。"此联把茶馆的坐落位置、泡茶方式、经营特征都体现出来，令人叹服。

另一副更绝："满座老舍客，客舍老座满。"既点出了茶馆的特色，又巧妙糅进了人们对老舍先生艺术的赞赏和热爱。

（4）**茶谚**　谚语是流传在民间的口头文学形式，是通过一两句歌谣式朗朗上口的概括性语言，总结劳动者的生产劳动经验和他们对生产、社会的认识。唐代已出现记载饮茶茶谚的著作。唐人苏廙《十六汤品》中载："谚曰：茶瓶用瓦，如乘折脚骏登高。"可知唐时已出现茶谚。

渐渐的，简短通俗的谚语成为人们流传的固定语句，在民间茶俗中，随处可见。如元曲中有"早晨开门七件事，柴米油盐酱醋茶"之谚，讲茶在人们日常生活中的重要性，说明已是常见的谚语。衣食住行中有："平地有好花，高山有好茶"；"酒吃头杯好，茶喝二道香"；"好吃不过茶泡饭，好看不过素打扮"；茶俗谚语有"当家才知茶米贵，养儿方知报家恩"；自然知识气象有"早晨发露，等水烧茶；晚上烧霞，干死蚂蚱"；谈吐茶俗谚语有"冷茶冷饭能吃得，冷言冷语受不得"；持家经营有"丰收万担，也要粗茶淡饭"，"粗茶淡饭布衣裳，省吃俭用过得长"；林业茶俗谚语有"向阳茶树背阴杉"；反映个人之间关系的有"人走茶凉"，"有茶有酒好兄弟，急难何曾见一人"；生产知识有"秋冬茶园挖得深，胜于拿锄挖黄金"；卫生知识有"不喝隔夜茶，不吃过量酒"；是非茶俗谚语有"好茶不怕细品，好事不怕细论"，等等。这些反映方方面面的茶俗谚语读起来朗朗上口，其文化意蕴耐人寻味。

茶谚中以生产谚语为多，早在明代就有一条关于茶树管理的重要谚语，叫做"七月锄金，八月锄银"，意思是说，给茶树锄草最好的时间是七八月间。广西农谚说："茶山年年铲，松枝年年砍。"浙江有谚语："若要茶，伏里耙。"湖北也有类似谚语："秋冬茶园挖得深，胜于拿锄挖黄金。"关于采茶，湖南谚曰："清明发芽，谷雨采茶。"或说："吃好茶，雨前嫩尖采谷芽。"湖北又有一种说法："谷雨前，嫌太早，后三天，刚刚好，再过三天变成草。"

有些谚语则透露出经济观念，如"茶叶两头尖，三年两年要发颠"，是说茶叶价格高低不一，很难把握，每年都有变化。又如"要热闹开茶号"，"茶叶卖到老，名字认不了"。这显然涉及茶叶的贸易。还有些谚语是关于茶叶的审美品鉴，如"茶叶要好，色、香、味是宝"。以色、香、味三者来定茶的品级，又如"种茶要瓜片，吃茶吃雨前"。"瓜片"是六安茶叶的上品，"雨前"指黄山谷雨前的毛尖茶。说的都是安徽茶中的上品。

（5）**茶的歇后语**　歇后语是汉语言中一种特殊的修辞方式，生动有趣，喻义贴切，民间气息浓厚，地域性强。比如"铜炊壶烧开水泡茶——好喝"；"茶壶里头煮饺子——有货倒不出来"；"茶壶里头下挂面——难捞"。"茶铺搬家——另起炉灶"；"茶铺头的龙门阵——想到哪儿说到哪儿"，等等。

（6）**茶壶上的铭文题识**　茶具中的铭文题识，原本是文人墨客的雅事，无关功用，然一旦与茶器结合，就成了应用文学中的一个重要组成部分，具备了特殊的审美意韵，极致的阳春白雪和极致的下里巴人的完美结合。铭文题识中的文句，绝大多数从四书五经先秦文字中提取，文字往往高古难识，却又往往更被人看重，而题字之人也往往是名书法家，名画家，在此选择曼生壶的一些题识，供参考：

石铫：铫之制 抟之工 自我作 非周种
汲直：苦而旨 直其体 公孙丞相甘如醴
却月：月满则亏 置之座右 以为我规
横云：此云之腴 餐之不癯 列仙之儒
百衲：勿轻短褐 其中有物 倾之活活
合欢：蠲忿去渴 眉寿无割
春胜：宜春日 强饮吉
古春：春何供 供茶事 谁云者 两丫鬟
饮虹：光熊熊 气若虹 朝阊阖 乘清风
井栏：栏井养不穷 是以知汲古之功
钿盒：钿合丁宁 改注茶经
覆斗：一勺水 八斗才 引活活 词源来
瓜形：饮之吉 匏瓜无匹
牛铎：蟹眼鸣和 以牛铎清
井形：天茶星 守东井 占之吉 得茗饮
半瓦：合之则全 偕壶公以延年
葫芦：作葫芦画 悦亲戚之情活
天鸡：天鸡鸣 宝露盈
合斗：北斗高 南斗下 银河浑 阑干挂
提梁：提壶相呼 松风竹炉

（7）茶令、茶谜　关于茶令，南宋时大文人王十朋曾写诗说：搜我肺肠著茶令。他对茶令的形式是这样解释的：“与诸子讲茶令，每会茶，指一物为题，各具故事，不同者罚。”可见那时茶令已盛行在江南地区了。

《中国风俗大词典》记载：“茶令流行于江南地区，饮茶时以一人令官，饮者皆听其号令，令官出难题，要求人解答或执行，做不到以茶为赏罚。”挨罚多者也会酩酊大醉，脸青心跳，肚饥脚软，此谓“茶醉”。

女诗人李清照和丈夫、金石学家赵明诚，是中国宋代著名的一对恩爱文人雅士，他们通过茶令来传递情感交流。这种茶令与酒令不大一样，赢时只准饮茶一杯，输时则不准饮。他们夫妻独特的茶令一般是问答式，以考经史典故知识为主，如某一典故出自哪一卷、册、页。赵明诚写出了一部30卷的《金石录》，成为中国考古史上的著名人物。李清照在《金石录后序》中记叙她与赵明诚共同生活行茶令搞创作的趣事佳话："余性偶强记，每饭罢，坐归来堂烹茶，指堆积书史，言某事在某书、某卷、第几页、第几行，以中否角胜负，为饮茶先后，中即举杯大笑，至茶倾覆怀中，反不得饮而起……"这样的茶令，为他们的书斋生活增添了无穷乐趣。

　　说到茶谜，常常是带着许多故事来的。相传古代江南一座寺庙，住着一位嗜茶如命的和尚，和寺外一爿食杂店老板是谜友，平时喜好以谜会话。有一夜，老和尚让徒弟找店老板取一物。那店老板一见小和尚装束，头戴草帽，脚穿木屐，立刻明白了，速取茶叶一包叫他带去。原来，这是一道形象生动的"茶"谜，头戴草帽暗合"艹"，脚下穿木屐，扣合"木"字为底，中间加小和尚是"人"，组合成了一个"茶"字。

　　唐伯虎、祝枝山这对明代苏州风流文人之间猜茶谜的故事很有意思。相传某一天，祝枝山刚踏进唐伯虎的书斋，只见唐伯虎脑袋微摇，吟出谜面："言对青山青又青，两人土上说原因，三人牵牛缺只角，草木之中有一人。"不消片刻，祝枝山就破了这道谜，得意地敲了敲茶几说："倒茶来！"唐伯虎大笑，把祝枝山推到太师椅上坐下，又示意家童上茶。原来这四个字正是："请坐，奉茶。"

　　最早的茶谜很可能是古代谜家撷取唐代诗人张九龄《感遇》中"草木本有心"，配制的"茶"字谜。在民间口头流传的不少茶谜中，有不少是按照茶叶的特征巧制的。如"生在山中，一色相同，泡在水里，有绿有红"。民间还有用"茶"字谜来隐喻借代百岁寿龄的。其义是将"茶"字拆为"八十八"加上草字头（艹）为一百零八，故有"茶寿"之说。冯友兰与金岳霖先生共度88岁米寿生日时，前者便写了一副对联给后者，曰：何此于米，相期以茶；论高白马，道超青牛。

二、茶与艺术

中国的文人，琴棋书画是连在一起的，会写诗，也会书画，这是一个有学问的人必备的艺术修养。

1. 茶与美术

中国茶画的出现大约在盛唐时期。陆羽作《茶经》最后一章就叫《十之图》，但从其内容看，还是表现烹制过程，以便使人对茶有更多了解。而唐人阎立本所作《萧翼赚兰亭图》，则为世界上最早的茶画。从画面上看，画中描绘了儒士与僧人共品香茗的场面。但真实的核心内容，就是萧翼遵照唐太宗的旨意，装成一个书生去拜见辩才时的情景，套出了辩才藏有王羲之书法作品《兰亭集序》的秘密。此画为素绢本，着色，未署款，画面的左侧，便是两位侍者在煮茶，那个满脸胡子的老仆人，左手持茶铛到风炉上，右手持茶夹，正在烹茶；一个小茶童双手捧着茶托盘，弯腰，小心翼翼地正准备分茶，以便奉茶。童子的左侧，有着一个具列，上面置一茶碗，一茶碾之堕，一朱红色小罐。

画家阎立本的《历代帝王图》、《步辇图》都是经典名画，《萧翼赚兰亭图》更有其始料未及的历史功绩，作为世界上第一幅茶画，现藏于辽宁省博物馆，为中国茶文化留下了不可或缺的一道风景线。

张萱所绘《明皇合乐图》现藏台北故宫博物院，是一幅宫廷帝王饮茶的图画。唐代佚名作品《宫乐图》，亦藏台北，是描绘宫廷妇女集体饮茶的大场面。唐代是茶画的开拓时期，对烹茶、饮茶具体细节与场面的描绘比较具体、细腻，不过所反映的精神内涵尚不够深刻。

《调琴啜茗图》据说是唐代周昉所作，现藏美国密苏里州纳尔逊·艾金斯艺术博物馆。图中三个贵族女子，一调琴，一拢首端坐，一侧身向调琴者，手持盏向唇边，又有二侍女站立，旁边衬以树木浓荫，瘦石嶙岣，渲染出十分恬适的气氛。

五代至宋，茶画内容十分丰富。有反映宫廷、士大夫大型茶宴的，有描绘士人书斋饮茶的，有表现民间斗茶、饮茶的。这些茶画作者，大多是名家大手笔，所以在艺术手法上也更提高了一步，其中不乏茶画的思想内涵。

南宋茶事之盛，亦如画事之盛一样，一个主要的原因大概要推宋徽宗赵佶的推崇。他不但自己擅画，创"瘦金体"，狂草也颇可观。还广收古物、书画，网罗画师，扩充翰林图画院，亲命编辑的《宣和书谱》、《宣和画谱》和《宣和博古》等书，至今仍为学人所重。也就是这位皇帝，亲自撰写了一部茶文化经典著作——《大观茶论》，这在古今中外的最高统治者中无疑是空前绝后的。

　　赵佶擅画又喜茶，合璧而成文人雅集品茶图——《文会图》，现藏台北故宫博物院。上行下效，南宋一代饮茶蔚然成风，而为一大时髦，当是顺理成章之事。

　　南宋有刘松年所画《卢仝烹茶图》、《撵茶图》及《茗园赌市图》传世，后两幅藏于台北故宫博物院，三件茶事图，展示了当时社会三个主要阶层，两种主要饮茶方式，几乎可以看做是宋代饮茶的全景浓缩图。《撵茶图》是画当时贡茶的饮用情况，尽管图中之人物并非帝王将相，但从图中茶的饮用方式，即煎煮饮用之前有一个用磨碾的过程来看，他们饮用的是团茶。《卢仝烹茶图》尽管是写唐代士人之饮茶，但其实不过是借前朝衣冠而已。而《茗园赌市图》则是写市民之斗茶。此幅被后来画家屡屡仿之，如现藏于日本大阪市立美术馆的宋代钱选的《品茶图》、现藏台北故宫博物院的元代赵孟𫖯的《斗茶图》，均是取其局部稍加改动而成的。市民不但饮茶，并且进而盛行从饮茶引申出又脱离饮用的茶的形式游戏——斗茶，还成为一种习俗，可见南宋茶事之盛。作为宫廷著名画师的刘松年，一而再再而三地图画茶事，更增其佐证。

　　茶的艺术表现也出现在雕刻作品上，现存北宋妇女烹茶画像砖刻画：一高髻妇女，身穿宽领长衣裙，正在长方炉灶前烹茶，她双手精心揩拭茶具，目不斜视。炉台上放有茶碗和带盖执壶，整幅造型优美古雅，风格独特。

　　元明以降，中国封建社会文化可以说到了烂熟的阶段，各种社会矛盾和思想矛盾加深。这一时期的茶画注重与自然契合，反映社会各阶层的茶饮生活状况。

　　元代赵孟𫖯的《斗茶图》，图中四人，有人一手提竹炉，另一手持盏，头微上仰，作品茶状，数人注目凝视，似乎正在等待聆听高论，又有一人手执高身细颈长嘴壶往茶盏中斟茶，人物生动，布局严谨（图7-1）。

　　明代的唐伯虎、文徵明也都有以品茶为题材的作品传世。而藏于北京故宫博物院唐寅的《事茗图》，画一层峦耸翠、溪流环绕的小村，古木参天下有茅屋数椽，飞瀑似有声，屋中一人置茗若有所待，小桥流水，上有一老翁依杖缓行，后随抱琴小童，似客应约而至，细看侧屋，则有一人正精心烹茗。画面清幽静谧，而人物传神，流水有声，静中蕴动。同样藏于北京故宫博物院的文徵明的《惠山茶会图》，描绘了明代举行茶会的情景，茶会的地点，山岩突兀，繁树

图7-1 元·赵孟頫 斗茶图

成荫，树丛有井亭，岩边置竹炉，与会者有主持烹茗的，有在亭中休息待饮的，有观赏山景的，正是茶会将开未开之际（图7-2）。现藏于北京故宫博物院的、明代丁云鹏的《玉川烹茶图》，画面是花园的一隅，两棵高大芭蕉下的假山前坐着主人卢仝——玉川子；一个老仆提壶取水而来，另一老仆双手端来捧盒；卢仝身边石桌上放着待用的茶具，他左手持羽扇，双目凝视熊熊炉火上的茶壶，壶中松风之声仿佛可闻。

清代薛怀的《山窗清供图》，清远飘逸，独具一格，画中有大小茶壶及茶盏各一，自题胡峤诗句："沾牙旧姓余甘氏，破睡当封不夜候。"另有当时的诗书名家朱

图7-2 明·文徵明 惠山茶会图

星渚题的茶诗："洛下备罗案上，松陵兼列经中，总待新泉活水，相从栩栩清风。"此画枯笔勾勒，明暗向背十分朗豁，富有立体感，极似现代素描画。

清代茶画重杯壶与场景，而不去描绘烹调细节，常以茶画反映社会生活。特别是康乾鼎盛时期的茶画，以和谐、欢快为主要内容。

日本以茶为题材的绘画也仿自中国，如《明惠上人图》描绘日本僧人高辨在日本宇治栽植第一株茶树，坐禅松林下。著名的还有《茶旅行礼》，画卷十二景，描绘17～18世纪每年从宇治运新茶到东京的壮观礼节。

英国画家曾画下不少反映日英茶叶贸易的作品，如布兰斯通的广州码头、十三行等图，为后人研究这段历史留下了宝贵资料。英国画家也创作了不少18～19世纪沙龙女贵族们一起品饮下午茶的场景，人物、茶具及外部环境刻画的非常细腻，著名的有莱斯利的《茶》，在给人们带来莫大艺术之际，也为后人留下了宝贵的茶文化资料。

2. 茶与书法

对中国书法稍有常识者，不会不知道蔡襄、苏东坡、徐渭等一代大家。他们都与茶有书缘。

有个墨茶之辩的故事，说的是苏东坡和司马光，都是茶道中人。一日，司马光开玩笑问苏东坡："茶与墨相反，茶欲白，墨欲黑，茶欲重，墨欲轻，茶欲新，墨欲陈，君何以同爱此二物？"苏东坡说："茶与墨都很香啊！"

唐代是书法盛行时期，僧人怀素，喝醉了酒，手指头、袖口、手绢，沾了墨就往墙上涂去，龙飞凤舞，号称狂草，可谓一代大家。他写过一个叫《苦笋帖》的帖子，现藏于上海博物馆，上曰："苦笋及茗异常佳，乃可径来，怀素上。"（图7-3）茶圣陆羽对他推崇备至，专门为他写了《僧怀素传》。

蔡襄在督造出小龙团饼茶的同时，书法也从重法走向尚意。蔡襄的字，在北宋被推为一流，他写的《茶录》，从文上说是对《茶经》的发展，从字上说是有名的范本。北京故宫博物院现藏有其楷书《茶录》一卷。另有《北苑十咏》、《精茶帖》等有关茶的书迹传世，后人称赞，誉为茶香墨韵的珠联璧合。

明代，才子辈出，画家们喜欢在画上题诗盖印，唐寅的那幅《事茗图》，上题："日长何所事，茗碗自赍持；料得南窗下，清风满鬓丝。"字也飘逸，人也飘逸，寒而不酸，真风流也。还有个了不起的大家徐渭，他留下的众多墨宝中，有《煎茶七类》一幅草书，满眼青藤缭绕之感。

清代有扬州八怪横贯于世。杭州人金农精于隶楷，自创"漆书"，书过《述茶》一轴："采英于山，著经于羽，莽烈馤芳，涤清神宇。"字有金石味，不禁使人想起张岱笔下的日铸茶，梭梭有金石气。此卷现藏于扬州博物馆。

八怪之中以画梅著称的汪士慎，一生以追求品尝各地名茶是求，有"茶仙"之称，自己说："蕉叶荣悴我衰老，嗜茶赢得茶仙名。"茶魂梅魄浑然一体。

图7-3 唐·怀素 苦笋帖

现代书法家中以茶入诗的，首推故世的前中国佛教协会会长赵朴初，他是位大佛学家，工诗书，也是爱茶人。诗云："七碗受至味，一壶得真趣。空持百千偈，不如喝茶去。"这亦是一首佛门偈句，是用茶来揭示人生哲理的诗。

茶和书法，所以通融，因其有共同抽象的高雅之处。书法讲在简单线条中求得丰富内涵，亦如茶在朴实中散发清香。茶与书法的共同之处，通过茶人与书法家合二为一的中国文人来实现，反过来又教化和修养了中国人。

3. 茶与歌舞

茶歌、茶舞，和茶与诗词的情况一样，是由茶叶生产、饮用这一主体文化派生出来的茶文化现象。茶歌舞是从茶谣开始的，茶民在山上采茶，风和日丽，鸟语花香，忍不住就开始唱，唱多了，形成风格，形成了调子，足之蹈之，手之舞之，变成了茶舞。

明清时，茶市贸易空前繁荣，一些茶叶集散地到处都设有茶坊、茶行。当时人们爱唱的采茶小调与一些民间山歌俚曲，便在作坊里的采茶姑娘中相互传唱，民间卖唱艺人也常到茶行里去坐堂演唱，招待各方茶客，有时也在村户人家为喜庆日子演唱。茶歌唱多了，就形成了自己的曲牌，如《顺采茶》、《倒采茶》、《十二月茶歌》、《讨茶钱》等，往往一个调子，任集体个人重新填词。

在江西武宁，从前有一种气势磅礴的大型山歌，叫打鼓歌，一名鼓匠击鼓领唱，众人一边劳动，一边答和，演唱时间长，且有一套约定的程序。这当中有不少属于茶歌，如：郎在山中砍松桠，姐在平地摘细茶，手指尖尖把茶摘，一双细脚踏茶芽，好比观音站莲花。

类似的茶歌，除江西、福建外，其他如浙江、湖南、湖北、四川各省的地方志中，也都有不少记载。这些茶歌开始未形成统一的曲调，后来孕育产生出了专门的"采茶调"，以致使采茶调和山歌、盘歌、五更调、川江号子等并列，发展成为我国南方的一种传统民歌形式。当然，采茶调变成民歌的一种格调后，其歌唱的内容，就不一定限于茶事或与茶事有关的范围了。

采茶调是汉族的民歌，在我国西南的一些少数民族中，也演化产生了不少诸如"打茶调"、"敬茶调"、"献茶调"等曲调。例如居住在滇西北的藏胞，劳动、生活时，随处都会高唱不同的民歌。挤奶时唱"挤奶调"；结婚时唱"结婚调"；宴会时唱"敬酒调"；青年男女相会时唱"打茶调"、"爱情调"。又如居住金沙江西岸的彝族人，旧时结婚第三天祭过门神开始正式宴请宾客时，吹唢呐的人，按照待客顺序，依次吹"迎宾调"、"敬茶调"、"敬烟调"、"上菜调"等。说明我国一些少数民族，和汉族一样，不仅有茶歌，也形成了若干有关茶的固定乐曲。

以茶事为内容的舞蹈，现在能知的是流行于我国南方各省的"茶灯"或"采茶灯"。茶灯和马灯、霸王鞭等，是过去汉族比较常见的一种民间舞蹈形式，是福建、广西、江西和安徽"采茶灯"的简称。在江西，还有"茶篮灯"和"灯歌"的名字，在湖南、湖北，则称为"采茶"和"茶歌"，在广西又称为"壮采茶"和"唱采舞"。这一舞蹈不仅各地名字不一，跳法也有不同，一般基本上由一男一女或一男二女（也可有三人以上）参加表演。舞者腰系绸带，男的持一鞭作为扁担、锄头等，女的左手提茶篮，右手拿扇，边歌边舞，主要表现姑娘们在茶园的劳动生活。

除汉族和壮族的"茶灯"民间舞蹈外，少数民族中还有盛行盘舞、打歌的，往往也以敬茶和饮茶的茶事为内容，也可以说是一种茶叶舞蹈。如彝族打歌时，客人坐下后，主办打歌的村子或家庭，老老少少，恭恭敬敬，在大锣和唢呐的伴奏下，手端茶盘或酒盘，边舞边走，把茶、酒一一献给每位客人，然后再边舞边退。云南洱源白族打歌，也和彝族上述情况极其相像，人们手中端着茶或酒，在领歌者的带领下，唱着白语调，弯着膝，绕着火塘转圈圈，边转边抖动和扭动上身，以歌纵舞，以舞狂歌。

在中国的广大茶区，流传着代表不同时代生活情景的、发自茶农茶工的民间歌舞。现在流行在江西等省的"采茶戏"，就是从茶区民间歌舞发展起来的。众所周知的《采茶扑蝶舞》和《采茶舞曲》等就是受人们喜爱的代表作。茶区山乡在采茶季节有"手采茶叶口唱歌，一筐茶叶一筐歌"之说。有不少采茶姑娘在采茶时，唱出蕴有丰富感情的情歌。傣族、侗族的青年男女中，更有一面愉快地采茶，一面对唱着情歌终成眷属的。江南各省凡是产茶的省份，诸如江西、浙江、福建、湖南、湖北、四川、贵州、云南等地，均有茶歌、茶舞和茶乐。其中以茶歌为最多。中国现在最著名的茶歌舞，当推音乐家周大风作词作曲的《采茶舞曲》。这个舞中有一群江南少女，以采茶为内容，载歌载舞，满台生辉。

现代茶艺馆里，因为茶馆音乐的特殊性，在坊间作为背景播放中，就出现了一种茶道音乐，是专门在茶馆里放，一听那曲子中就透着茶的袅袅清香，是非常得茶之神韵的。有的时候，茶艺馆也放古典的西洋音乐。各种各样的趣味在茶艺馆里流行，也算是百花齐放、相得益彰。

4. 茶与戏曲

茶与戏曲关系极为密切。茶圣陆羽少年时从庙里逃出就跑到戏班子里去，他口吃偏爱说，扮演逗人取乐的滑稽角色，还写过《谑谈》这篇戏剧论文。茶浸润着中国戏曲发展，历史上曾是不可分离的唇齿关系。茶，可以说是对所有戏曲都有影响的，但凡剧作家、演员、观众，几乎都喜好饮茶，是茶文化浸染在人们生活的各个方面，以至戏剧也须臾不能离开茶叶。

中国的戏曲到元代成熟，那里面已有关于茶的场景。到了明代，大约和莎士比亚同期，中国出现大戏剧家汤显祖，他把自己的住所命名为玉茗堂，他那29卷书，通称《玉茗堂集》。我们已知，在他的代表作《牡丹亭·劝农》中，描写了茶事，并搬上舞台演出。汤显祖在茶乡浙江遂昌当过县官，在那里写过"长桥夜月歌携酒，僻坞春风唱采茶"的诗行。他写"劝农"，是有生活基础的。

　　此时戏台上开始出现一种朴素的服饰，行家称"茶衣"，蓝布制成的对襟短衫，齐手处有白布水袖口，扮演跑堂、牧童、书童、樵夫、渔翁的人就穿这身。又出现了不少表现茶馆生活的戏，比如《寻亲记·茶坊》、《水浒记·借茶》、《玉簪记·茶叙》、《风筝误·茶园》等，当代的著名大戏剧家老舍写过《茶馆》的大型话剧，中国一流的北京人艺话剧演员把它搬上舞台，演尽了小人物悲怆的一生。

　　另有大作家汪曾祺改编过一出叫《沙家浜》的京戏，里面有段由阿庆嫂唱的"西皮流水"，可谓"凡有井水处必唱"，把个"春来茶馆"唱活了：垒起七星灶，铜壶煮三江；摆开八仙桌，招待十六方；来的都是客，全凭嘴一张；相逢开口笑，过后不思量；人一走，茶就凉，有什么周详不周详。……

　　茶与戏曲的结合，诞生了评弹，中国曲艺的发展少不了茶在其中的重要作用。评弹艺术以苏州评弹为代表，评弹舞台就是茶馆。评弹艺人们所谓的跑码头，就是跑河湖港汊间的小茶馆。可以说，评弹艺术是被茶水孕育出来的。

　　不仅弹唱、相声、大鼓、评话等等曲艺大多在茶馆演出，就是各种戏剧演出的剧场，最初亦多在茶馆。所以，在明、清时，凡是营业性的戏剧演出场所，一般统称之为"茶园"或"茶楼"，而戏曲演员演出的收入，早先也是由茶馆支付的。如19世纪末年、北京最有名的"查家茶楼"、"广和茶楼"以及上海的"丹桂茶园"、"天仙茶园"，等等，均是演出场所。这类茶园或茶楼，一般在一壁墙的中间建一台，台前平地称之为"池"，三面环以楼廊作观众席，设置茶桌、茶椅，供观众边品茗边观戏。所以，有人也形象地称："中国戏曲是中国用茶汁浇灌起来的一门艺术。"

　　古今中外的许多名戏、名剧，不但都有茶事的内容、场景，有的甚至全剧即以茶事为背景和题材。如中国传统剧目《西园记》的开场词中，即有"买到兰陵美酒，烹来阳羡新茶",把观众一下引到特定的乡土风情之中。而在茶与戏曲的相辅相成中,中国诞生了世界上唯一由茶事发展产生的以茶命名的戏剧独立剧种——"采茶戏"。

所谓采茶戏,是流行于江西、湖北、湖南、安徽、福建、广东、广西等省(自治区)的一种戏曲类别,是直接由采茶歌和采茶舞脱胎发展起来的,最初就是茶农采茶时所唱的茶歌,在民间灯彩和民间歌舞的基础上形成,有400年历史了。这个戏种善用喜剧形式,诙谐生动,多表现农民、手艺人、小商贩的生活。

采茶戏不仅与茶有关,而且是茶叶文化在戏曲领域派生或戏曲文化吸收茶叶文化形成的一种文化内容。有出戏叫《九龙山摘茶》,从头到尾就演茶:采茶、炒茶、搓茶、卖茶、送茶、看茶、尝茶、买茶、运茶,全都作了程序化的描述,中国电影界还拍过一个戏剧片叫《茶童戏主》,很受欢迎。

采茶戏在各省每每还以流行的地区不同,而冠以各地的地名来加以区别。如广东的"粤北采茶戏",湖北的"阳新采茶戏"、"黄梅采茶戏"、"蕲春采茶戏",等等。这种戏,尤以江西较为普遍,剧种也多。如江西采茶戏的剧种,即有"赣南采茶戏"、"抚州采茶戏"、"南昌采茶戏"、"武宁采茶戏"、"赣东采茶戏"、"吉安采茶戏"、"景德镇采茶戏"和"宁都采茶戏"等。这些剧种虽然名目繁多,但它们形成的时间,大致都在清代中期至清代末年的这一阶段。它的形成,不只脱颖于采茶歌和采茶舞,还和花灯戏、花鼓戏的风格十分相近,与之有交互影响的关系。

作为物质形态的茶,自身就是美丽的,而一旦成为一种精神饮品,更是美不胜收。故而,以茶将"琴棋书画诗酒"渗透,一饮而尽,正是人生莫大享受。

第八章
茶之具
—— 器为茶之父

在器物的背后，是人的方法和技能，在方法和技能的背后是人对自然的了解，在人对自然了解的背后，是人类了解现在、过去与未来的万丈雄心。

中国当代作家·王小波 《智慧与国学》

现代人所说的茶具，主要指茶壶、茶杯等这类饮茶器具，但古代"茶具"的概念有着更大范围，茶具，就是从种植茶叶开始到品饮茶叶过程中所需要的器物。古代茶具亦被称之为茶器或茗器，故而茶学界便有了"器为茶之父"一说。

图8-1 汉·青瓷罐（下图为局部）

作为一种精神饮品的茶水，其承载的器皿必然也要求具备它相应的人文内涵。因此，茶具在某种意义上已经不再是单纯的实用器具，从应用进入了审美，有许多茶具已经完全升华为艺术品，成为茶文化的重要构成部分。

一、茶具的历史

专门用于品饮的"茶具"何时出现，尚不能确定。根据目前存留的器物而看，最早的茶具为浙江湖州出土的一只汉朝茶罐，其证据是茶罐肩上刻有一个"茶"字（图

图8-2 元·茶具

8-1）。但"茶具"的意思，则最早在汉代就已经出现。西汉辞赋家王褒的《僮约》就有"烹茶尽具"之说，这是中国最早提到"茶具"的一条史料。

唐代以前的饮茶方法，是将茶叶碾成细末，制成茶团或茶饼，饮时捣碎，放上调料煎煮被称为茗茶。而据王褒《僮约》"烹茶尽具"之语，说明煎煮茶叶需要一套器具，可见西汉已有烹茶茶具。时至唐代，随着饮茶文化的蓬勃发展，蒸焙、煎煮等技术更是成熟起来。

唐代，"茶器"一词在唐诗里已多处可见。陆羽在《茶经》中专门有"二之具"一章，讲到了15种采、制茶的工具，在"四之器"里面讲到了包括"都篮"在内的25种煮茶时的工具。唐诗人陆龟蒙在《零陵总记》说"客至不限匝数，竟日执持茶器"；白居易在《睡后茶兴忆杨同州诗》中，亦有"此处置绳床，傍边洗茶器"的诗句；皮日休在《褚家林亭诗》中，则有"萧疏桂影移茶具"之语。

宋、元、明几个朝代，"茶具"一词在各种书籍中都可以看到，如《宋史·礼志》载："皇帝御紫宸殿，六参官起居北使……是日赐茶器名果。"史书亦记载北宋朝赐茶具给吴越国的礼仪，说明宋代皇帝将茶器作为国礼赐赠品赠给来者，可见宋代茶具已十分名贵。元画家王冕《吹萧出峡图诗》有"酒壶茶具船上头"之句（图8-2），而明初号称"吴中四杰"的诗人画家徐贲，一天夜晚邀友人品茗对饮时则趁兴写道："茶器晚犹设，歌壶醒不敲。"

唐时，陆羽就专门制作了煮茶用的风炉，以铜铁铸之，三足鼎立（图8-3）。一足云"坎上巽下离于中"，一足云"体均五行去百疾"，一足云"圣唐灭胡明年铸"。其三足之间设三窗，一窗上书"伊公"

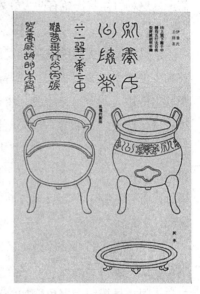

图8-3 陆氏鼎剖面图

二字，一窗上书"羹陆"二字，一窗上书"氏茶"二字，所谓"伊公羹陆氏茶"也。这种煮茶的风炉以其强烈的文化性而被文人墨客重视。元代著名的茶炉有"姜铸茶垆"，明代高濂的《遵生八笺》说："元时，杭城有姜娘子和平江的王吉二家铸法，名擅当时。"这两家铸法主要精于炉面的拔蜡，使之光滑美观，又在茶炉上有细巧如锦的花纹。时至明朝，社会也普遍使用"铜茶垆"，特点是在做工上讲究雕刻技艺，其中有一种饕餮铜炉在明代最为华贵。"饕餮"纹在中国铜铁器物中是一种讲究的琢刻装饰，由此可见，明代茶炉重在仿古。

中国古代煮茶还有专门煮水用的"汤瓶"。古人多用鼎和镬煮水，直至中世纪后期，用鼎、镬煮水的古老方法才逐渐被"汤瓶"取而代之。

煮水用瓶在宋时就有，苏轼在《煎茶歌》中谈到煮水说："蟹眼已过鱼眼生，飕飕欲作松风鸣……银瓶泻汤夸第二、未识古人煎水意。"这段诗词可以作为宋以来煮水用"汤瓶"的一个很好例证。

明朝，瀹茶煮水的汤瓶样式品种多了起来，有锡瓶、铅瓶、铜瓶等，形状多为竹筒形。这种竹筒状汤瓶有两大好处，一是不漏水，二是便于点注。

茶具的发展史和中国陶瓷发展史可谓共生共荣，有时往往合二为一，直到今天，茶具主要还是以瓷器为主。魏晋南北朝时期，中国瓷器开始飞跃发展，隋唐以来我国瓷器生产进入一个繁荣阶段，唐代的瓷器制品时人评价，曰："圆、滑、轻、薄。"故皮日休诗云："邢客与越人，皆能造磁器，圆似月魂堕，轻如云魄起。"邢客指的是北方邢窑制造工，而"越人"则多指浙江东部地区之人。越人造的瓷器形如圆月，轻如浮云，因此还有"金陵碗，越瓷器"的美誉。王蜀写诗说："金陵含宝碗之光，秘色抱青瓷之响。"与皮日休同名的陆龟蒙则诗云："九州风露越窑开，夺得千峰翠色来。"

宋代制瓷工艺独具风格，名窑辈出。北宋政和年间，京都官府设"官窑"，南宋尊北宋法，置窑于修内司，名"内窑"。内窑瓷器人称"油色莹彻，为世所珍"。宋大观年间，景德镇陶器色变如丹砂，亦上贡所需。朝廷贡瓷要求"端正合制，莹无瑕疵，色泽如一"。宋朝廷还命汝州造"青窑器"，用玛瑙细末为釉，色泽洁莹。当时，只有贡御宫廷后余剩的青窑器方可出卖，世尤难得。史料说当时的茶盏、茶罍价格昂贵到了"卖给富室，价与金玉"。官窑之外，宋代亦有不少民窑，如乌泥窑、余杭窑等生产的瓷器也都精美可观，不让同类。

明代以散茶冲泡为主，茶具多在盛茶汤的器皿上下工夫。明清以降，以景德镇瓷茶器具和以宜兴紫砂茶具为代表的茶具一直风行大江南北，直到今天，它们依然象征着品茗茶具的最高水准。

二、茶具的种类

我们已知，古代茶具与茶器是放在一起论说的，按皮日休的《茶具十咏》中所列出的茶具种类，悉有"茶坞、茶人、茶笋、茶籯、茶舍、茶灶、茶焙、茶鼎、茶瓯、煮茶"等，其中"茶坞"是指种茶的凹地，"茶人"指采茶者，"煮茶"是制作茶汤的技巧，其他的几种可作一个简单的种类介绍。

茶籯：茶籯是箱笼一类器具。唐陆龟蒙写有一首《茶籯诗》，说"金刀劈翠筠，织似波纹斜"。可知"茶籯"是一种竹制、编织有斜纹的茶具，实际上就是采茶篮。

茶舍：茶舍是指茶人制茶时居住的茅屋。皮日休的《茶舍诗》中有"阳崖枕白屋，几口嬉嬉活，棚上汲红泉，焙前煎紫蕨，乃翁研茗后，中妇拍茶歇，相向掩柴扉，清香满山月"。写出茶舍人家焙茶、研（碾）茶、煎茶、拍茶的制茶过程。

茶灶：唐以来煮茶的炉可以通称为"茶灶"。《唐书·陆龟蒙传》说他居住松江，不喜与流俗交往，虽造门也不肯见。平日里不乘马，不坐船，整天只是"设蓬席斋，束书茶灶"，往来江湖，自称"散人"。唐诗人陈陶《题紫竹诗》写道："幽香入茶灶，静翠直棋局。"下棋有"茶灶"相伴，"茶灶"便是雅物了。

茶焙：古时把烘焙茶叶的设备叫"茶焙"。茶焙是一种竹编器具，外面包裹箬叶也就是箬竹的叶子，因箬叶有收火的作用，可以避免把茶叶烘黄。茶叶放在茶焙上，小火烘制，就不会损坏茶色和茶香了。

除了上述例举的茶具之外，在各种古籍中还可以见到的茶具有：茶鼎、茶瓯、茶磨、茶碾、茶臼、茶柜、茶榨、茶槽、茶宪、茶笼、茶筐、茶板、茶挟、茶罗、茶囊、茶瓢、茶匙等。究竟有多少种茶具呢？按照陆羽的总结，古代茶具至少有24种。

虽然如此，古今之人提到茶具时，主要还是指盛茶、泡茶、喝茶所用器具。唐以来变化较大的饮茶茶具主要有茶壶、茶盏（杯）、茶碗。

茶壶在唐代以前就有了。唐代人把茶壶称"注子"，意思是指从壶嘴里往外倾水。据唐代李匡文考据辨证类笔记《资暇录》一书记载："元和初酌酒犹用樽杓……稍用注子，其形若罂，而盖、嘴、柄皆具。"罂是一种小口大肚的瓶子，唐代的茶壶类似瓶状，腹部大，便于装更多的水，口小利于泡茶注水。

宋人行点茶法，饮茶器具与唐代相比大致一样。北宋蔡襄在他的《茶录》中说到当时茶器，有茶焙、茶笼、砧椎、茶钤、茶碾、茶罗、茶盏、茶匙、汤瓶。茶具更求法度，饮茶用的盏，注水用的执壶（瓶），炙茶用的钤，煮水用的铫等，质地更为讲究，制作更加精细。由于煎茶已逐渐为点茶所替代，茶壶作用就更重要。壶注为了点茶的需要而制作更加精细，嘴长而尖，以便水流冲击时能够更加有力。

明代文人品茶越来越精，对泡茶、观茶色、酌盏、烫壶越发讲究，茶具也更求改革创新。茶壶看重紫砂壶就是一种新的茶艺追求。晚明文震亨书成于崇祯七年的《长物志》载："茶壶以砂者为上，盖既不夺香，又无熟汤气。"说的是砂壶泡茶不吸茶香，茶色不损，所以砂壶被视为佳品。

茶盏和茶碗也是古代主要饮茶茶具。茶盏在唐以前已有，是一种敞口有圈足的盛水器皿。宋时开始，有了"茶杯"之名。

宋代茶盏讲究陶瓷成色，追求"盏"的质地、纹路和厚薄。蔡襄在《茶录》中说："茶盏，茶色白，宜黑盏，建安所造者绀黑，纹如兔毫，其坯微厚，熁之久热难冷，最为要用。出他处者，或薄或色紫，皆不及也。其青白盏，斗试家自不用。"宋代在茶色上尚白，故选用黑色茶盏，目的就是为了能更好地衬托茶色。

《长物志》中记录明朝皇帝的御用茶盏，说明宣宗朱瞻基喜用"尖足茶盏，料精式雅，质厚难冷，洁白如玉，可试茶色，盏中第一"。明世宗朱厚熜则喜用坛形茶盏，时称"坛盏"。坛盏上特别刻有"金箓大醮坛用"的字样。"醮坛"是古代道士设坛祈祷的场所。明世宗选坛盏，与他后期迷信道教分不开，他常在"醮坛"摆满茶汤、果酒，独坐醮坛，手捧坛盏，一边小饮一边向神祈求，坛盏此时亦成为他信仰的一种外化。

碗，古称"椀"或"盌"。茶碗也是唐代一种常用的茶具。茶碗似比茶盏稍大，但又不同于如今的饭碗，用途在唐宋诗词中有许多反映。白居易在《闲眼诗》中说："昼日一餐茶两碗，更无所要到明朝。"一餐喝两碗茶，估计茶碗不会很大，也不会太小。唐宋文人墨客以碗饮茶，以茗洗肠的清趣，从侧面反映出古代文人与饮茶结下的不解之缘。

今天人们品茶，更多使用的是茶壶和茶杯，但在民间的茶风俗活动中，茶碗也是经常被使用的器具。

三、茶具质地的分类

1. 金属茶具

金属茶具是指由金、银、铜、铁、锡等金属材料制作而成的器具，是我国最古老的日用器具之一。早在公元前221年秦始皇统一中国之前的1 500年间，青铜器就得到了广泛的应用，先人用青铜制作盘盛水，制作爵、尊盛酒，这些青铜器皿自然也可用来盛茶。

自秦汉至六朝，茶叶作为饮料已渐成风尚，茶具也逐渐从与其他饮具共享中分离出来，茶具的质地也越来越精致奢华，出现了金银器具，到隋唐，金银器具的制作达到高峰。

20世纪80年代中期，陕西扶风法门寺出土的一套由唐僖宗供奉的鎏金茶具，可谓是金属茶具中罕见的稀世珍宝（图8-4）。元代以后，特别是从明代开始，随着茶类的创新，饮茶方法的改变以及陶瓷茶具的兴起，包括银质器具在内的金属茶具逐渐消失，尤其是用锡、铁、铅等金属制作

图8-4 法门寺 鎏金茶碾子

的茶具，用它们煮水泡茶，被认为会使茶味走样，以致很少有人使用。但用金属制成贮茶器具，如锡瓶、锡罐等，至今仍流行于世。

锡器是一种古老的手工艺品，锡器作为茶具，缘于其自身的一些优秀特性。锡对人体无害，锡制茶叶罐密封性好，可长期保持茶叶的色泽和芳香，储茶味不变。除了具有优美的金属色泽外，锡还具有良好的延展性和加工性能，用锡制作的各种器皿和艺术饰品颇受人喜爱。

古人贮藏茶叶大多以罐贮，除传统的陶罐、瓷罐、漆盒外，尤以锡罐为最好。明末冯可宾在他的《岕茶笺》中对锡器贮茶记录说："近有以夹口锡器储茶者，更燥更密，盖磁坛犹有微罅透风，不如锡者坚固也。"指出以锡代磁，贮茶效果更好。清人刘献庭在《广阳杂记》中则有这样的记载："余谓水与茶之性最相宜，锡瓶贮茶叶，香气不散。"清人周亮工在《闽小记》中说："闽人以粗瓷胆瓶贮茶，近鼓山支提新名出，一时学新安（徽州），制为方圆锡具，遂觉神采奕奕。" 周亮工还有诗句称："学得新安方锡罐，松萝小款恰相宜"；"却羡钱家兄弟贵，新街近日带松萝"。这说明不仅仅是徽州的松萝茶声名远播，其炒青制作技术和包装茶叶的锡罐也受到了各地的欢迎和青睐。

清代茶业兴盛时，安徽屯溪从事锡罐业制造的有9家，工人超过200人，每年可制锡罐25万只以上。一个县治下的屯溪小镇竟有着200余人从事锡罐的加工制作，足见当年茶叶出口的昌盛。而在17世纪的印度尼西亚爪哇，当时进口的茶全是中国茶，茶箱用木制，内衬以铅皮或锡皮，每箱可装茶100磅。

1984年，瑞典开始打捞1745年9月12日触礁沉没的"哥德堡号"商船，发掘工作近10年，从船中清理出被泥淖封埋了240年的一批瓷器和370吨乾隆时期的茶叶。少数茶叶由于锡罐封装严密未受水浸变质，冲泡饮用时香气仍在。

时至今日，我们仍然能够看到各种式样的古锡瓶茶罐，有六角形、葫芦形和扁葫芦以及封装徽州茶的方形锡罐等等。

2. 瓷器茶具

瓷器茶具品种主要有青瓷茶具、白瓷茶具、黑瓷茶具和彩瓷茶具，在中国茶文化发展史上，它们都曾有过辉煌历史。

青瓷茶具以浙江生产质量最好，除具有瓷器茶具的众多优点外，因色泽青翠，用来冲泡绿茶，更益汤色之美，故被陆羽盛赞为类冰类玉。早在东汉年间，浙江已开始生产色泽纯正、透明发光的青瓷。晋代浙江的越窑、婺窑、瓯窑已具相当规模。宋代，当时五大名窑之一的浙江龙泉哥窑的青瓷茶具，已达鼎盛，远销各地（图8-5）。明代，青瓷茶具更以其质地细腻、造型端庄、釉色青莹、纹样雅丽而蜚声中外。16世纪末，龙泉青瓷出口法国，人们用当时风靡欧洲的名剧《牧羊女》中的女主角雪拉同的美丽青袍与之相比，称龙泉青瓷为"雪拉同"。当代，浙江龙泉青瓷茶具又有新的气象。

白瓷茶具坯质致密透明、上釉、无吸水性、音清而韵长等特点。因色泽洁白，能反映出茶汤色泽，又加传热、保温性能适中，堪称饮茶器皿中的珍品。唐时，河北邢窑生产的白瓷器具名扬天下，陆羽以银、雪赞比。元代，江西景德镇白瓷茶具已远销国外。白釉茶具适合冲泡各类茶叶，其造型精巧，装饰典雅，其外壁多绘有山川河流，四季花草，飞禽走兽，人物故事，或缀以名人书法，颇具艺术欣赏价值，使用最为普遍。

黑瓷茶具始于晚唐，鼎盛于宋，延续于元，衰微于明、清。宋代流行的斗茶，为黑瓷茶具崛起创造条件。宋人衡量斗茶的效果，一看茶面汤花色泽和均匀度，以"鲜白"为先；二看汤花与茶盏相接处水痕的有无和出现的迟早，以"盏无水痕"为上。蔡襄在《茶录》中说："视其面色鲜白，著盏无水痕为绝佳。建安斗试，以水痕先者为负，耐久者为胜……"而黑瓷茶具，正如宋代的祝穆在其《方舆胜览》卷中说的，"茶色白，入黑盏，其痕易验"。宋代的黑瓷茶盏，应运而兴成了当年瓷器茶具中的最大品种。福建建窑、江西吉州窑、山西榆次窑等，都大量生产黑瓷茶

图8-5 哥窑 青瓷壶

具，成为黑瓷茶具的主要产地。而在黑瓷茶具的窑场中，建窑生产的“建盏”最为人称道。蔡襄《茶录》说：“建安所造者绀黑，纹如兔毫，其坯微厚，熁之久热难冷，最为要用。出他处者，或薄或色紫，皆不及也。”建盏配方独特，在烧制过程中使釉面呈现兔毫条纹、鹧鸪斑点、日曜斑点，增加了斗茶的情趣。宋代茶盏在天目山径山寺被日本僧人带回国后，一直被称为珍贵无比的“唐物”倍受崇拜，直至今天。明始，黑瓷建盏式微，基本完成实际功能的历史使命，而作为审美功能永恒存在于现实生活中。

赤橙黄绿青蓝紫，就中“青花”压群芳。彩色茶具中尤以青花瓷茶具最引人注目。青花瓷茶具，其实是指以氧化钴为呈色剂，在瓷胎上直接描绘图案纹饰，再涂上一层透明釉，尔后在窑内经1 300℃左右高温还原烧制而成的器具。古人将黑、蓝、青、绿等诸色统称为“青”，“青花”由此具备了以下特点：一是花纹蓝白相映成趣，二是色彩淡雅幽菁可人，三是彩料涂釉滋润明亮。

元代中后期，江西景德镇成为中国青花瓷茶具的主要生产地。元代绘画的一大成就，是将中国传统绘画技法运用在瓷器上，其青白二色的鲜明对比，尤合中国文人的清流格调，极具象征意义。因此，青花茶具的审美突破民间意趣，进入中国国画高峰文人画领域。明代景德镇生产的青花瓷茶具，诸如茶壶、茶盅、茶盏，花色品种越来越多，质量愈来愈精，无论是器形、造型、纹饰等都冠绝全国，成为其他生产青花茶具窑场模仿的对象。清代，特别是康熙、雍正、乾隆时期，青花瓷茶具在古陶瓷发展史上，又进入了一个历史高峰，它超越前朝，影响后代。

当时除景德镇生产青花茶具外，较有影响的还有江西的吉安、乐平，广东的潮州、揭阳、博罗，云南的玉溪，四川的会理，福建的德化、安溪等地。此外，全国还有许多地方生产“土青花”茶具，在一定区域内，供民间饮茶使用。

彩色茶具直至今天依旧是品茶人的心爱之物。

3. 陶土茶具

陶土器具是新石器时代的重要发明。世界各地考古发现具有的共式便是先民生活与陶器制作的密切关系。最初为粗糙的土陶，逐步演变为比较坚实的硬陶，再发展为表面敷釉的釉陶。商周时期出现几何印纹硬陶，秦汉已有釉陶烧制。中国各地都有陶土茶具，但演变至今，陶器中的佼佼者首推江苏宜兴紫砂茶具。紫砂器始于宋代，盛于明清，流传至今。北宋梅尧臣的《依韵和杜相公谢蔡君谟寄茶》中说道："小石冷泉留早味，紫泥新品泛春华。"说的是紫砂茶具在北宋刚开始兴起的情景。至于紫砂茶具由何人所创，已无从考证，但从确切有文字记载而言，紫砂茶具则创造于明代正德年间。

紫砂茶具是用紫金泥烧制而成的。含铁量大，有良好的可塑性，烧制温度以1 150℃左右为宜。其色泽，可利用紫泥色泽和质地的差别，经过"澄"、"洗"，出现不同的色彩。变幻莫测，光怪陆离，为烧制优良紫砂茶具奠定了物质基础。

紫砂茶具有三大特点：泡茶不走味，贮茶不变色，盛暑不易馊。由于成陶火温较高，烧结密致，胎质细腻，既不渗漏，又有肉眼看不见的气孔，经久使用，还能汲附茶汁，蕴蓄茶味，且传热不快，不致烫手，若热天盛茶，不易酸馊，即使冷热剧变，也不会破裂。如有必要，甚至还可直接放在炉灶上煨炖。

历代紫砂艺人，以宜兴独有的紫砂土制成茶具、文玩和花盆，泡茶透气蕴香。由于材质的天下无匹及造型语言的古朴典雅，深得文人墨客的钟爱并竞相参与，多少年的文化积淀，使紫砂艺术融诗词文学、书法绘画、篆刻雕塑等诸艺于一体，成为一种独特的，既具优良的实用价值，同时又具有优雅的审美欣赏及收藏价值的工艺美术精品。

一般认为明代的供春为紫砂壶制作第一人。供春曾为进士吴颐山的书僮，随主人陪读于宜兴金沙寺，闲时常帮寺里老僧抟坯制壶。传说寺院里有银杏参天，盘根错节，树瘤多姿。他朝夕观赏，摹拟树瘤，捏制出树瘤壶，其造型独特，生动异常，老僧见了拍案叫绝，遂把平生制壶技艺倾囊相授，使他最终成为著名制壶大师。供春的制品被称为"供春壶"，人称"供春之壶，胜如金玉"。此壶传世至今确认唯存一把，现藏中国历史博物馆。

自"供春壶"闻名后，相继出现的制壶大师有明万历的董翰、赵梁、元畅、时朋"四大名家"，后有时大彬、李仲芳、徐友泉"三大妙手"，清代有陈鸣远、杨彭年、杨凤年兄妹和邵大亨、黄玉麟、程寿珍、俞国良等。时大彬作品点缀在精舍几案

图8-6 清·杨彭年 石瓢壶

之上，更加符合饮茶品茗的趣味，当时就有十分推崇的诗句："千奇万状信手出"，"宫中艳说大彬壶"（图8-6）。清初陈鸣远和嘉庆年间杨彭年制作的茶壶尤其驰名于世。陈鸣远制作的茶壶，线条清晰，轮廓明显，壶盖有行书"鸣远"印章，至今被视为珍藏。杨彭年的制品，雅致玲珑，不用模子，随手捏成，天衣无缝，被人推为"当世杰作"。

紫砂茶具式样繁多，在紫砂壶上雕刻花鸟、山水和各体书法，始自晚明而盛于清嘉庆以后，并逐渐成为紫砂工艺中所独具的艺术装饰。众多诗人、艺术家在紫砂壶上亲笔题诗刻字。著名的以陈曼生为代表。当时，江苏溧阳知县钱塘人陈曼生，癖好茶壶，工于诗文、书画、篆刻，特意和杨彭年配合制壶。陈曼生设计，杨彭年制作，再由陈氏镌刻书画，其作品世称"曼生壶"，一直为鉴赏家们所珍藏。

清代宜兴紫砂壶壶形和装饰变化多端，千姿百态，在国内外均受欢迎，当时中国闽南、潮州一带煮泡工夫茶使用的小茶壶，几乎全为宜兴紫砂器具。名手所作紫砂壶造型精美，色泽古朴，光彩夺目，成为美术作品。有人说，一两重的紫砂茶具，价值一二十金，能使土与黄金争价。明代大文人张岱在《陶庵梦忆》中说：宜兴罐以龚春为上，一砂罐，直跻商彝周鼎之列而毫无愧色。名贵可想而知。

近、当代紫砂大家中有朱可心、顾景舟、蒋蓉等人，他们的作品今天都被视为国宝。

紫砂茶具不仅为中国人喜爱，也为海外所珍重。15世纪，日本人到中国学会制壶技术，所仿制的壶，至今仍为本国人视为珍品。17世纪，中国的茶叶和紫砂壶同时由海船传到西方，西方人称之为"红色瓷器"。18世纪初，德国人约·佛·包特格尔，不仅制成了紫砂陶，而且在1908年还写了一篇题为《朱砂瓷》的论文。20世纪初，中国紫砂陶具曾在巴拿马、伦敦、巴黎的博览会上展出，并在1932年的芝加哥博览会上获奖，为中国茶具史增光添彩。

4. 漆器茶具

漆器是用漆涂在各种器物上所制成的器具，日常生活中触目可及，却又是一种古老的工艺。漆器茶具多姿多彩，有"宝砂闪光"、"金丝玛瑙"、"釉变金丝"、"仿古瓷"、"雕填"、"高雕"和"嵌白银"等品种，特别是红如宝石的"赤金砂"和"暗花"等新工艺，使茶具更加鲜丽夺目，逗人喜爱。今天的人们，对漆器茶具的审美往往高于实用。

5. 竹木茶具

中国古代的饮茶器具，除陶瓷器外，民间多用竹木制作而成。陆羽在《茶经·四之器》中开列的20多种茶具，多数是用竹木制作的。这种茶具，来源广，制作方便，对茶无污染，对人体又无害，因此一直受到人们的欢迎。今天的藏族同胞也一直保留着对木质茶碗的喜爱。日常生活中须臾不可离开的酥油筒，也是用木质制作成的。竹木茶具的缺点是不能长时间使用，无法长久保存。清代，四川出现了一种竹编茶具，它既是一种工艺品，又富有实用价值，主要品种有茶杯、茶盅、茶托、茶壶、茶盘等，多为成套制作，由内胎和外套组成，内胎多为陶瓷玻璃类饮茶器具。这种茶具，不但色调和谐，美观大方，而且能保护内胎，减少损坏；同时，泡茶后不易烫手，并富含艺术欣赏价值。

6. 玻璃茶具

大家都知道，玻璃就是一种较为透明的固体物质。现代人喝茶，多用玻璃杯，故玻璃茶具盛为流行。玻璃质地透明，光泽夺目，外形可塑性大，形态各异，用途广泛。泡茶茶汤鲜艳色泽，茶叶细嫩柔软，在整个冲泡过程中的上下穿动，叶片的逐渐舒展等，一览无余，可说是一种动态的艺术欣赏。特别是冲泡各类名茶，茶具晶莹剔透，杯中轻雾缥缈，澄清碧绿，芽叶朵朵，亭亭玉立，观之赏心悦目，秀色可餐，冲泡绿茶时尤得人们青睐。

玻璃器具的缺点是容易破碎，比陶瓷烫手。

7. 搪瓷茶具

所谓搪瓷，就是在金属表面涂覆无机玻璃瓷釉，通过烧制使两者结合的复合材料。它耐腐蚀，耐磨，耐热，无毒，又美观。搪瓷茶具坚固耐用，图案清新，轻便耐腐蚀，是现代人钟爱的茶器，起源于古代埃及，后传入欧洲，现在使用的铸铁搪瓷始于19世纪初的德国与奥地利。搪瓷工艺传入中国，大约是在唐代，至元代技艺日趋成熟。15世纪明代景泰年间，中国创制了珐琅镶嵌的工艺品景泰蓝器具，包括茶具，清代乾隆年间景泰蓝工艺从宫廷流向民间，这可以说是中国搪瓷工业的肇始。

中国真正开始生产搪瓷茶具，是20世纪初的事。茶器丰富多彩，有洁白、细腻、光亮，可与瓷器媲美的仿瓷茶杯；有饰有网眼或彩色加网眼，层次清晰，艺术感强的网眼花茶杯；有式样轻巧，造型独特的鼓形茶杯和蝶形茶杯；有能起保温作用，且携带方便的保温茶杯，还有可作放置茶壶、茶杯用的加彩搪瓷茶盘，凡此种种，皆被人们接受并喜爱。

四、茶具的审美功能

茶具不只是盛放茶的容器，更是生活中一个美丽的衔接。有一些茶具是永远不盛放茶水的，它们从诞生的那一刻起，就以赏心悦目的美器形象而存在。陆羽在《茶经》中比较美器，说："邢瓷类银，越瓷类玉，邢不如越一也；若邢瓷类雪，越瓷类冰，邢不如越二也；邢瓷白而茶色丹，越瓷青而茶色绿，邢不如越三也。"这样的评价，实际上是建立在对茶具审美的特殊要求之上的。冰清玉洁的品格，反映到茶具上，金银富贵之气就被比了下去。唐宋时期，社会兴起使用铜瓷，不重金玉的风气，故后世有清初的李宗孔在其小说笔记《宋稗类钞》中说："唐宋间，不贵金玉而贵铜磁。"铜瓷茶具价格适宜，煮水性能好，陶瓷茶具盛茶尤能保持香气，价廉物美，何乐而不为。这种从金属茶具到陶瓷茶具的变化，反映出唐宋以来人们文化观、价值观，更反映出中国人在将日常生活艺术化的过程中，其清晰的价值取向，茶具与茶共有的"精行俭德"的品质。

欣赏中国茶具，也是与欣赏中国陶瓷美器完全溶合在一起的。近现代的众多茶具中，欣赏紫砂壶，尤其成了一门特殊的学问。

欣赏紫砂壶，大约可以有以下几方面总结：

（1）**对紫砂壶神韵的品味**　欣赏紫砂壶，人们一般认为以古拙为上佳，大度次之，清秀再次之，趣味又次之，这个道理就在壶与茶的一味。因为紫砂壶属整个茶文化的组成部分，追求的意境应与茶道意境暗合，厚德载物，雅志和平，古拙正与这种意境最为融洽。

（2）**对紫砂壶形态的品味**　这其中有一句话，叫"方非一式，圆不一相"。紫砂壶之形是存世各类器皿中最丰富的，壶之神韵要从形中体现，无形不可见神。紫砂壶成形的技法十分严谨，点、线、面，是构成紫砂壶形体的基本元素，大小高矮，厚薄方圆，曲直转折，抑扬顿挫，差之毫厘，失之千里。

（3）**对紫砂壶款的品味**　款即壶的款识，鉴赏紫砂壶款是赏壶中特有的独一无二的一环，其意思有两层：一层意思是鉴别壶的作者是谁，或题词镌铭的作者是谁？这是品壶，也就是在品制壶人，是对生生不息的美的深远怀想与崇高致意。紫砂壶的历史也是茶人的历史，世界上茶具纵有千万，也唯有紫砂壶是有记载的名家传人和传人所留下的落款的传世之作。当我们说其余造型艺术品时，我们往往用产地或者年号来指代，比如宣德炉，官窑，越瓷，景泰蓝……而我们提到紫砂壶时，就说时大彬、陈鸣远、陈曼生、朱可心、顾景舟、蒋蓉……因此，我们又可以说，紫砂壶是真正个性化的具有个人风格的艺术作品。

另一层意思是欣赏题词的内容，镌刻的书画，还有印款的篆刻技艺。紫砂壶艺术具有中国传统艺术"诗、书、画、印"四位一体的显著特点，把文学、书法、绘画、金石诸多方面从纸上移到泥上，是中国文人异想天开的成功实践，给赏壶人以深切的精神享受。

（4）**对紫砂壶功能的品味**　紫砂壶美的重要标志之一，就是越具有艺术性，越具备功能性，是美与实用的高度统一。它的"艺"全在"用"中"品"，如果失去"用"的意义，"艺"亦不复存在。其功能美主要表现在容量适度，高矮得当，口盖严紧，出水流畅。按中国人的饮茶习惯，一般二至五人会饮，其容量刚好四杯左右，手摸手提，都只需一手之劳，所以称"一手壶"。

（5）**对紫砂壶色的品味**　老子说：一生二，二生三，三生万物。紫泥、绿泥和红泥这三种泥烧出了几十种颜色，创造了无与伦比的美，它们分别是：海棠红，朱砂紫，葵黄，墨绿，白砂，淡墨，沉香，水碧，冷金，闪色，葡萄紫，榴皮，梨皮，豆青，新铜绿等，各色所呈现的都是原料自身的美。

五、国外茶具概况

国外向中国购买华茶之时，也是一并购买茶具的，这包括茶杯、茶壶和茶瓶。18世纪初期，无论荷兰、德国还是英国人，都曾极力仿造中国宜兴茶壶，但到后期，欧洲出现了一批著名的制陶名匠和银匠，他们在茶具上的巧夺天工也着实令人赞叹。

欧洲最早的茶具是1670年英国人制造的一把灯笼式的银制茶壶，这把壶现在英国博物馆中。1690年，英国人设计制作出了脱离中国风格的一种银制小茶壶。到18世纪后期，出现了成套白镴茶具、瓷器茶具，无论造型还是图案都非常美观。有一种茶壶呈八角形或椭圆形，人们干脆称它为"殖民地式"，可见这种壶的流布之广。

18世纪出现了各种材质的茶壶，金、铁、盐釉陶、铜、铝、玻璃、硬质瓷等。一些发明家们则根据品饮方式的改变，不断演进着茶具的样式。1774年，第一个英国茶壶的专利权，给予一个名叫约翰·沃特汉姆的人，因为他发明了一种类似于"热得快"样式的茶壶。自此以后，五花八门的发明专利不断出现，直至当代。进入21世纪后，甚至一位名叫约翰的英国人，因与父亲都是茶痴，因此将其父亲的骨灰制成茶壶，以便此生能与父亲继续保持相对品饮茶的家族传统。

俄国人发明了茶饮，实际上是把中国人的大茶炉袖珍化后搬到桌上，成为俄国人家庭生活中围绕的中心。但公用的大茶壶和大茶炉也是不可或缺的，只是演变成电炉。另外，茶托、茶盂也进行了演进，英国人发明了一种三层的茶托，分别置放茶食、水果、糖块等。还因为欧美人喝红茶常配以糖与奶，因此茶匙也成为必不可少的茶具。

至于日本与韩国茶人对茶具的选择，那是直接继承了中国人的品饮方式所需的茶具。统治阶级同样喜好奢侈的金银茶具，比如僖宗供奉在法门寺地宫的成套金银茶具，丰臣秀吉在北野大茶会上的全金茶具；喜欢纯粹质朴茶具的是文士禅僧，比如陆羽喜欢冰清玉洁的越瓷，千利休喜欢朝鲜渔夫的陶碗。

　　进入现代社会，日韩茶具亦显示出其高超的艺术审美和实际功能水准，强调功能细致，制作精美，与茶精神相契，因此亦深受各国茶人喜爱。

　　综上所述可知，所谓"器为茶之父"，其深刻的意义，正在茶具中所包含的人文精神。诚如当代作家王小波所说的那样：在器物的背后，是人的方法和技能；在方法和技能的背后，是人对自然的了解；在人对自然了解的背后，是人类了解现在、过去与未来的万丈雄心。

第九章
茶传习
——薪尽火传的绵延

自从陆羽生人间，
人间相学事新茶。

宋·梅尧臣《次韵和永叔尝新茶杂言》

所谓茶文化的传习，就是茶文化的传播与学习，也可理解为茶文化的教育。传习的内容，自然就是茶文化的内容，而传习的方式，正是我们这一章中需要了解的。中国茶文化流布到国外之后，在一些重要的饮茶国家，又形成了自己特有的传播方式，亦将在此一章中做专门的介绍。

一、茶叶文献

诚如茶文化学者余悦在《中国茶文化典籍文献综论》[①]一文中指出的那样：中国茶文化是经过数千年发展演变而成的独特的文化模式和规范，是多民族、多社会结构、多层次的文化整合系统。中国茶文化博大精深，包容着中国的政治、经济、社会、人生等多方面的内容，涉及中国的哲学、社会学、文艺学、宗教学等多门类的学科。在经历了千回百转的历史岁月后，中国茶文化带着全部的文化密码，横陈在我们面前。而破解这些文化密码的按钮，就深藏在中国茶文化典籍文献之中。这些典籍文献如实

C ━━━━━━━

① 余悦《让茶文化的恩惠洒满人间——中国茶文化典籍文献综论》，南昌：农业考古，1999，（04）。

记载了中国茶业发展的前进步履，全面传递了中国古代茶文化的精神气氛，曲折地映现出时代的式微兴盛与社会的朦胧身影。研究中国茶文化的学人，将从这些著述中发掘出十分丰富的文化信息。

1. 有关茶学专著

经搜集整理，已知目前中国古代茶书约有124种，其中有理论专著，有普及读物，有科技书籍，有文化读物，更有大量的茶文化典籍文献，散见于诗歌、散文、小说、戏曲等各种文体。

先秦两汉魏晋南北朝，是中国茶文化典籍文献的滥觞期，中国历史最早的茶文化文献《僮约》正诞生于此。我们了解到的早期茶叶与人类的关系，从药用、解渴、解酒、佐餐、祭祀、养生等功用性的诸多方面，无一不是从那一历史时期的茶叶文献中得知。无论《尔雅》、《尔雅注》、《广雅》，还是左思与张载的茶诗句，抑或杜育关于世界上第一篇赞美茶的赋文《荈赋》，都让我们嗅到了印进中国唐以前典籍字里行间的那些中国茶文化的清香墨迹。此一时期的茶文献稀少，且文字精炼，但意义重大，奠定了中华茶文化的起源。

唐代是中国茶文化典籍文献的定型期，其划时代的标志，正是唐代中叶陆羽撰写的《茶经》。作为中国乃至世界的第一部茶学专著，三卷十章7 000多字，却全面系统地总结了唐代及其以前有关茶的知识与经验，生动具体地描述了茶的生产、品饮、茶事，言约意丰地深化和提高了饮茶的深层美学与文化内涵。陆羽之后出现不少茶叶专著，著名的有皎然的《茶诀》，张又新的《煎茶水记》，温庭筠的《采茶录》，苏廙的《十六汤品》等。

《茶经》的诞生，也催生了唐代茶诗的蓬勃发展。不仅陆羽、皎然、卢仝等终身许茶者有颇多茶诗，连文坛大诗人李白、白居易、皮日休、陆龟蒙等也有众多茶诗名篇传世。这种流风遗韵，影响到其后，构成中华茶文化重要的领域。

宋辽金元和明清时代，是中国茶文化典籍文献的发展期。宋代茶事在文化上可谓登峰造极，故有关茶事记录不少。宋代近30种茶书中，尤其关注茶叶作为农作物的生产艺能，亦很关注品饮艺术的探索，其中尤以宋徽宗赵佶《大观茶论》为代表。而无论赵汝砺的《北苑别录》，还是蔡襄的《茶录》，都对制茶、斗茶提出技术要求和评判标准。而熊蕃的《宣和北苑贡茶录》和审安老人的《茶具图赞》，因为附有各种茶团图模和茶具图案，图文兼备，因而具备了很高的史料价值。宋括的《梦溪笔谈》中对本朝茶事、茶法、茶品都有详实记录，多为后世参考。元代茶书稀少，其中杨维桢《煮茶梦记》最为有名。明代是中国古代茶书数量最多的时期，共有50多部茶书相继问世。其中包括了宁波四位名人的茶书。他们分别是屠隆的《考槃余事·茶说》，屠本畯的《茗笈》，闻龙的《茶笺》和罗廪的《茶解》。现在甚至有人评价《茶解》地位不在《茶经》之下。朱权的《茶谱》论及"清饮"，在品茗中贯穿求真、求美、求自然的追求，而明代茶书关于茶具艺术和烹茶技艺的载录，则更多地表现出创新精神。杭人许次纾的《茶疏》亦是最具代表性的茶著。清代200多年间仅有茶书10多种，包括明末清初冯可宾所撰《岕茶笺》、余怀《茶史补》等，亦可从中窥探出衰世降临前的一丝征兆。

2. 有关茶的杂著

中华茶文化文献似乎更多地体现在各种杂著上。几乎每个朝代的文坛领袖、盟主或名流，都与茶文化结下了姻缘。唐代以白居易等为代表，宋代以苏东坡、陆游等为代表，辽金元以耶律楚材等为代表，明代以朱权、徐渭、张岱等为代表，清代以顾炎武、郑板桥等为代表。辽金元时期的茶诗文和茶史，还使后来的研究者们更多地了解到中华茶文化是如何传播到北方牧猎民族当中的，又是如何奠定了此后上千年间北方民族饮茶的习俗和文化风尚的。

中国茶文化的典籍文献，在文体的形式方面也是多种多样。除茶书外，大略可分为三种类型：散文类、韵文类和小说戏剧类。散文类有一大批经典赋文；韵文类则有大量的诗词歌曲；小说戏剧类中，与茶文化有密切关系的小说有《红楼梦》和《金瓶梅》，而戏剧中汤显祖的《牡丹亭》有一折《劝农》，几乎完全是用茶事演绎而成的。

令人赞叹的是，中国古代茶叶专著，其文风之美，让人感慨不已。大量典籍文献，既是茶学，又是文学，这也正是它们能够保留传播至今的重要原因。

二、茶学教育

教育，是通过文化传承、主导、促进认识的生成及人的生成的实践活动，它随着人类社会的产生而产生，随着人类社会的发展而发展。作为培养人的一种社会活动，教育成为传承社会文化、传递生产经验和社会生活经验以增进人们的知识、技能和影响人们的思想观念的基本途径。

茶学是一门具有悠久历史和鲜明特色的传统学科，也是一门涉及自然科学和人文科学的现代学科。茶学教育就是在茶树的种植、利用过程中逐步形成的。中国茶学教育历史悠久，唐代陆羽完成了世界上第一部茶学专著《茶经》，标志着中国古代茶学科学体系的基本形成。

广义的茶学教育是以从事茶叶生产劳动实践的人的身心发展，从而使其获取茶学知识和茶叶生产能力为直接目的的社会活动，而狭义的茶学教育则主要指学校举办的各种层次和形式的茶学教育，是茶学教育者根据一定的社会要求，有目的、有计划、有组织地通过学校教育工作对茶学受教育者的身心施加影响，促使他们朝着所期望的方向变化的活动。

中国现代茶学教育是伴随着传统教育体制的改革、新式学校的建立而产生和发展起来的，它分为三个明显发展阶段，即清朝末年的诞生时期，民国时期的发展时期，新中国成立以后的繁荣时期。

古代中国茶业知识和技术的传播，应该说随意性很大，往往随着一个人的存在而蓬勃，又随着一个王朝的灭亡而几近消亡。比如茶圣陆羽，无子无徒，他的毕生茶学经验常识，除了留在一部《茶经》之中外，几乎再无传人。这和日本茶道的传习方式大不相同。应该说，中华民族进程的每个阶段都有卓越的茶人，他们星星点点地生活在自己时代的坐标里，又随着时代的消亡而隐去。甚至于如宋徽宗这样的皇帝，一旦王朝灭亡，他大力鼓吹并盛兴一百多年的斗茶法便也就江河日下，最终技艺失传。

只有到了近现代，茶学教育进入现代化，接受教育的人才逐渐多了起来。随着社会的发展，特别是20世纪50年代以来，中国的茶学教育更有了新的发展。

1. 中国现代茶学教育分以下几个阶段

（1）中国现代茶学教学诞生阶段　20世纪初，为振兴华茶，茶界中不少有识之士，呼吁要培养本国的茶叶专业人才。1909年，湖北省成立茶业讲习所，所址在羊楼洞茶业示范场。1910年，四川省盐茶道尹在灌县创办通省茶业讲习所，后迁成都，并改名为四川省立高等茶叶学校，学制3年，共毕业18个班，造就了一批人才。1916年，湖南省建设厅在长沙岳麓山开设湖南茶业讲习所。1918年，安徽省在屯溪建立茶务讲习所，学制2年，专业课设置有茶树栽培、制茶法、茶业经营等。1923年，云南省设立了茶务讲习所。

（2）中国现代茶学教育的确立　在20世纪30年代至40年代，农商部门从茶叶生产需要出发，也举办过一些训练班或讲习所。1935年，全国经济委员会农业处在安徽祁门开设训练班，招收初中学生，毕业后派去指导茶农合作事业。1936年，上海商品检验局产地检验处举办茶业训练班，招收高中学生进行培训。同年，福建省政府在福安设立初级茶业职业学校，在1937年，扩招了高中文化程度的一个班，1938年，该校并入省立高级农业职业学校。1938年，贸易委员会富华公司在香港开设茶业训练班，招收高中程度人员进行短期训练，翌年被派往东南各茶区，协助茶叶统购、统销。在此期间，浙江、湖南、安徽都开设了茶叶技术培训班，这些训练班开设的课程有茶树栽培、茶叶制造、茶树病虫害、茶业经济等，并去试验场、实验厂实习和到茶区调查，培养了一批茶业人才。学员毕业后，大部分从事茶叶生产、教育和科研工作。1940年，中国茶叶公司又设高中级业务人员技术训练班，由此为契机，与上海复旦大学商议，成立了中国第一个大学茶业系科。

复旦大学设立茶叶系、茶叶专修科，是中国茶业教育史上的一件大事，对发展中国茶业高等教育，培养、造就、积蓄人才和振兴中国茶业，都有着很大、很深远的影响。

值得一提的是，广东中山大学在早年也成立过茶蔗部。中山大学农学院原由广东农林试验场及农林讲习所演进为广东农业专门学校，再由农专归并为广东大学，成为广东大学农科。1926年改为国立中山大学农科，1931年改称中山大学农学院。鉴于茶蔗在南中国农业中具有重要意义，所以成立茶蔗部，设有茶蔗研究所及茶作蔗作两学科，目的一是积极从事试验研究，以发展广东茶蔗生产；二是培育人才，训练干部，发展茶蔗事业。

另外，在复旦大学设置茶科前后，中央大学、浙江大学、安徽大学、金陵大学、中山大学等都在农学院开设过特作或茶作的课程。1940年秋英士大学还办了特产专修科，内设茶业专修班，课程内容进一步得到了充实。

留学学习是当时茶学教育的一种方式。派学生到国外留学是一条捷径。1914年，云南省派往日本学习茶业的朱文清，是中国茶业界的第一个留学生。1919年，吴觉农亦前往日本留学，正是他从日本学成归来，并且也是在日本撰写并在国内发表了著名的茶学论文《中国茶叶原产地考》的。

（3）现代茶学教学的飞跃发展　20世纪50年代以来，中国茶叶生产得到复苏，茶业教育也受到高度重视。为普及茶叶生产技术，各业务部门举办了各类训练班，如华东农林部委托复旦大学培训茶叶干部，第一届为期2年，所有入学资格、手续和学习办法，和该校原有的茶叶专修科完全相同；中国茶业公司举办制茶干部训练班，历时一个半月，学员达200余人。

1950年秋，上海复旦大学茶叶专修科开始招生。学生在两年中必修科目有社会发展史、国文、英文、化学、普通植物学、植物生理学、植物病害、植物虫害、土壤学、肥料学、茶叶概论、遗传育种、生物统计及田间技术、茶树栽培、茶叶制造、茶叶检验、茶叶化学、茶业经济及茶业机械等。

1950年，中国茶业公司中南区公司与武汉大学农学院合办茶业专修科，培养新型茶业人才，招收学生54人。武汉大学农学院各系教授兼任各科课程，还有一批学者专门讲授。武汉大学茶业专修科学制2年，必修课程20门。

1951年11月，西南贸易部为培养西南地区贸易干部，在重庆曾家岩求精商学院旧址，设立贸易专科学校，其中有茶科，用来培养茶叶贸易人才。为适应生产发展的需要，1952年，国家对各地区的大专院校系科进行调整。调整后的茶业系科的分布和配置更加合理，资料、装备、师资更加充实，初步形成了我国茶业教育现代化体系的基础。

1952年，复旦大学茶叶专修科调整到安徽芜湖的安徽大学农学院。1954年2月，安徽农学院独立建院，同年7月迁至合肥，1956年恢复四年制的本科，全国招生。王泽农、陈椽等教授随调整而成为安徽农学院茶业系的著名教授。西南贸易专科学校茶叶专修科并入西南农学院园艺系，与农产品贮藏加工专业合并成食品系，学制4年。建于1952年的浙江农学院茶叶专修科为浙江大学茶学系前身。1956年改为本科，学制4年，并有庄晚芳等一批著名教授任教，现为茶学博士研究生点。1956年湖南农学院农学专业茶作组发展为茶叶专业，属园艺系，学制4年。此外，还有不少农业院校已将茶学作为必修课内容，如福建农学院早在1950年就将茶树栽培和茶叶加工内容列为农学系和园艺系讲授课目。

　　20世纪70年代，中国茶学教育发生了极大的变化。由于茶叶生产的迅速发展，茶业专业人才的匮乏，刺激了许多产茶省（自治区），诸如云南、福建、四川、广西等的农业院校纷纷设置茶业系或专修科。据不完全统计，目前全国已有数十余所大专院校设立茶学系科，从事执教的数百位教授、讲师和助教，在几十年中已培养出大量茶叶系科毕业生、研究生、博士生和一批外国留学生、进修生，在科研上取得了一大批成果。

　　2006年，由当时的浙江林学院(现浙江农林大学)和中国国际茶文化研究会联合发起，成立了茶文化学院，这是中国第一所本科茶文化学院，对茶文化的研究、教育、传承起着重要的作用。

　　半个多世纪来，中国当代的茶业教育尽管经过了坎坷的道路，但仍然取得了很大成绩。不同层次的茶业教育已建立起来，形成了具有中国特色的现代化茶业教育。

　　中国的高等院校茶业系，主要培养高级茶业人才；中等专业学校和职业学校，主要培养普通的茶业人员；一般培训班主要是提高各级茶业从业人员的业务素质。在教育为生产服务，教育与生产劳动相结合方针的指导下，培养出一批又一批的各级茶业人才。有的长期工作在茶区，为发展茶叶生产，改变山区落后面貌，辛勤耕耘，作出了卓越贡献；有的奋斗在财贸战线上，长年累月为满足日益增长的人民需要，作出积极努力；有的从事茶业教育工作，含辛茹苦，培养了一代又一代新人；有的终生奋斗在科技战线上，为提高中国茶叶科技水平勤奋工作。在中国形成了一支既发展又稳定的庞大的茶业技术、管理和贸易队伍。

中国的茶业教育拥有一支学科齐全，实力比较雄厚，老中青相结合的师资力量。在全国高等农业院校教材指导委员会规划下，编写了全部的茶学系教材，中等茶业学校也同样有全国统编教材。此外，各校还出版了《茶作学》、《制茶技术理论》、《茶业通史》、《茶树栽培》、《茶叶制造》、《茶叶检验》、《茶树栽培生理》、《中国名茶》、《茶叶》、《中国茶史散论》、《茶用香花栽培与花茶窨制》、《种茶与制茶技术问答》等一批图书，定期出版包括《茶博览》在内的一批茶专业杂志。茶学教育为丰富教育内容，还结合生产实际，开展了科学研究工作。有不少院校设有茶叶研究机构，几十年来，各院校在茶业科研上取得了一大批成果。茶文化教育亦在新时期继承文脉，深化拓展茶学教育的领域。

2. 中国茶学教育目前分以下几个层面

（1）高等教育　　其学科基本放在"农学"之下，专业名称为"茶学"，其业务培养目标为：培养具备农业生物科学、食品科学和茶学等方面的基本理论、基本知识和基本技能，能在农业、工业、商贸等领域或部门从事与茶学有关的技术与设计、推广与开发、经营与管理、教学与科研等工作的高级科学技术人才。其业务的培养要求为：本专业学生主要学习农业生物科学、食品科学、茶学方面的基本理论和基本知识，受到茶树栽培育种和茶叶生产、营销等方面的基本训练，具有茶树栽培育种、茶叶生产、茶的综合利用和营销方面的基本能力。

毕业生应获得以下几方面的知识和能力：①具备扎实的数学、物理、化学等基本理论知识；②掌握生物科学、茶叶优质高产和食品工程的基本理论；③掌握茶叶品质形成及经济贸易的基本知识；④具备分析和解决茶叶加工、检验、茶叶审查和营销方面的方法和技能；⑤具备农业可持续发展的意识和基本知识，了解茶学学科前沿和发展趋势；⑥熟悉国家对农业和茶业的有关方针、政策和法规。

学生的修业年限为4年，授予的学位为农学学士。自20世纪80年代初，许多大专院校的茶学专业，恢复了茶学硕士研究生招生。目前，已有浙江、湖南、安徽等院校茶

图9-1 假日小队茶文化课堂

学系招收研究生。1987年，经国务院学位委员会批准，在浙江农业大学设立茶学博士生招收点，中国第一代茶学博士诞生。1989年，国家教委批准浙江农业大学茶学系为重点学科。21世纪，中国诞生了第一位茶领域的中国工程院院士——中国茶叶学会名誉理事长、前中国农业科学院茶叶研究所所长陈宗懋。

（2）中等教育　中国目前有着大量的茶学中等专科技校。茶叶中等教育和职业教育是中国茶学教育的主要组成部分，为茶业领域培养出了大批的技能性人才，他们直到今天，依然是茶叶战线上的生力军，起着极为重要的作用。据统计，我国目前设有茶叶专业班的中等学校不下数十余所。至于由农业、商业、外贸、农垦、公安、侨委等部门举办的职业培训班更不计其数，都有效地提高了在职茶叶工作人员的素质。

（3）大量的社会培训　关于茶业的社会培训，应该说，今天主要集中到了茶文化领域，而在茶文化领域中，又集中到了茶艺培训这个领域。中国改革开放以来诞生了许多新职业，其中茶艺师就是一种。其等级培训考量，更是今天茶文化培训方兴未艾的重要原因(图9-1)。

目前，中国已建成全世界唯一的培养茶学中专生、大专生、本科生、硕士生和博士生的完整的茶学教育体系，培养了数以万计的茶叶专业人才；在科研上建立了从全国到各产茶省、市的茶叶研究机构，开展了系统的茶叶应用研究与基础理论研究，取得了一大批科研成果，大大缩短了与先进国家的差距。近些年来，茶文化团体、茶文化活动和茶文化产业更是雨后春笋般的蓬勃展开。

茶文化专业的高等教育，目前亦在各个相关的学科统领下进行人才培养教育。此一专业的背景与农学背景不同，被统领在文化学、民俗学、社会学、艺术学等学科之下，正在生机勃勃地向前推进。

三、茶文化展示

茶文化传习的另一条重要途径，便是茶文化的展示。

图9-2 1867年世博会福建茶女

茶文化的一个重要特质，正是它的可展示性。其展示方式有动态和静态两种，而动静结合的展示方式，则成为今天茶文化传播新方式。

所谓静态的传播，多以博物馆方式完成。历史上有过多次的世界博览会，中国茶通过此平台走向世界（图9-2）。在中国许多地区，甚至许多部门乃至企业，都有他们专门的茶文化展示区域。而其中最为典型的，当为建立在杭州茶区的中国茶叶博物馆。

中国茶叶博物馆是目前全世界最具有代表性的茶文化展示处，它以多角度多方位展示手段、诠释博大精深的茶文化。1991年4月建成并对外开放展览。茶叶博物馆作为展示茶文化为主题的博物馆，建在杭州西湖龙井茶的产地之一的双峰一带，其外围是呈梯田状分布的青翠茶园，依山势而建的四座独立的红瓦白墙建筑错落有致地分布在绿色青青之中，整个建筑风格清新雅致。

设计者打破了传统的以时间为序列的展示方法，多角度、多方位来展示茶文化，从而设计出了茶史、茶萃、茶事、茶缘、茶具、茶俗六大相对独立而又相互联系的展示空间，从不同的角度对茶文化进行诠释，起到了很好的展示效果。

目前，中国和世界各地已经建立起不少专类和综合类的茶叶博物馆、展示馆，为茶叶文明的传播起着不可或缺的重要作用。

茶文化传播的另一个静态途径是通过杂志、报纸、书籍等方面进行宣传，目前国内较为著名的报纸有《茶周刊》、《茶博览》、《农业考古·茶专号》等，有关茶的杂志全部加起来亦有数十种之多。

所谓动态的展示，大多以歌舞、影像、茶艺表演的方式来完成。尤其是在少数民族地区，载歌载舞之中，完成了本民族特有的客来敬茶的礼仪，如白族的"三道茶",一道苦,二道甜,三道五味杂陈,把人生境况与生命感悟,融在一道茶中展现出来,最直接地打通了不同民族不同文化不同信仰的人们的心灵。动态的茶文化展示,是传播茶文化的非常重要的形式。

图9-3 浙江农林大学茶文化学院创作的大型
茶文化舞台艺术《中国茶谣》

至于动静结合的方式,在当今时代,可谓越来越被人实践与接受。比如现代博物馆数量越来越多,各馆之间的竞争日趋激烈,如何加大宣传力度,扩大自身知名度,吸引更多的观众来参观呢?从前守株待兔的方式显然是不行的了。一个好的陈设展程最终目的是为观众提供知识和教育,许多茶叶博物馆除常规的电台、报纸宣传外,还通过对外开展茶文化知识讲座,宣传中国茶叶和中国茶文化知识,激起更多的人关心并热爱我国的传统文化。而一些原生态的茶文化展示,也开始重视挖掘本民族的文化,加以提高总结,以进入人类文明的更高层面。

茶文化传播的另一个途径是通过艺术呈现的手法,这包括各种茶艺的专业展示,包括茶的各类舞台呈现,浙江农林大学茶文化学院的大型茶文化艺术舞台呈现《中国茶谣》(图9-3),茶文化大型新编历史话剧《六羡歌》(图9-4),国际茶席展等,都是当今传播茶文化的一种创新方式,起到了传播茶文化的很好效果。

图9-4 《六羡歌》海报

四、日本茶道的家元承传

中国茶道在走向海外的历程中,对于日本茶道的形成与发展影响最大。中国茶文化传播于日本，日本茶道源于中国，这已经成为中日两国专家学者的共识。

中国茶文化传播到日本之后，日本又是以何种方式继承发展下来的呢？这主要依靠日本茶道特有的家元传习方式。

所谓日本茶道的"家元"，正是日本专门学习茶道的地方。家元制度，是从江户中期（18世纪）的嫡传方式开始的，日本的茶道、书道、连歌道、能乐、香道、俳谐道、武道、歌舞伎等，作为日本艺道及传统文化，都存在着家元制度。家元制度明确规定只传长子，其余人不得秘诀，不能称为家元。长子继承祖业后，同时承袭姓名，为与前代区别，则标明几世。

目前日本流行的茶道，是在16世纪后期由茶道大师千利休创立的，形成独具风格的"千家流"茶法。

1591年，千利休在丰臣秀吉逼迫之下切腹自杀，他的技艺由其孙子继承下来。到江户时代，建立了家元制度，使茶道能够传宗接代，不出祖流。这期间产生了不同的派别，其中以里千家最有名，弟子最多，另外还有表千家、宗守、石川、织部等流派。虽然各派都有自己的规矩和做法，但各派之间互相学习，和谐共处。

今天日本茶道的三千家，是指"表千家""里千家"和"武者小路千家"。除了三千家之外，我们已知继承千利休茶道的还有千利休的七个大弟子，被称为"利休七哲"，其中的古田织部是一位卓有成就的大茶人，他将千利休的市井平民茶法改造成武士风格的茶法。古田织部的弟子很多，其中最杰出的是小堀远州。小堀远州是一位多才多艺的茶人，他一生设计建筑了许多茶室，其中便有被称为日本庭园艺术的最高代表——桂离宫。

而片桐石州又接替小堀远州作了江户幕府第四代将军秀纲的茶道师范，他对武士茶道作了具体的规定。石州流派的茶道在当时十分流行，后继者很多，其中著名的有松平不昧、井伊直弼。

五、其他国家的茶传习活动

中国茶文化的对外传习，开始时基本以走进来请出去的方式进行。所谓走进来就是外国人出动来中国学习茶叶知识，比如唐宋时期的日本僧人留学中国，传回茶文化。又如英国人戈登1834年被派往中国专门学茶事，1900年波斯王子派人来华习茶。所谓请出去就是请华人到国外教授茶业，比如1836年高登从华雇来茶工，在加尔各答教授茶业。这个传习的过程在印度几乎经历了几代人的努力，终于溶进该国本土茶文化之中，成为各国自己的茶文化。

各国自身的茶传习，主要是通过茶宣传茶信息传播来完成的。而任何物产最初的宣传，我们发现，很少有比茶叶还早的。早在1 000多年前，陆羽就以《茶经》的方式，传播了茶叶文明。而国际上第二部著名茶书便是13世纪日本荣西的《吃茶养生记》。英国早期茶叶宣传者中最著名的为托马斯·盖威，1660年他用1 300字以海报方式，公开宣传茶叶妙处。接着荷兰人也开始著书立说，宣传喝茶。18世纪出版的英文茶书，大多来自英国东印度公司。1819年，伦敦茶叶公司出版了《茶树的历史》；1843年，何塞在巴黎出版了《茶叶丛书》；1890年，芝加哥茶商豪色写了一本《茶叶起源、栽培、制造及用途》，其后英美学者和商人写下了不少茶书。

与此同时，各国开始以广告、海报的方式，传播茶叶文明。比如从1876年始，日本就开始在美国进行广告宣传；当时的锡兰（斯里兰卡）在欧美各国大打茶广告；印度的茶宣传费用，在40多年中成倍增长达500万美元。

在欧洲的茶叶宣传，主要通过报纸及杂志的图画广告、广告牌及霓虹灯；而在美国，则主要通过广播及有声电影。英国人在殖民地印度进行的茶宣传手法则五花八门，包括开茶馆、电影、土著人乐队、歌咏队、游戏、传单、彩画、广告、土语唱片，甚至播放《饮茶之益》及《热茶歌》来做宣传。

综上所述，我们可知，中国茶文化是产生于特定时代的综合性文化，它带着东方人的生活气息和艺术情调，它基于儒家的入世精神，倚于佛家的静虑禅意，洋溢道家的乐生情怀，有着如此博大精深的茶文化积叠，必须要有相应的茶文化传习，方能传承发扬光大，世代相传，滋养人类灵魂。

第十章
茶旅游
——绿香满路永日忘归

溪水清清溪水长，溪水两岸好风光。

当代·周大风 《采茶舞曲》

与茶共游，其乐融融，茶旅游早已进入人们的日常生活。要知晓茶旅游，首先要了解什么是旅游。《韦伯斯特大学词典》中对旅游的定义是："以娱乐为目的的旅行、为旅游者提供旅程和服务的行业。"中国著名学者于光远对旅游下了这样的定义："旅游是现代社会中居民的一种短期性的特殊生活方式，这种生活方式的特点是：异地性、业余性和享受性。"

旅游的过程实质上是人们利用休闲时间回归自然、体验生活，并从不同角度去审美的过程。

高山出名茶，茶树喜温、喜湿、喜漫射光，要求生长在一定的海拔高度，一定的植被和温湿度条件下。地球上北纬30°左右的地带正是茶叶生长的绝佳场所。天公造就了茶树生长的地方往往是生态环境十分秀丽的地区，从而使其成为人们日夜向往的旅游胜地。而品饮的场所，品茶的技艺，也形成了特有的互动性的休闲观光内容。茶文化深刻的精神性，必将依附在众多人文内容密集的载体上，包括寺庙，茶之名人故居，百年老店茶庄，茶的艺术展示，无论文学戏剧，书画工艺，亦都构成了茶旅游休闲的重要部分。

一、身心游历在茶之山水之间

茶旅游，首先是和名山胜景结合在一起的旅游。中国有许多名山胜景，但并非所有的名山胜景都与茶结缘。与茶结合的山水基本集中在中国南方产茶区。其中有几处特别有名的山川是和茶紧密结合在一起的，在此指点江山，作一神游。

1. 武夷山茶之旅

名山出名茶，名茶耀名山，闽北武夷山与武夷茶双绝人寰，著称于世。

武夷山地处中国福建省西北部，63 575公顷的核心面积中，分布着世界同纬度带现存最完整、最典型、面积最大的中亚热带原生性森林生态系统；东部山与水完美结合，人文与自然有机相融，以秀水、奇峰、幽谷、险壑等诸多美景、悠久的历史文化和众多的文物古迹而享有盛誉；中部是联系东西部并涵养九曲溪水源，保持良好生态环境的重要区域。鉴于武夷山具有上述突出意义和普遍价值的自然与文化资源，中国政府推荐武夷山申报世界自然与文化双重遗产，于1999年12月，被联合国教科文组织列入《世界遗产名录》，成为全人类共同的财富。

从历史和科学的角度看，武夷山具有突出、普遍价值，不仅能为已消逝的古文明和文化传统提供独特的见证，而且与理学思想有着直接的、实质性的联系，代表性人物朱熹是继孔子之后中国历史上儒家大思想家、哲学家和教育家，他就长年在武夷山中讲学。

武夷有四宝，东笋、南茶、西鱼、北米，而南茶正是茶文化的重点景观——大红袍景观。该景区位于武夷山风景区的中心部位，大峡谷"九龙窠"内。这是一条受东西向断裂构造控制发育的深长谷地，谷地深切，两侧长条状单面山高耸、石骨嶙峋的九座危峰，分南北对峙骈列，峰脊高低起伏，就像九条巨龙欲腾又伏。峡口矗立着一座浑圆的峰岩，像一颗龙珠居于九龙之间，势如九龙戏珠。谷地中、丹崖峭壁的上下，劲松苍柏，茂林修竹，映人面皆绿。而久负盛名的武夷茶王"大红袍"就根植在峡谷的最深底部。区内还有九龙洞、九龙瀑、九龙潭、海螺叠翠、流香涧、清浊峡、飞来岩、玉柱峰、雄狮戏龟等自然景观和九龙名丛园，古代摩岩石刻等人文景观，众星捧月，那月，正是大红袍。

举世闻名的大红袍茶生长在九龙窠谷底靠北面的悬崖峭壁上。这里叠着一大一小两方盆景式的古茶园，六株古朴苍郁的茶树，挺拔精神、枝繁叶茂，已有340余年的历史，其成品的色、香、味均在乌龙茶之首，故有"茶中之王"美誉。据民间传说：明朝有一秀才赶考，途经武夷山永乐禅寺，忽然重病，考期已近，病尚未愈，心焦如焚。寺中方丈以九龙窠崖上的茶叶为药给秀才服用后，病即痊愈。后秀才高中状元，衣锦返乡。为报救命之恩，把钦赐的红袍披于茶树之上，大红袍因此得名。

武夷岩茶最早被人称颂，可追溯到南朝时期，而最早的文字记载见之于唐朝元和年间孙樵写的《送茶与焦刑部书》。信札中写道："晚甘侯十五人，遣侍斋阁。此徒皆乘雷而摘，拜水而和。盖建阳丹山碧水之乡，月涧云龛之品，慎勿贱用之！"

"碧水丹山"是南朝作家江淹对武夷山的赞语，当时崇安县还未建置，武夷山尚属建阳县，故信中称"建阳丹山碧水"。由此可知，孙樵所送的茶正是武夷山之茶。以"晚甘侯"名茶，其尊贵和浓馥尽在不言之中，"晚甘侯"遂成为武夷岩茶最早的茶名。清朝时大文人蒋蘅甚至专为此茶作传，美其名曰《晚甘侯传》：

> "晚甘侯，甘氏如荠，字森伯，闽之建溪人也。世居武夷丹山碧水之乡，月涧云龛之奥。甘氏聚族其间，率皆茹露饮泉，倚岩据壁，独得山水灵异，气性森严，芳洁迥出尘表……大约森伯之为人，见若面目严冷，实则和而且正；始若苦口难茹，久则淡而弥旨，君子人也。"

《诗经·邶风·谷风》云："谁谓茶苦？其甘如荠！"《晚甘侯传》的作者上承《诗经》品格，将武夷岩茶的"茶品"与"人品"合二为一，赞之曰："君子人也！"

晚唐诗人徐寅有诗云："武夷春暖月初圆，采摘新草献地仙。飞鹊印成香腊片，啼猿溪走木兰船。金槽和碾沉香末，冰碗轻涵翠缕烟，分赠恩深知最异，晚铛宜煮北山泉。"

游武夷山，品大红袍，不亦乐乎。

2. 扬子江心水，蒙山顶上茶

说到西南的茶文化山水旅游，四川的蒙山为一时楚翘。"扬子江心（中）水，蒙山顶上茶"，这是咏茶诗文中最为著名的一对茶联。从前的茶馆多拿这对茶联挂在门口作招牌。时至今日，在成都、重庆、永川等地的茶馆，都还见得到。这副对联也可以说是蒙山的"镇山之宝"，是蒙山茶悠久历史与崇高地位的象征。

此联最早出自元代李德载的一首小令《蒙山顶上春光早》："蒙山顶上春光早，扬子江心水味高。陶家学士更风骚，应笑倒，销金帐，饮羊羔。"曲中有典，说的是宋代陶谷得党太尉家姬，遇雪，取雪水烹茶，谓姬曰：党家儿识此味否？姬曰：彼粗人，安知此？但能于销金帐中浅斟低唱，饮羊羔酒尔！陶默然。此处的李德载，是把饮茶作为一种雅致高尚的作为而大加赞赏，对不谙茶事的粗鄙行为非常轻蔑。至明代，陈绛《辨物小志》中说："谚云，扬子江心水，蒙山顶上茶。"此联名句已从李德载的小曲中脱胎出来，形成了脍炙人口的谚语，又被人们用为茶联，得以广泛流传。据记载，郑板桥也曾为他人写过这对名联。由于茶联是一种独特的文学样式，最易为人接受，"扬子江心水，蒙山顶上茶"内涵丰富，意境悠远，所以成为茶联中的上上之品。

唐代诗人白居易也有吟咏蒙山茶的著名诗句："琴里知闻唯渌水，茶中故旧是蒙山。"此联出自白居易晚年时期的《琴茶》诗，非常典型地表现了他诗酒琴茶相娱的心态以及对蒙山茶、渌水曲的挚爱之情。

蒙顶山在今天四川的雅安，在传说中追溯蒙顶山茶的历史，后人记之始于西汉，距今已有2 000多年。据说西汉药农吴理真，在蒙顶山发现野生茶的药用功能，于是在蒙顶山五峰之间的一块凹地上，移植种下7株茶树。清代《名山县志》记载，这7株茶树"二千年不枯不长，其茶叶细而长，味甘而清，色黄而碧，酌杯中香云蒙覆其上，凝结不散。"这7株茶树，被后人称作"仙茶"，而吴理真也被后人称为"茶祖"。

唐玄宗天宝年间，蒙顶山茶即被列为朝廷祭天祀祖与皇帝饮用的专用贡茶。唐文宗开成五年，日本慈贵大师园仁从长安归国，唐朝皇帝赠给他的礼物中，就有"蒙顶茶二斤，团茶一串"，作为天子礼物，蒙顶山茶成为了国礼之茶。

好茶与好山不可分，蒙顶山好，好在细雨濛濛，水汽充沛。阳崖阴岭，阳光呈漫射状，气候宜茶。历史上蒙顶山亦被称为"天漏山"，说的是当年女娲补天，到此漏补了最后一块，从此雨水就从这个缺口漏出，下到蒙顶山上。蒙顶山位于四川雅安，在四川盆地西南部，距成都百里之远，人称此地"仰则天风高畅，万象萧瑟；俯则羌水环流，众山罗绕，茶畦杉径，异石奇花，足称名胜。"

蒙顶茶之所以享有经久不衰的盛名，的确在于其具有得天独厚的自然条件。古籍记载："蒙山上有天幕覆盖，下有精气滋养"，"蒙山之巅多秀岭，恶草不生生淑茗"。蒙顶山由上清、玉女、井泉、甘露、菱角等五峰组成。诸峰相对，形状似莲花，山势巍峨，峻峭挺拔。全年平均气温14.5℃，年降水量2 000～2 200毫米，常年细雨绵绵，烟霞满山。这种云雾弥漫的生态环境，能减弱太阳光直射，使散射光增多，最有利于茶树生长发育和芳香物质的合成。

唐代以后，蒙顶山被封为圣山，专门种植贡茶，只有达官显贵才能饮到蒙顶茶。当时诗人孟郊，官位较低，只有向在朝廷为官的叔父要蒙顶茶，就吟出"蒙茗玉花尽，越瓯荷叶空……幸为乞寄来，救此病劣躬"。刘禹锡对皇朝急催贡茶的做法不满，在《西山兰若试茶歌》中唱道："何况蒙山顾渚春，白泥赤印走风尘。"在《效蜀人煎茶戏作长句》中唱道："饮囊酒翁纷纷是，谁尝蒙山紫笋香。"

蒙山"皇茶园"始建于唐代，先称贡茶院，后称仙茶园。明孝宗弘治十三年正式命名为"皇茶园"。它是用石栏围起的面积仅3.5平方米的肥土沃壤，位于蒙顶山五峰之间的凹地，因地势低凹，每次遇到降雾天气，这里的雾气总是最后散去，它的地理位置和气候是山中最适于茶叶生长的地方，也是种植7株仙茶的地方（图10-1）。

旧时每年春茶采摘的时候，地方官择吉祥之日，率领乡绅僧众，祭拜神灵，然后由12名采茶僧，象征一年中的12个月，在"皇茶园"采茶。采茶僧沐手、薰香后方能采摘。这些采摘的皇茶将被送往古代僧人专制皇茶的地方——智矩寺加工精制。最后交付送茶使者送往京都进贡。

制作蒙山贡茶的智矩寺也有一段传说：寺内塑有两条石龙，一条称干龙，一条称湿龙。干龙一年四季朴朴生灰，雨过风吹，浑身无水迹；而湿龙则相反，一年四季龙身含水欲滴，晴天潮湿，雨来前更见湿润。因而老百姓奉为"神龙"，终年香火不断，也成了蒙顶山古代的"气象台"。

以上这些地方，包括甘露石室、蒙泉井、永兴寺、盘龙亭等，都成了今天的旅

图10-1　四川蒙山——皇茶院

游胜景。而建于山顶的天盖寺上溯汉代，宋时重修，遥对群山，12株千年古银环绕四周，寺前殿后，古坊碑林，美不胜数。此地为品饮蒙山茶的最佳去处，游客到此，无不畅饮。

宋代，在蒙顶山结庐修行的禅慧大师在总结蒙顶茶文化历史的基础上，创立了蒙顶茶技、茶功、茶艺三绝。虽然现在有很多技艺已经失传了，但蒙顶山风景名胜旅游区组织专家学者经数年挖掘、整理后，让失传已久的"龙行十八式"、"风行十二品"等绝技重见天日。

"龙行十八式"是融传统茶道、武术、舞蹈、禅学、易理为一炉，因每一式均模仿龙的动作，充满玄机妙理而得名。它从宋代留传至清朝末年，后因历史战乱，逐渐隐迹消声而失传。其茶技包括神龙抢珠、玉龙扣月、飞龙在天等18个不同姿势的掺茶动作。掺茶者手提长嘴铜茶壶时而在头顶飞舞，时而又在腰间盘旋，尔后又准确无误地将茶壶抓在手里，从头顶、从腰间、从肩上、从背后万无一失地把热茶掺到茶碗里，动作刚健有力，变化多端，让人不由的产生饮茶的欲望。

蒙顶山上现在建立了茶叶博物馆，中外爱茶者，喝蒙山茶，读蒙山事，观蒙山景，更是一绝。

3. 杭州——丰富的茶旅游资源

茶为国饮，杭为茶都。江南茶文化旅游，首推杭州。杭州茶文化源远流长，与茶相关的景点，著名的有"十八棵御茶园"、新西湖十景之一的龙井问茶，以及老龙井、虎跑泉、梅家坞、龙井八咏等……

中国杭州的西郊，山峦起伏，林幽树密，美丽的西子湖隔在山的那一边。这里是另一个世界——宁静、祥和、富庶的地方。春天的阳光淡淡地铺洒在这片绿色的植物上，它们，正是被视为茶中绝品的西湖龙井茶。

龙井，是泉名，是寺名，又是茶名。紧靠龙井泉的龙井古寺，现已辟为茶室。春来秋往，茶客如云，追溯着泉水往上走，便来到了老龙井御茶园，也就是旧时有十八棵龙井御茶的狮峰山宋广福院。此处因宋代名相胡则葬于庙后，百姓俗称为胡公庙。寺内有一眼泉井，俗称老龙井。石上刻的"龙井"二字，传说是苏东坡的手迹。明清小品文大家张岱在《西湖梦寻》"龙井"一文中说：一泓寒碧，清冽异常，弃之丛薄间，无有过而问之者。其地产茶，遂为两山绝品。

使龙井茶扬名于世的，是一个与苏东坡私交甚好的名叫辩才的高僧。早年在上天竺出家，晚年想找个清静的地方度过余生，便拄着拐杖，告别上天竺，翻山越岭，来到了狮子峰落晖坞一个破败的佛门小院，这正是后来的宋广福院、现在的老龙井御茶园。

佛门一向以茶禅为一味，据说正是辩才率领众僧把陆羽赞扬过的天竺灵隐寺的好茶树迁植了过来，开辟了茶园，开始了龙井茶最初的历史。

元代的僧人居士们，看中龙井一带风光幽静，又有好泉好茶，故结伴前来饮茶赏景。17世纪，龙井茶生产渐渐遍及西湖山区。被文人雅士列入了名茶行列，开始名扬天下。但龙井茶的真正驰名中外，当从乾隆盛世开始。乾隆皇帝六下江南，四访龙井，曾经下马胡公庙，亲封"十八棵御茶"，留下御诗32首，一路造访了凤篁岭、过溪亭、涤心沼、一片云、方圆庵、龙泓涧、神运石和翠峰阁，"龙井八景"从此闻名于世，龙井茶由此而被奠定了至尊地位（图10-2）。今天的"龙井八咏"之景，就此而来。

传说就在胡公庙前，乾隆皇帝亲自在18棵茶树上采了嫩叶，夹在书中带回，献给皇太后，太后特别中意这些清香而压扁了的茶叶，便指定为贡茶。据说，这就是龙井茶为什么细巧又扁平的由来，18株御茶也由此诞生。

图10-2 龙井问茶处

民国时期，龙井茶成为中国名茶之首。20世纪50年代，龙井茶被评为中国十大名茶之首。许多党和国家领导人都亲临过龙井茶区。尤其是周恩来总理，五到梅家坞，共商建设龙井茶区（图10-3）。20世纪50年代初，毛主席访苏，西湖龙井被作为馈赠礼

图10-3 周恩来在杭州梅家坞茶乡

品。20世纪70年代美国总统尼克松访华，周总理以龙井茶相赠。今天的龙井茶区，因此建有周总理纪念馆。

历史上，龙井茶根据五个产地的不同品质划分龙井茶的质量排名，它们分别是西湖区和名胜区内的狮峰、龙井村、五云山、虎跑、梅家坞，这些地方都是著名的西湖旅游区。2001年，国家有关部门发布《龙井茶原产地域产品保护》公告，批准龙井茶原产地域为西湖产区、钱塘产区和越州产区。其中西湖产区168平方千米均为旅游胜地。自2005年始，一年一度，在龙井茶乡都要举办中国（杭州）国际西湖茶文化博览会，会上年年都有西湖龙井开茶节。

采茶是茶叶制作时的第一道程序。生产500克特级龙井茶，要4万个左右的茶芽，需要4个巧手姑娘采上一天。茶好，制茶的手法更要讲究，龙井茶包括抓、抖、搭、拓、捺、扣、甩、磨等十大炒制手法，炒茶也就成了一种可供观赏的艺术劳动，构成了龙井茶非物质文化遗产的重要内容。

炒制而成的龙井茶，以龙泉越瓷为器，以虎跑泉为茶水，此时观龙井茶，形如莲芯，冲泡若"雀舌"候哺、"碗钉"直竖、"鹰爪"倒挂，汇茶之色、香、味、形于一身，集名山、名寺、名湖、名泉和名茶于一体，构成了世所罕见的独特而骄人的龙井茶文化。

都说杭州西湖的茶是品的，其实，它亦是游的，习俗沿袭至

今，坐西湖茶室，依旧是杭州一重要习俗景观。龙井乡，茅家埠，梅家坞，两旁茶园特别苍翠，空气中弥漫着特殊的茶香，杭州目前已有1 000多家茶楼，构成了茶产业的重要延伸，成为西湖休闲旅游文化的最大亮点之一。

位于龙井茶区的中国茶叶博物馆，为中国当今最大的茶专业博物馆。近水楼台，龙井茶的研究也在博物馆中占据重要的位置。

今天的西湖龙井茶区，已经构成了西湖世界非物质文化遗产的不可或缺的重要部分。

4. 茶马古道

诚如纪录片《茶马古道》的开篇定论一样：地处大西南的茶马古道，构成了古代中国和西亚、南亚交通交流的重要门户。它是多民族政治、经济、社会和文化交流融汇的巨大平台，是流布在云贵高原和青藏高原的巨大血脉。

中国西南茶文化景观甚多，其中茶马古道最为丰富博大精深，它源于古代西南边疆的茶马互市，兴于唐宋，盛于明清，直至现代。

茶马古道是一个非常特殊的地域称谓，它是一条世界上自然风光最壮观，文化形态最为神秘的旅游绝品线路，它蕴藏着开发不尽的文化遗产，等待着世世代代的人们去寻觅探宝。

茶马古道主要分南、北两条道，即滇藏道和川藏道。滇藏道起自云南西部洱海一带产茶区，经丽江、中甸、德钦、芒康、察雅至昌都，再由昌都通往卫藏地区。川藏道则以今四川雅安一带产茶区为起点，首先进入康定，自康定起，川藏道又分成南、北两条支线：北线是从康定向北，经道孚、炉霍、甘孜、德格、江达、抵达昌都（即今川藏公路的北线），再由昌都通往川藏地区；南线则是从康定向南，经雅江、理塘、巴塘、芒康、左贡至昌都（即今川藏公路的南线），再由昌都通向卫藏地区。

在这两条主线的沿途，密布着无数大大小小的支线，将滇、藏、川大三角地区紧密联结在一起，形成了世界上地势最高、山路最险、距离最遥远的茶马文明古道。在古道上曾经奔走着成千上万辛勤的马帮，日复一日、年复一年，在风餐露宿的艰难行程中，用清悠的铃声和奔波的马蹄声打破了千百年山林深谷的宁静，开辟了一条通往域外的经贸之路。

茶马古道原本就是一条人文精神的超越之路。它蕴藏着三江并流、高山峡谷、神山圣水、地热温泉，野花遍地的牧场、炊烟袅袅的帐篷以及古老的本教仪轨、藏传佛教寺庙塔林、年代久远的摩崖石刻、古色古香的巨型壁画，还有色彩斑斓的风土民情等丰富的自然和人文旅游资源，是自然与人文旅游的一条重要线索。其自然界奇观、人类文化遗产、古代民族风俗痕迹和数不清、道不尽的缠绵悱恻的故事，大多流散在茶马古道上。它是历史的积淀，蕴藏着人们千百年来的活动痕迹和执着的向往。

茶马古道上，马帮每次踏上征程，就是一次生与死的体验之旅，艰险超乎寻常。然而沿途壮丽的自然景观却可以激发人潜在的勇气、力量和忍耐，使人的灵魂得到升华。茶马古道穿过川、滇、甘、青和西藏之间的民族走廊地带，是多民族生养藩息的地方，更是多民族演绎历史悲喜剧的大舞台，存在着永远发掘不尽的文化宝藏，值得人们追思和体味。藏传佛教在茶马古道上的广泛传播，还进一步促进了滇西北纳西族、白族、藏族等各兄弟民族之间的经济往来和文化交流，增进了民族间的团结和友谊。沿途上，一些虔诚的艺术家在路边的岩石和玛尼堆绘制、雕刻了大量的佛陀、菩萨和高僧，还有神灵的动物、海螺、日月星辰等各种形象。那些或粗糙或精美的艺术造型为古道漫长的旅途增添了一种精神上的神圣和庄严，也为那遥远的地平线增添了几许神秘的色彩。

以茶文化为主要特点，茶马古道成就了一道文化风景线。如今，成群结队的马帮身影不见了，清脆悠扬的驼铃声远去了，远古飘来的茶草香气也消散了。然而，留印在茶马古道上的先人足迹和马蹄烙印以及对远古千丝万缕的记忆，却编织出一条五彩路，引导着后人去寻觅，探险和追踪……

二、寺院与道观中的茶旅游

茶禅一味，既是神游，亦可身游，有一些寺院与道观，与茶文化有着千丝万缕的联系，是茶旅游的重要场所，亦在此列举一二。

1. 天台山国清寺

国清寺位于浙江省天台山南麓，这里五峰环抱，双涧萦流，古木参天，伽蓝巍峨，是中国佛教天台宗的发祥地，也是日本和朝鲜半岛佛教天台宗的祖庭。

国清寺创建于隋开皇十八年（598年），是佛教天台宗的根本道场。天台宗弘传日本，与日本遣唐使关系极为密切。804年，日僧最澄到达大唐明州，也就是今天的宁波海岸，经台州，直登天台山国清寺学佛。次年回国时，带回天台宗经论疏记及其他佛教经典的同时，还带去茶籽，后在日本依照天台国清寺式样设计建造了延庆寺，还在近江坂本的日吉神社试种茶树，此举当为日本种茶之始。

中韩两国佛教的友好交往源远流长，6世纪中国南北朝末期，有新罗僧缘光来到中国天台山国清寺智者大师门下服膺受业，晨鼓暮钟，茶禅一味，缘先浸润茶中，归国时一并将茶习带回，饮茶之风很快进入朝鲜半岛，并很快从禅院扩展到民间。9世纪后，新罗兴德王又派遣唐使金氏来华，其时唐文宗赐予茶籽，从此，饮茶之风很快在民间普及开来。

综上所述，国清寺对中国茶叶东传，特别是日本、韩国的饮茶与种茶，起过重要的作用。到国清寺一游，可真正领略茶禅一味的精髓，是茶旅游的上选之地。

2. 余杭径山寺

径山位于今日浙江余杭，是浙北天目山的东北高峰，这里古木参天，溪水淙淙，山峦重叠，有"三千楼阁五峰岩"之称。又有大钟楼、鼓楼、龙井泉等著名胜迹，可谓山明、水秀、茶佳。山中的径山寺，始建于唐代，宋孝宗曾御赐额"径山兴圣万寿禅寺"。自宋至元，有"江南禅林之冠"的誉称。这里不但饮茶之风很盛，而且每年春季，僧侣们经常在寺内举行茶宴，坐谈佛经，并逐渐将茶宴形成一套较为讲究的仪式后人称其为径山茶宴。1259年为宋理宗开庆元年，日本南浦昭明禅师来径山寺求学取经，拜径山寺虚堂禅师为师。学成回国后，将径山茶宴仪式以及当时宋代径山寺风行的茶碗一并带回日本。在此基础上，结合日本国情，使日本很快形成和发展了以茶论道的日本茶道。同时，将从天目山径山寺带过去的茶碗，称之为"天目茶碗"，在日本茶道中使用。至今，在日本茶道表演过程中，依然可以见到当年从中国带去的"天目茶碗"的踪影。所以，径山寺在中国茶文化东传过程中，曾经起过很好的作用。

今天的余杭每年都有径山茶节，如果游人希望了解茶文化及中日之间文化交流，到径山寺一游，定不会辜负此行。

3. 陕西法门寺

法门寺位于陕西省扶风县法门镇，以保存佛指舍利而成为当今佛教之祖庭。据佛典和有关资料记载，法门寺始建于"西典东来"的东汉时期，初名阿育王寺。唐代改名法门寺，并进而成为著名的皇家佛寺。其旁的十三级"阁楼式"砖塔，即真身宝塔，修建于明万历年间。在经历了375年风雨后，1981年因雨水浸润而半边坍塌。1987年在重修砖塔，清理塔基时，发现了唐代地宫，从而使珍藏了1 100余年的唐皇室瑰宝得以重新面世。在数以千计的供奉物中，有一套唐代皇室使用过的金银茶具，乃是目前世界上等级最高的茶具，它们均为皇室御用真品。1987年出土于法门寺唐塔地宫甬道处的《物帐碑》记载："茶槽子碾子茶罗子匙子一副七事共八十两。"又从茶罗子、碾子等本身錾文看，这些器物于咸通九年至十二年制成。同时，在银则、长柄勺、茶罗子上都还有器成后以硬物刻画的"五哥"两字。而"五哥"乃是唐皇宫对僖宗小时的爱称，表明此物为僖宗供奉。此外，还有唐僖宗供奉的三足银盐台和笼子，由智慧轮法师供奉的小盐台等。这次出土的茶具，除金银茶具外，还有琉璃茶具和秘色瓷器茶具。此外，还有食帛、揩齿布、折皂手巾等，也是茶道必用之物。这批出土茶具，是唐代饮茶之风盛行的有力证据，也是唐代宫廷饮茶文化的集中体现。

今天的法门寺，金碧辉煌，法相庄严，拥有2 000多件大唐国宝重器，24个院落。

想要了解唐代文化，想感受茶文化的魅力，通过法门寺的宫廷茶器，亦不失一条上佳途径。

4. 杭州抱朴道院

浙江杭州秀丽的西湖北岸，有一座小山，名曰葛岭。该山因东晋著名道士葛洪曾在此炼丹修道而得名。葛洪自号抱朴子，并以名其书，作有《抱朴子》七十卷。抱朴，是道教教义，即保守本真，不为物欲所诱惑，不为世事困扰，所谓"人行道归朴"。据说葛洪在此山常为百姓采药治病，并在井中投放丹药，饮者不染时疫，他还开通山路，以利行人往来，为当地人民做了许多好事。因此，人们将他在西湖北山住过的山岭称为葛岭，并建"葛仙祠"奉祀之，额题"初阳山房"。元代因遭兵火，祠庙被毁，明代重建，改称为"玛瑙山居"。清代复加修葺，以葛洪道号"抱朴子"而改称"抱朴道院"，遂沿用至今。

葛洪是道教丹鼎派最重要的倡导人之一，他开创了中医药中矿石入药的先河。所以，英国学者李约瑟[①]说："整个化学最重要的根源之一，是地地道道从中国传出来的。"

旧时，从葛岭山麓赭黄色穹门入口，拾级经流丹阁，至山腰四角方亭，一路古柏葱郁，清泉低吟，岩上有"人间福地"、"不亚蓬瀛"等题刻，再从涤心池拾阶而上，便到抱朴庐旧址。

道院坐北面南，前临西湖，背依葛岭，前有砖石构建牌坊，过坊一亭，亭间供灵官护法神像。拾阶而上复有一亭，经亭即至道院山门，门额上书"黄庭内景"四字，左右石刻门联曰："初阳台由此上达，抱朴庐亦可旁至"，门侧院墙宛若两条起伏曲折的黄龙，故有龙墙之称。院内主殿葛仙殿，砖木建筑歇山顶，内中供葛洪塑像，院内存有双钱泉、炼丹台、炼丹井及葛仙庵碑一通。炼丹台与炼丹井传为当年葛洪炼丹及用水之迹，葛仙庵碑是明代万历四十年刻立，碑文主要记载了葛洪的生平和在此结庐炼丹的经过及历代道院修建情况。

葛仙殿的东侧有红梅阁、抱朴庐和半闲堂，皆精巧别致，为典型的南方庭院式建筑。红梅阁内有木刻画廊，其中戏曲《李慧娘》的故事十分引人注目。半闲堂是南宋末期丞相贾似道寻欢作乐的别墅。

葛岭顶端有初阳台，为一石砌台阁，是观赏日出的好地方。每当朝阳初升，登台远眺，天空如赤练，旭日如巨盘，湖水变幻，流金溢彩，堪称奇景。据说登此台可观东海，故古人称此景为"东海朝暾"。初阳台之下有炼丹台，传说为葛洪安炉炼丹之处。炼丹台旁有炼丹井，是葛洪炼丹所用，水质清冽，久旱不涸。据说此井水流石上，其色如丹，游人视久则水溢，人去则减，其深与江海通。

---

① ［英］李约瑟（Dr.Joseph Needham）（1900—1995年）：剑桥大学李约瑟研究所名誉所长，长期致力于中国科技史研究。撰著《中国科学技术史》。为中国培养了一批优秀科技史学家。1994年被聘为中国科学院首批外籍院士之一。

旧时，葛岭抱朴院与黄龙、玉皇道院合称西湖三大道院，现为全国对外开放的二十几个道教重点宫观之一，浙江杭州仅此一座。

抱朴道院与茶的结缘还在于多年来与道院一墙之隔一直有家葛岭茶室，从前道姑常在此接待茶客，而葛岭亦有野茶丛生，春天道人们会在葛岭采茶。当地游人习惯了每天早晨拎几只鸟笼来遛鸟，把笼子往树枝一挂，品茗聊天。隔壁就是闹鬼的红梅阁，山下就是明珠西湖，道姑道童们在黄墙内仙乐飘飘，此时品茶，恍若得道成仙。

三、游走在茶馆中的兴致

还有一种茶文化旅游，与品茶有关，就是逛各地有名的茶馆。在"茶俗"这一章节中我们已经对中国著名的茶馆做了简单介绍。简言之，往西南走，一定要去成都的大茶馆，坐竹椅，品川茶，听川剧，捶背，净耳，甚或打麻将，这里是下里巴人的天下。到江南，那么杭州茶艺馆是一定要去领略一下的，一盏青瓷龙井，文人雅士韵味无穷。在北京的皇城根儿，以老舍茶馆为代表的北方茶饮风格，大而博，上接皇亲贵族，下接引车卖浆，文化的张力非常之大。至于到了广州，那么岭南茶文化的精华，在早茶中是可以淋漓尽致地传递出来了。这里的茶点似乎比茶还重要，游客到那里，带着嘴和肚子，让你们品味个够。

我们已知，在中国南方，城郊乡间茶园成片，茶馆密布，游客在游玩间隙品茗畅谈，了解当地的人文历史和自然景观，得到莫大的心灵享受。而在中国各地，无论产茶地还是非产茶地，人们都可以在寺庙、茶馆享受到茶文化的旅游。从中可知，茶业、茶文化与旅游业之间存在着不言而喻的联系。通过发展旅游业可向古老的茶业、茶文化注入新鲜血液，使之焕发青春；而茶业、茶文化的兴盛又可以大大丰富旅游生活的内容，进而推动旅游业的进一步发展。茶在这里，既是品的，亦是游的，品游结合，其味无穷；绿秀满路，永日忘归。

参考文献

艾梅霞. 2007. 茶叶之路. 北京：中信出版社.

陈文华. 2006. 中国茶文化学. 北京：中国农业出版社.

陈香白. 1998. 中国茶文化. 山西：山西人民出版社.

陈宗懋. 1992. 中国茶经. 上海：上海文化出版社.

丁以寿. 2007. 中华茶道. 合肥：安徽教育出版社.

董尚胜，王建荣. 2002. 中国茶史. 浙江：浙江大学出版社.

关剑平. 2001. 茶与中国文化. 北京：人民出版社.

黄桂枢. 1994. 中国普洱茶文化研究. 昆明：云南科技出版社.

林治. 2000. 中国茶艺. 北京：中华工商联合出版社.

刘勤晋. 2000. 茶文化学. 北京：中国农业出版社.

木霁弘. 2004. 茶马古道上的民族文化. 云南：云南民族出版社.

佩蒂格鲁. 2006. 茶鉴赏手册. 上海：上海科学技术出版社.

钱时霖. 1989. 中国古代茶诗选. 杭州：浙江古籍出版社.

阮浩耕，沈冬梅，于良子. 1999. 中国古代茶叶全书. 浙江：浙江摄影出版社.

滕军. 1992. 日本茶道文化概论. 上海：东方出版社.

王从仁. 2001. 中国茶文化. 上海：上海古籍出版社.

王玲. 1992. 中国茶文化. 北京：中国书店.

乌克斯. 2011. 茶叶全书. 上海：东方出版社.

吴觉农. 2005. 茶经述评. 北京：中国农业出版社.

徐海荣. 2001. 中国茶事大典. 北京：华夏出版社.

徐晓村. 2005. 中国茶文化. 北京：中国农业大学出版社.

姚国坤，王存礼，程启坤. 1991. 中国茶文化. 上海：上海文化出版社.

姚国坤. 2004. 茶文化概论. 浙江：浙江摄影出版社.

郑培凯，朱自振. 2007. 中国历代茶书汇编校注本. 香港：商务印书馆（香港）有限公司.

朱自振. 1996. 茶史初探. 北京：中国农业出版社.

庄晚芳. 1988. 中国茶史散论. 北京：科学出版社.

后记

众人沏出此盏茶

　　这部定名为《品饮中国——茶文化通论》的茶文化读本，原本是作为茶文化通识教材，在我供职的茶文化学院本科教学实践中，以讲义形式在课堂中印发的。自2006年始，历经6年，修订再三，至今即将付梓，仍在惶恐之中。觉得较之于所要承担的使命，以及日新月异发展中的茶文化学科，拙作尚大有可商榷之处。当下囿于教学工作、学科建设和茶文化普及宣传的需要而出版，亦是为了假以时日，得各位学者专家指点，以期日臻完好。

　　此读本在撰写过程中，大约有那么几点是要在后记中专门解说的。

　　一是关于材料的搜集与运用。作为一部通识性的读物，中华茶文化的基本知识和观点，应该说均悉来自历史和今人的智慧劳动。自陆羽著《茶经》至21世纪的今天，有关茶学及茶文化的专著、论文、考据、杂述、见解等，可谓历历大观，本人正是在众多茶人的智慧熏陶下，于茶文化的百花园中采蜜寻芳，方得此一小掬成果。后记小标题为"众人沏出此盏茶"，取的正是此意。对所参考资料来源，本人虽亦尽可能地做了附录，但茶史浩瀚广博，茶事纷繁多绪，茶书琳琅满目，茶人精彩纷呈，加之本人学问有限，谬误之处必有隐藏，正需要批评指正。又加之精力不逮，抑或功夫欠到，虽有心面面俱到，亦难免挂一漏万。无论图片还是文字，倘有在借鉴旁证时顾此失彼，无心而唐突，敬请方家谅解，并请及时与本人联系，以期再版时甄改补订。

　　二是文本的风格。这个读本之所以选择了当下这样一种风格，是与读本渴望面对的读者群分不开的。一方面，读本要完成高等院校茶文化通识教学的需要；另一方面，又企图或多或少地担当起一点教化使命，有心将此读物的阅读学习群体，从教室校园扩大之社会，有更多热爱茶文化的读者、尤其是青年读者加入其中。因此，文本在教材之外，便有了科普读物的风格。至于甚或能够得到有超越国界的茶文化爱好者的青睐，对作者，更将不抵为一件喜出望外之事了。

　　基于这样一番小小野心，在考虑了教学需要的文本元素之外，亦更多地考虑了读者阅读中的深入浅出，考虑到语言表达的通俗易懂，修辞的审美意韵。这样的文体方式，亦非本人异想天开独创，追根溯源，茶圣陆羽的《茶经》，开篇第一句"茶者，南方之嘉木也"，就是自然与人文精神的复调吟唱，本人不过是茶圣千秋之后的一名忠实拥趸罢了。

　　三是表达感谢。本书是在教学过程中逐渐完备成形的，讲义首先印发的对象，正是浙江农林大学茶文化学院的首批本科大学生，他们也是当时国内外高等教育中首批的本科茶文化学院大学生。他们中许多人，都已经如种子一般散到了各地的茶文化沃壤之中。经历六届学生的教学课堂实践，教材得以反复打磨，形成今天面貌，实乃一个教学相长的过程。所以，首先要感谢我的茶文化学院的学生们。

同时要感谢一起工作的茶文化界老师与同事们。茶文化界多年来形成了一个非常好的氛围，无论茶科技工作者，茶学教育者，茶业从业者，茶文化研究者，彼此切磋，互通有无，其乐融融。本书出版得到了众多茶人朋友的支持，由于人数众多，无法一一列举，在此仅以姚国坤先生为代表。姚先生作为享誉国内外的茶学、茶文化专家，中国国际茶文化研究会的学术部老主任，不但出任了本人所在的茶文化学院副院长，而且对本书的出版、无论是史料还是图片，都提供了最大的支持。我的助手和学生潘城，无论在本书的教学还是出版过程中，亦奉献了大量精力，在此一并感谢。

中国农业出版社对本书出版提供了最佳的平台；我所供职的浙江农林大学，在出版基金方面亦给予了必要而有力的支持，没有他们的参与，本书的顺利面世亦是不可能的，在此一并表达感谢。

2013年6月

图书在版编目（CIP）数据

品饮中国：茶文化通论 / 王旭烽著. — 北京：中
国农业出版社，2013.8（2019.1 重印）
ISBN 978-7-109-17385-9

Ⅰ．①品… Ⅱ．①王… Ⅲ．①茶叶－文化－中国
Ⅳ．①TS971

中国版本图书馆CIP数据核字(2012)第275015号

中国农业出版社出版
（北京市朝阳区农展馆北路2号）
（邮政编码 100125）
责任编辑 姚 佳 李文宾
─────────────
中国农业出版社印刷厂印刷 新华书店北京发行所发行
2013年8月第1版 2019年1月北京第2次印刷
─────────────
开本：700mm×1000mm 1/16 印张：19.75 插页：2
字数：460千字
定价：46.00元
（凡本版图书出现印刷、装订错误，请向出版社发行部调换）